財務管理

主　編　閻金秋、李瑞禎、蔡昕
副主編　石麗姚、魏芳芳、周磊、肖大喬

松燁文化

前言

　　本課程內容分為六部分。第一部分包括項目一至項目三，主要內容為財務管理基礎。第二部分包括項目四至項目五，主要內容為財務管理價值評估。第三部分為項目六，主要內容為財務分析與預測。第四部分為項目七，主要內容為財務管理長期投資。第五部分包括項目八至項目十，主要內容為財務管理長期籌資。第六部分為項目十一，主要內容為營運資本管理。

　　本教材由閆金秋、李瑞禎、蔡昕主編，並由閆金秋統稿、審稿。石麗姚、魏芳芳、周磊、肖大喬為副主編。其中項目十、項目十一由閆金秋教授編寫，項目一、項目二、項目六由李瑞禎副教授編寫，項目四、項目七由蔡昕老師編寫，石麗姚老師、魏芳芳老師、周磊老師、肖大喬老師分別編寫了項目八、項目五、項目三、項目九。在此為大家的付出一併表示感謝！

　　本書在編寫過程中，參考了大量的文獻資料及著作，在此謹向所有文獻的作者致謝。由於作者知識水準有限，難免有疏漏和不足之處，敬請讀者批評指正。

編者

目錄

項目一　財務管理總論……………………………………………………（001）
　學習目標……………………………………………………………………（001）
　任務一　財務管理的內容和目標…………………………………………（001）
　任務二　財務管理的職能和原則…………………………………………（011）
　任務三　財務管理環境……………………………………………………（018）
　本項目小結…………………………………………………………………（026）
　項目測試與強化……………………………………………………………（027）
　項目測試與強化答案………………………………………………………（027）

項目二　價值評估基礎……………………………………………………（028）
　學習目標……………………………………………………………………（028）
　任務一　貨幣時間價值……………………………………………………（028）
　任務二　風險與報酬………………………………………………………（047）
　本項目小結…………………………………………………………………（067）
　項目測試與強化……………………………………………………………（068）
　項目測試與強化答案………………………………………………………（068）

項目三　資本成本…………………………………………………………（069）
　學習目標……………………………………………………………………（069）
　任務一　資本成本的概念與用途…………………………………………（069）
　任務二　債務資本成本的計算……………………………………………（071）
　任務三　權益資本成本的計算……………………………………………（074）
　任務四　混合籌資資本成本的計算………………………………………（075）
　任務五　加權平均資本成本的計算………………………………………（076）
　本項目小結…………………………………………………………………（077）

項目測試與強化 ··· (077)
　　項目測試與強化答案 ··· (077)

項目四　債券、股票價值的評估 ··· (078)
　　學習目標 ·· (078)
　　任務一　債券價值評估 ··· (078)
　　任務二　股票價值評估 ··· (082)
　　本項目小結 ··· (085)
　　項目測試與強化 ··· (085)
　　項目測試與強化答案 ··· (085)

項目五　企業價值評估 ··· (086)
　　學習目標 ·· (086)
　　任務一　企業價值評估的目的和對象 ··· (086)
　　任務二　企業價值評估方法 ·· (089)
　　本項目小結 ··· (099)
　　項目測試與強化 ··· (099)
　　項目測試與強化答案 ··· (099)

項目六　財務報表分析 ··· (100)
　　學習目標 ·· (100)
　　任務一　財務報表分析總論 ·· (100)
　　任務二　財務比率分析 ··· (115)
　　本項目小結 ··· (148)
　　項目測試與強化 ··· (149)
　　項目測試與強化答案 ··· (149)

項目七　投資項目資本預算 ·· (150)
　　學習目標 ·· (150)
　　任務一　投資項目的類型和評價程序 ··· (150)
　　任務二　投資項目現金流量的估計 ·· (151)
　　任務三　投資項目折現率的估計 ··· (156)

任務四　投資項目的評價方法……………………………………………（158）
　　本項目小結………………………………………………………………（167）
　　項目測試與強化…………………………………………………………（168）
　　項目測試與強化答案……………………………………………………（168）

項目八　資本結構……………………………………………………………（169）
　　學習目標…………………………………………………………………（169）
　　任務一　資本結構理論…………………………………………………（169）
　　任務二　資本結構決策分析……………………………………………（171）
　　任務三　槓桿系數的衡量………………………………………………（176）
　　本項目小結………………………………………………………………（181）
　　項目測試與強化…………………………………………………………（182）
　　項目測試與強化答案……………………………………………………（182）

項目九　利潤分配管理………………………………………………………（183）
　　學習目標…………………………………………………………………（183）
　　任務一　利潤分配的原則和程序………………………………………（183）
　　任務二　股利理論和股利政策…………………………………………（185）
　　任務三　股利分配、股票分割和股票回購……………………………（190）
　　本項目小結………………………………………………………………（194）
　　項目測試與強化…………………………………………………………（194）
　　項目測試與強化答案……………………………………………………（194）

項目十　長期籌資……………………………………………………………（195）
　　學習目標…………………………………………………………………（195）
　　任務一　籌資管理概述…………………………………………………（195）
　　任務二　資金需要量預測………………………………………………（200）
　　任務三　股權籌資………………………………………………………（204）
　　任務四　長期債務籌資…………………………………………………（220）
　　任務五　混合性籌資……………………………………………………（232）
　　本項目小結………………………………………………………………（238）
　　項目測試與強化…………………………………………………………（238）

  項目測試與強化答案 ……………………………………………………（238）

項目十一 營運資本管理 ……………………………………………（239）
  學習目標 ……………………………………………………………（239）
  任務一 營運資本管理 ……………………………………………（239）
  任務二 現金與有價證券管理 ………………………………………（242）
  任務三 應收帳款管理 ………………………………………………（252）
  任務四 存貨管理 ……………………………………………………（261）
  任務五 短期債務管理 ………………………………………………（273）
  本項目小結 …………………………………………………………（283）
  項目測試與強化 ……………………………………………………（284）
  項目測試與強化答案 ………………………………………………（284）

參考文獻 ……………………………………………………………………（285）

附錄一 複利終值系數表（$F/P, i, n$）………………………………（286）

附錄二 複利現值系數表（$P/F, i, n$）………………………………（289）

附錄三 年金終值系數表（$F/A, i, n$）………………………………（292）

附錄四 年金現值系數表（$P/A, i, n$）………………………………（295）

項目一　財務管理總論

學習目標

深刻認識財務管理的內容；
掌握財務管理的基本目標及其優缺點；
掌握並能夠應用利益相關者的利益協調方法；
深刻認識財務管理的職能；
理解並能夠應用財務管理的基本原則；
瞭解財務管理的環境對財務管理的影響；
掌握金融市場的交易對象、類型與功能。

任務一　財務管理的內容和目標

一、如何明確財務管理的主要內容

明確財務管理的主要內容需要從財務學、企業組織形式和公司的基本活動三個層面逐層剖析。

(一) 財務學層面

財務學有三大分支：金融學、投資學和財務管理學。這三大分支相互聯繫，具有相通的理論基礎——現金流量理論、價值評估理論、風險評估理論、投資組合理論和資本結構理論等，但側重領域不同：金融學側重貨幣、利率、匯率和金融市場，投資學側重投資機構的證券投資，財務管理學則側重經濟組織的投資和籌資（見圖1-1）。

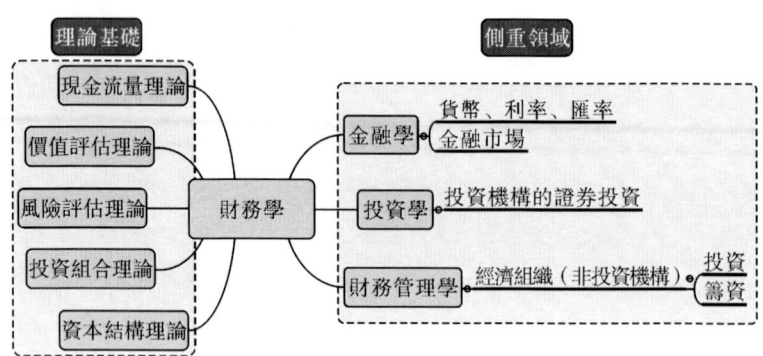

圖 1-1　財務學理論基礎與學科分支

任何經濟組織都需要財務管理，但營利性組織與非營利性組織的財務管理有較大區別。本教材討論的財務管理是營利性組織範疇的投資和籌資活動。

（二）企業組織形式層面

典型的企業組織形式有三類：個人獨資企業、合夥企業和公司制企業。

1. 個人獨資企業

個人獨資企業是由一個自然人投資，財產為投資人個人所有，投資人以其個人財產對企業債務承擔無限責任的經營實體。

個人獨資企業的優點包括：①創立容易。例如，不需要與他人協商，只需要很少的註冊資本等。②維持個人獨資企業的固定成本較低。例如，政府對其監管和限制較少，企業內部協調比較容易。③不需要繳納企業所得稅。

個人獨資企業的缺點包括：①業主對企業債務承擔無限責任，當企業的損失超過業主最初對企業的投資時，需要用業主的其他財產償債。②企業的存續年限受制於業主的壽命。③難以從外部獲得大量資本用於經營。

多數個人獨資企業的規模較小，抵禦經濟衰退和承擔經營失誤損失的能力不強，因此，存續年限普遍較短。有一部分個人獨資企業能夠發展壯大，規模擴大後往往會因其缺點被放大而轉變為合夥企業或公司制企業。

2. 合夥企業

合夥企業，是指自然人、法人和其他組織依照合夥企業法在中國境內設立的普通合夥企業和有限合夥企業。

普通合夥企業由兩個及以上的普通合夥人組成，普通合夥人對合夥企業債務承擔無限連帶責任。但在特殊的普通合夥人企業的組織形式中，一個普通合夥人或數個普通合夥人在執業活動中因故意或者重大過失造成合夥企業債務的，應當承擔無限責任或者無限連帶責任，其他普通合夥人則僅以其在合夥企業中的財產份額為限承擔責任。

有限合夥企業由普通合夥人和有限合夥人組成，普通合夥人對合夥企業債務承擔無限連帶責任，有限合夥人以其認繳的出資額為限對合夥企業債務承擔責任。

與個人獨資企業不同之處還體現在合夥人轉讓其所有權時需要取得其他合夥人的同意，有時甚至還需要修改合夥協議。因此，合夥人所有權的轉讓比較困難。除此之外，合夥企業的優點和缺點與個人獨資企業類似，只是程度有所不同。

3. 公司制企業

根據《中華人民共和國公司法》（以下簡稱《公司法》）第一章第二條的規定：「公司是指依照公司法在中國境內設立的有限責任公司和股份有限公司。」鑒於各國的公司法差異較大，各國公司的具體形式並不完全相同，故以其共同特點為分析優缺點的出發點。

公司均為經政府註冊的營利性法人組織，並且獨立於所有者和經營者，即公司是獨立法人。該共同特點使公司制企業具有以下優缺點：

公司制企業的優點：①無限存續。由於公司與股東是分離的，公司可以獨立存在，所以公司的存續一般不受股東的死亡、退出、破產等變化的影響。②股權便於轉讓。公司的所有者權益被劃分為若干權利份額，每個份額可以單獨轉讓，無須經過其他所有者的同意。③所有者對公司債務的責任以其出資額為限。④更容易在資本市場上籌集到資本。前三個優點吸引投資人把資本投入公司，即公司無限存續和所有者的有限責任降低了投資者的風險；股權便於轉讓，提高了投資人資產的流動性。

公司制企業的缺點：①雙重課稅。公司的利潤需繳納企業所得稅，利潤分配給股東後，股東還需繳納個人所得稅。②組建成本高。《公司法》對建立公司的要求比建立其他企業高，並且需要提交一系列法律文件，通常花費的時間較長。公司成立後，政府對其監管比較嚴格，需要定期公開各種報告。③存在代理問題。公司使得經營權和所有權相分離，經營者為代理人，所有者為委託人，代理人可能為了自身利益而損害委託人利益。

上述三類企業組織形式中，雖然個人獨資、合夥企業的總數較多，但公司制企業的註冊資本和經營規模最大。因此，財務管理通常把公司財務管理作為討論的重點。本教材所討論的財務管理均指公司財務管理，主要基於工商業行業。

（三）公司的基本活動層面

公司的基本活動是籌集資本，投資於生產經營性資產，並運用這些資產進行生產經營活動。因此，公司的基本活動可以分為投資、籌資和營業活動三個方面。財務管理主要與投資和籌資有關。

從財務管理角度看，投資可以分為長期投資和短期投資，籌資也可以分為長期籌資和短期籌資，這樣財務管理的內容可以分為四個部分：長期投資、短期投資、長期籌資、短期籌資。由於短期投資和短期籌資有密切關係，通常合在一起討論，稱為營運資本管理（或短期財務管理）。

二、財務管理的主要內容

通過從上述的財務學層面、企業組織形式層面和公司基本活動層面的剖析可知,本教材所闡述的公司財務管理的主要內容包括長期投資、長期籌資和營運資本管理三個部分。具體內容如下:

(一) 長期投資

財務管理範疇的長期投資,是指公司對經營性長期資產的直接投資。它具有以下特徵:

(1) 投資的主體是公司,在投資活動中起主導作用。即公司將資本直接投資於經營性(或稱生產性)資產,然後通過對實物資產控制的方式開展經營活動並獲得投資回報。

(2) 投資的對象是經營性資產,即指廠房、建築物、機器設備、運輸設備、存貨等。經營性資產按期限長短分為長期資產和短期資產兩類,相應地,投資也可分為長期投資和短期投資兩類。長期投資和短期投資的戰略策略、程序方法有較大區別。

(3) 長期投資的直接目的是獲取生產經營所需的固定資產等勞動手段,以便運用這些資源賺取營業利潤。長期投資的直接目的不是獲取固定資產的再出售收益,而是要使用這些經營性資產。有時公司也會投資於其他公司,主要目的是控制其經營和資產以增加本公司的企業價值,而不是獲取股利。故此,對子公司投資的評價方法,與直接投資經營性資產相同。對於非子公司控股權的投資也屬於經營性投資,目的是控制其經營,其分析方法也與直接投資經營性資產相同。有時公司也會購買一些風險較低的證券,將其作為現金的替代品,目的是在保持流動性的前提下降低閒置現金的機會成本,或者對沖匯率、利率等金融風險,並非真正意義的證券投資行為。

長期投資涉及的問題廣泛,財務經理人側重關注財務問題,即現金流量的規模(期望回收多少現金)、時間(何時回收現金)和風險(回收現金的可能性如何)(圖1-2)。

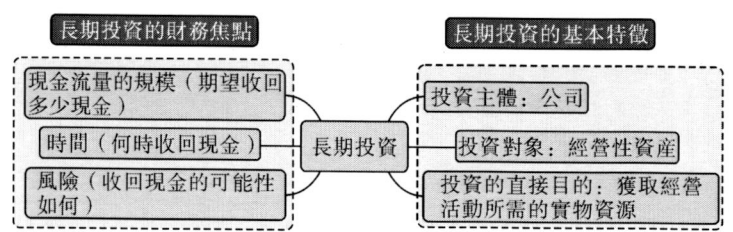

圖1-2　長期投資基本特徵與財務焦點

(二) 長期籌資

長期籌資是指公司籌集生產經營所需的長期資本。它具有以下特點:

(1) 籌資的主體是公司,是有別於股東的法人。公司可以在資本市場上籌集資本,同時承諾提供回報——股利與利息。公司可以直接在資本市場上向潛在的投資人籌資,例如

發行股票、債券等；也可通過金融機構間接融資，例如銀行借款等。

長期籌資還涉及股利分配決策。因為，淨利潤歸股東所有，留存收益實際上是向現有股東籌集權益資本，即利潤的資本化，屬於內部籌資決策。

（2）籌資的對象是長期資本，即企業可長期使用的資本，包括權益資本和長期負債資本。權益資本不需要歸還，企業可長期使用，屬於長期資本。長期借款和長期債券雖然需要歸還，但是可持續使用較長時間，也屬於長期資本。通常把期限在1年以上的債務資本稱為長期債務資本。

債務資本與權益資本有很大不同，公司必須進行權衡安排，確定適宜的長期負債與權益的比例，它決定了公司現金流流向債權人和股東的比例。在長期籌資中確定長期債務資本和權益資本的特定組合，即為資本結構決策。

（3）籌資的目的是滿足公司的長期資本需要，長期資本籌集與長期資本的需要量應當匹配。按照投資持續時間結構去安排籌資時間結構，有利於降低利率風險和償債風險。如果使用短期債務支持固定資產購置，短期債務到期時公司要承擔出售固定資產償債的風險。使用長期債務支持長期資產，可以鎖定利息支出避免短期利率變化的風險（圖1-3）。

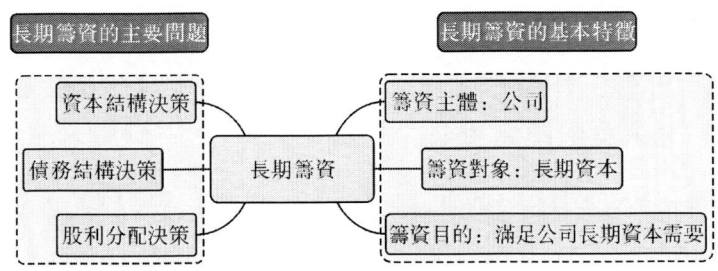

圖1-3 長期籌資基本特徵與主要問題

綜上，長期籌資決策的主題是資本結構決策、債務結構決策和股利分配決策。其中，資本結構決策是最重要的籌資決策。長期債務的種類較多，成本費用各不相同，選擇債權人和債務類型，決定債務結構是另一個重要的籌資決策。股利分配決策，主要是決定淨利潤留存和分給股東的比例，也是一項重要的籌資決策。

（三）營運資本管理

營運資本是指流動資產（短期資產）和流動負債（短期負債）的差額。營運資本管理分為營運資本投資和營運資本籌資兩部分。

營運資本投資管理主要是制定營運資本投資政策，決定分配多少資本用於應收帳款和存貨、決定保留多少現金以備支付以及對這些資本進行日常管理。

營運資本籌資管理主要是制定營運資本籌資政策，決定向誰借入短期資本、借入多少短期資、是否需要進行賒購融資等。

營運資本管理與營業現金流具有密切關係。營業現金流的時間和數量具有不確定性，以及現金流入和流出在時間上不匹配，使得公司經常會出現現金流的缺口。公司配置較多的營運資本，有利於減少現金流的缺口，但會增加資本成本；如果公司配置較少的營運資本，這有利於節約資本成本，但會增加不能及時償債的風險。因此，公司需要根據具體情況權衡風險和報酬，制定適當的營運資本政策（圖1-4）。

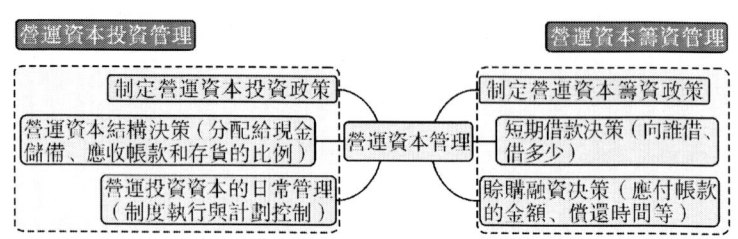

圖1-4　營運資本投資管理與籌資管理

綜上，在財務管理的三個主要內容中，投資主要涉及資產負債表的左方下半部分的項目（非流動資產），這些項目的類型和比例往往會因公司所處行業不同而有差異；籌資主要涉及資產負債表的右方下半部分的項目（非流動負債和股東權益），這些項目的類型和比例往往會因企業組織的類型不同而有差異；營運資本管理主要涉及資產負債表的上半部分的項目（流動資產和流動負債），這些項目的類型和比例既和行業有關，也和組織類型有關。這三部分內容是相互聯繫、相互制約的。

籌資與投資有關，一方面投資決定了需要籌資的規模和時間，另一方面公司已籌集到的資本制約了公司投資的規模。投資與經營有關，一方面生產經營活動的內容決定了需要投資的長期資產類型，另一方面已經取得的長期資產決定了公司日常經營活動的特點和方式。長期投資、長期籌資和營運資本管理的最終目的都是增加公司價值。

三、財務管理的基本目標

（一）財務管理的基本目標概述

公司財務管理的基本目標取決於公司的目標。

公司的本質是營利性的獨立法人，雖然公司有改善職工待遇、改善勞動條件、擴大市場份額、提高產品質量、減少環境污染等多種目標，但營利是其最基本、最一般、最重要的目標。營利體現了公司的出發點和歸宿，還可以概括其他目標的實現程度，並有助於其他目標的實現。

公司最具綜合性的計量是財務計量，公司的目標因而綜合體現為公司的財務管理目標。

（二）財務管理基本目標的主要觀點

關於公司財務管理基本目標的表達，主要有以下三種觀點：

1. 利潤最大化

該觀點認為：利潤代表公司新創造的財富，利潤越多則說明公司的財富增加得越多，越接近公司的目標。

該觀點的局限性主要表現在：①沒有考慮利潤的取得時間，即沒有考慮貨幣的時間價值。例如，同樣是獲利100萬元，現在獲利比未來獲利更有利。②沒有考慮利潤與投入資本額的關係。例如，同樣是獲利100萬元，投入資本300萬元比投入400萬元更有利。③沒有考慮獲取利潤與所承擔風險的關係。例如，同樣是獲利100萬元，全部為已收到的貨幣資金比全部為應收帳款更有利。

如果投入資本相同、利潤取得的時間相同、相關的風險也相同，利潤最大化是一個可以接受的觀念。事實上，許多財務經理人都把提高利潤作為公司的短期目標。

2. 每股收益最大化

該觀點充分考慮利潤與投入資本額的關係，將公司利潤和股東投入資本相關聯，用每股收益（或權益淨利率）來概括公司的財務管理目標，以克服「利潤最大化」目標的局限性。

但該觀點仍然沒能克服「利潤最大化」觀點的另兩點局限性：①沒有考慮每股收益取得的時間；②沒有考慮每股收益的風險。

如果每股收益的時間、風險相同，則每股收益最大化也是一個可以接受的觀念。事實上，許多投資人都把每股收益作為評價公司業績的關鍵指標。

3. 股東財富最大化

該觀點認為增加股東財富是財務管理的基本目標。股東財富可用股東權益的市場價值來衡量。股東財富的增加可用股東權益的市場價值與股東投資資本的差額來衡量，即「股東權益的市場增加值」。股東增加的財富即公司為股東創造的價值。本教材採納此觀點。

有時，財務管理目標被表述為股價最大化。股價的升降，可以在一定程度上代表投資大眾對公司股權價值的客觀評價。在股東投資資本不變的情況下，股價上升可反應為股東財富的增加，股價下跌可反應為股東財富的減損。「股價最大化」的觀點具有以下三個優點：①股價以每股價格表示，可以反應資本和獲利之間的關係；②股價受預期每股收益的影響，可以反應每股收益大小和取得的時間；③股價受公司風險大小的影響，可以反應每股收益的風險。值得注意的是，企業與股東之間的交易也會影響股價，但不影響股東財富。例如分派股利時股價下跌，回購股票時股價上升。因此，只有在股東投資資本不變的情況下，由於股數不變，股價上升才可以反應股東財富的影響，股價最大化與增加股東財富才具有同等意義。

有時，財務管理目標還被表述為公司價值最大化。公司價值的增加，是由股東權益價值增加和債務價值增加引起的。只有在股東投資資本和債務價值不變的情況下，股東財富最大化才等同於企業價值最大化。

因此，本教材在不同議題的討論中，分別使用股東財富最大化、股價最大化和公司價值最大化，其含義均指增加股東財富。

綜上，財務管理的主要內容是基本目標實現的載體，基本目標是主要內容的起點與歸宿。

四、利益相關者的利益要求與協調

在現代企業是多邊契約關係的總和的前提下，要確立科學的財務管理目標，還需要考慮利益相關者對企業發展的影響，「相關者利益最大化」的觀點應運而生。但利益相關者眾多，利益要求與財務目標眾多，理論上是皆大歡喜，但在實踐中難以操作。本教材傾向於管理學的觀點，即如果同時使用多個目標，無法保證各項決策不發生衝突。因此，本教材主張股東財富最大化的財務管理目標，但這絕非不考慮其他利益相關者的利益。

各國公司法都規定，股東權益是剩餘權益，只有滿足了其他方面的利益之後才會有股東的利益。公司必須交稅、給職工發工資、給顧客提供滿意的產品和服務，然後才能獲得稅後收益。通過契約，其他利益相關者的要求先於股東被滿足，但要加以限制以保證股東有足夠的利益驅動而願意出資，否則其他利益相關者的要求因公司難以建立或籌資而無法實現。股東為公司提供財務資源，經營者即管理當局直接從事管理工作。所以，應為公司確立股東財富最大化的財務管理目標，給經營者提供統一的決策依據，以保持各項決策的內在一致性，並在此基礎上考慮公司的其他利益相關者的要求進行協調。

（一）經營者的利益要求與協調

1. 經營者的利益要求

公司經營者也是利益最大化的追求者，其具體行為目標與股東的財富最大化不完全一致。公司經營者的主要要求有：

（1）增加報酬——包括物質和非物質的報酬，如增加工資、獎金，提高榮譽和社會地位等。

（2）增加閒暇時間——包括較少的工作時間、工作時間裡較多的空閒和有效工作時間中較小的勞動強度等。

（3）避免風險。經營者努力工作可能得不到應有的報酬，他們的行為和結果之間有不確定性，經營者總是力圖避免這種風險，要求付出一份勞動便得到一份報酬。

2. 經營者利益與股東利益的背離行為

（1）道德風險。經營者為了增加閒暇時間與避免風險，不盡最大努力去實現財務目標，即他們不做錯事，也不十分盡力。這樣做只是道德問題，不構成法律和行政責任問題，股東很難追究他們的責任。

（2）逆向選擇。經營者為了私利而做出背離財務目標的行為。例如，裝修豪華的辦公室、購置高檔汽車等；借口工作需要亂花股東的錢或者有意壓低股票價格，自己借款買回，導致股東財富受損。

3. 經營者利益與股東利益的協調

股東為了防止經營者背離其目標，會採用下列兩種制度性措施：

（1）監督。經營者背離股東目標的條件是雙方信息不對稱，經營者瞭解的公司信息比股東多。避免背離行為的辦法是股東獲取更多的信息，對經營者進行制度性的監督，完善公司治理結構，在經營者背離股東目標時，減少其各種形式的報酬，甚至解雇他們。但出於對監督經濟性的考慮，不可能事事都監督。監督可以減少經營者違背股東意願的行為，但不能解決全部問題。

（2）激勵。即使經營者分享企業增加的財富，鼓勵他們採取符合股東利益最大化的行動。例如，企業盈利率或股票價格提高後，給經營者以現金、股票期權獎勵。支付報酬的方式和數量大小，有多種選擇。報酬過低，不足以激勵經營者，股東不能獲得最大利益；報酬過高，股東亦不能獲得最大利益。因此，激勵可以減少經營者違背股東意願的行為，但也不能解決全部問題。

綜上所述，監督成本、激勵成本和偏離股東目標的損失之間，此消彼長、相互制約的關係要求股東必須權衡輕重，力求找出能使三項之和最小的解決辦法。

（二）債權人的利益要求與協調

1. 債權人的利益要求

債權人事先知曉借出資本是有風險的，並把這種風險的相應報酬嵌入利率。通常要考慮的因素包括公司現有資產的風險、預計公司新增資產的風險、公司現有的負債比率、公司未來的資本結構等。當公司向債權人借入資本後，兩者也形成一種委託代理關係。債權人把資本借給公司，要求到期時收回本金，並獲得約定的利息收入。

2. 債權人利益與股東利益的衝突行為

債權人把資本提供給公司，就失去了對資本的控制權。股東可以通過經營者為了自身利益而傷害債權人的利益，其可能採取的方式有：

（1）股東不經債權人的同意，投資於比債權人預期風險更高的新項目。如果高風險的計劃僥幸成功，超額的利潤歸股東獨享；如果計劃不幸失敗，公司無力償債，債權人與股東將共同承擔由此造成的損失。儘管按法律規定，債權人先於股東分配破產財產，但多數情況下，破產財產不足以償債。所以，對債權人來說，超額利潤肯定拿不到，發生損失卻有可能要分擔。

（2）股東為了提高公司的利潤，不徵得債權人的同意而指使管理當局發行新債，致使舊債券的價值下降，進而使舊債權人蒙受損失。舊債券價值下降的原因是發新債後公司負債比率加大，公司破產的可能性增加。如果公司破產，舊債權人和新債權人要共同分配破產後的財產，使舊債券的風險增加，其價值下降。

3. 債權人利益與股東利益的協調

債權人為了防止其利益被傷害，除了尋求立法保護，如破產時先行接管、先於股東分

配剩餘財產等外，通常採取以下制度性措施：

（1）在借款合同中加限制性條款，如規定貸款的用途、規定不得發行新債或限制發行新債的額度等。

（2）發現公司有損害其債權意圖時，拒絕進一步合作，不再提供新的貸款或提前收回貸款。

（三）其他利益相關者的利益要求與協調

狹義的利益相關者是指除股東、債權人和經營者之外的對公司現金流量有潛在索償權的人。廣義的利益相關者包括一切與公司決策有利益關係的人，包括資本市場利益相關者（股東和債權人）、產品市場利益相關者（主要顧客、供應商、所在社區和工會組織）和公司內部利益相關者（經營者和其他員工）。

公司的利益相關者可分為兩類：一類是合同利益相關者，包括主要客戶、供應商和員工，他們和企業之間存在法律關係，受到合同的約束；另一類是非合同利益相關者，包括一般消費者、社區居民以及其他與公司有間接利益關係的群體。前者有法律的保護，但僅有法律是不夠的，還需要誠信道德規範的約束，以緩和雙方的矛盾；而後者享受的法律保護低於前者，那麼公司的社會責任政策對其影響很大。

綜上所述，利益相關者的利益要求、利益衝突的表現形式和協調方法可以簡單總結為表 1-1。

表 1-1　　　　　　　　利益相關者的利益要求與協調表

利益集團	利益要求	利益衝突的表現	協調方法
經營者	①增加報酬 ②增加閒餘時間 ③避免風險	①道德風險（不作為） ②逆向選擇（反向作為）	①監督②激勵 （監督、激勵與損失三者之和最小）
債權人	①按約定收取利息 ②到期收回本金 ③降低風險	股東不經債權人同意： ①將借款投資高風險項目 ②發行新債使舊債貶值	①尋求立法保護 ②加入限制性條款 ③不借新債或提前收款
其他利益相關者	股東和合同利益相關者的關係通過法律調節，並需要道德規範的約束；非合同利益相關者享受的法律保護低於合同利益相關者		

復習與思考：

1. 財務管理的內容具體都有哪些？

2. 為什麼說財務管理的首要目標是股東財富最大化而不是企業利潤最大化？

3. 為什麼說股東財富最大化、股價最大化和公司價值最大化其含義均指增加股東財富？

4. 協調利益相關者利益衝突的方法有哪些？

任務二　財務管理的職能和原則

一、財務管理的基本職能

關於財務管理職能的論述眾多，至今學術界尚未達成一致意見，在實踐中的觀點也就更多。究其原因是出發點不同，例如，有以人為本的視角，有立足於財務活動的視角，有致力於解決財務關係的視角等。本教材採納的是中國註冊會計師協會的觀點，從財務管理的主要內容所必須進行的財務活動或環節中，提煉出財務管理所具有的職責和功能——主要包括財務分析、財務預測、財務決策和財務計劃四項基本職能。

（一）財務分析

財務分析，主要指財務報表分析，是以財務報表資料及其他相關資料為依據，採用一系列專門的分析技術和方法，對企業過去有關籌資活動、投資活動、經營活動、分配活動進行分析。

財務分析的目的是為公司及其利益相關者瞭解公司過去、評價公司現狀、預測公司未來、正確決策提供準確的信息或依據。

（二）財務預測

財務預測是根據財務活動的歷史資料，考慮現實的要求和條件，對未來的財務活動和財務成果做出科學的預計和測算。

財務預測的目標主要有：

（1）測算企業投資、籌資各項方案的經濟效益，為財務決策提供依據；

（2）預計財務收支的發展變化情況，為編製財務計劃服務。

（三）財務決策

財務決策是對合理可行的財務方案進行比較選擇並做出決定。

在現實中，財務方案有投資方案、籌資方案，還有包含投資和籌資的綜合方案。其中長期投資方案的提出大多屬於戰略性的，往往對公司的生存與發展產生更加深遠的影響。財務決策是一種多標準的綜合決策和複雜過程，可能既有貨幣化、可計量的經濟標準，又有非貨幣化、不可計量的非經濟標準，因此決策方案往往是多種因素綜合平衡的結果。

（四）財務計劃

財務計劃是以貨幣形式協調安排計劃期內投資、籌資及財務成果的文件。財務計劃包括長期計劃和短期計劃。長期計劃是指 1 年以上的計劃，公司通常制訂為期 5 年的長期計劃，作為實現公司戰略的規劃。短期計劃是指年度的財務預算。

制訂財務計劃的目的是為財務管理確定具體可量化的目標，為相應的控制與評價提供

標準與依據。

上述財務管理的四項基本職能相互聯繫，財務分析和財務預測是財務決策和財務計劃的基礎條件，財務決策和財務計劃以財務分析和財務預測為前提依據。

二、財務管理的基本原則

財務管理的基本原則，也稱為理財原則，是指人們對財務活動的共同認識，它符合大量觀察結果和事實，雖然不一定在任何情況下都絕對正確，但它是設置財務管理程序與方法的基礎，並可為解決非常規財務問題提供指引。換言之，財務管理的基本原則是建立在一定的財務管理的假設基礎上，為常規和非常規財務工作的開展、對財務管理職能的履行和財務管理目標的實現起到保駕護航的作用。

對於如何概括理財原則，人們的認識不完全相同。本教材採納具代表性的道格拉斯·R. 愛默瑞和約翰·D. 芬尼特的觀點，分 3 大類共 12 條進行概括，並將財務管理的假設作為原則適用的基礎和條件一併介紹。那麼，在應用原則前，首先應該根據財務管理的環境判定其假設是否成立，在成立的情況下合理運用相應的原則，有助於提高財務工作的效率。

（一）有關競爭環境的原則

有關競爭環境的原則是對資本市場中人的行為規律的基本認識。

1. 自利行為原則

該原則依據理性經濟人假設，判定在其他條件都相同時人們會選擇對自己經濟利益最大的行動。

需要注意的是，該原則的前提是「在其他條件都相同時」，說明經濟利益並非唯一重要的參考依據，只有當前提得到滿足時，自利行為才會充分展現出來。而自利行為原則中的「選擇對自己經濟利益最大的行動」隱含著以下三個信息：

（1）存在「選擇」往往代表著行動方案不唯一。那麼，對行動方案的挖掘與創新就變得很重要。

（2）經濟利益最大代表著行動方案的評判標準是貨幣性、可量化的收益。那麼，對每個行動方案的收益進行準確預測就很關鍵。

（3）選擇其中任何一個方案就是放棄了其他方案所帶來的收益。那麼，機會成本在一些決策當中就不可忽略。例如，設備更新決策中繼續使用舊設備的方案，在計算其收益時要將舊設備賣出的收益作為機會成本計算，否則就有可能得出錯誤的結論。

該原則除了在機會成本方面的應用以外，還有一個很重要的應用，就是「委託—代理理論」。該理論把企業看成是各種自利的人的集合。例如，公司作為獨立法人，擁有一定數量的經營者和所有者，他們的自利行為會使情況變得複雜；而個人獨資企業因為只有業主一人，企業的行為相對明確和統一。但是，企業勢必還會涉及如債權人、供應商、客

戶、員工等眾多的利益相關者，他們因自利行為而形成相互依賴又相互衝突的利益關係，協調利益關係就需要通過「契約」來實現。所以，委託—代理理論是以自利行為原則為基礎的，在處理委託—代理問題時就可以從自利行為產生的前提和利益驅動兩個方面切入。

2. 雙方交易原則

該原則是指每一項交易都至少存在買賣雙方，他們在智慧、勤奮和創新等方面勢均力敵，且都根據自利原則進行決策。那麼，雙方在決策時要正確預見對方的反應。

該原則的深層含義是：在雙方自利行為的驅動下交易若能達成，除了信息不對稱的作用以外，還有雙方在為對方利益考慮情況下的博弈，而非單純地以自我為中心。所以，在應用該原則時需要注意以下三點：

（1）在交易之前，要充分獲取信息，以免因信息不完全以致決策失誤，進而影響收益。

（2）在交易談判時，除了在保證一定收益的情況下促成交易，還要觀察與分析對方的反應，對違反自利原則的異常行為有所警覺。因為，在一場單純交易中的買賣雙方，往往是競爭而非合作的關係，賣方因高（低）價賣出而獲益（受損）正是買方因高（低）價買入而受損（獲益），所得與所失相等，雙方總收益為零，即「零和博弈」。若對方讓利較多，則要考慮交易是否存在較大風險等。

（3）充分考慮稅收的影響。這是因為政府因稅收成為交易的第三方，從交易中收取稅金，使得一些交易表現為「非零和博弈」。所謂「非零和博弈」是指博弈中各方的收益或損失的總和不是零值，即自己的所得並不與他人的損失的大小相等，博弈雙方可能通過合作達成「雙贏」。例如，通過利息的稅前扣除等合理避稅，那麼減少政府的稅收會使交易雙方均受益。

3. 信號傳遞原則

該原則是指行動可以傳遞信息，並且比公司的聲明更有說服力。

該原則是自利行為原則的延伸，應用時要注意以下兩個方面：

（1）它要求決策者根據公司的行為判斷其未來的收益狀況。例如，經常大量配股的公司自身的現金產生的能力可能較差；大量購買國庫券的公司可能缺少淨現值為正數的投資機會；內部持股人出售股份，常常是公司盈利能力惡化的重要信號。

（2）它要求公司在決策時不僅要考慮行動方案本身，還要考慮該項行動可能給人們傳達的信息。也就是交易的信息效應。例如，當把一件商品的價格降至難以置信的程度時，人們就會認為它的質量不好，它本來就不值錢。又如，一家會計師事務所從簡陋的辦公室遷入豪華的寫字樓，會向客戶傳達收費高、服務質量高、值得信賴的信息。那麼，在決定降價或遷址時，不僅要考慮決策本身的收益與成本，還要考慮信息傳遞效應可能導致的收益與成本。

4. 引導原則

該原則是指在因理解力、成本或者信息受限而無法找到最優方案的情況下，尋找一個可以信賴的榜樣作為自己的引導。

在因理解力、成本或者信息受限而無法找到最優方案的情況下，不要繼續堅持採用正式的決策分析程序，包括收集信息、建立備選方案、採用模型評價方案等，而是有策略地模仿成功榜樣或者是大多數人的做法。雖然這種做法不一定會幫你找到最好的方案，卻常常可以使你避免採取最差的行動。它是一個次優化的標準，其最好的結果是得出近似最好的結論。具體而言，該原則可以重點應用在以下兩個概念上：

(1) 行業標準。例如，關於資本結構的選擇問題，理論尚不能提供公司最優資本結構的實用性模型，通過觀察本行業標杆企業的資本結構或者多數企業的資本結構並適當調整，就成了資本結構決策的一種簡便、有效的方法。

(2) 免費跟莊（搭便車）。模仿者利用現有領頭人的經驗，通過模仿節約信息處理成本等。它與「行業標準」的區別在於參考行業標準往往是正面的行為，是被社會普遍認同甚至鼓勵的；而「免費跟莊」則可能存在著侵害他人權利的負面行為，具有一定的法律與道德的風險。例如，《中華人民共和國專利法》就是在知識產權領域上保護領頭人的法律，強制追隨者向領頭人付費，以避免免費跟莊問題的不良影響。值得注意的是，領頭人也可以利用信息不對稱的條件進行錯誤引導，造成模仿者損失。例如，「莊家」惡意炒作，損害小股民的利益。因此，各國的證券監管機構都禁止操縱股價的惡意炒作，以維護證券市場的公平性。

(二) 有關創造價值的原則

有關創造價值的原則是對增加企業財富規律的基本認識。

1. 有價值的創意原則

該原則是指新創意能獲得額外的報酬。

競爭理論認為，企業的競爭優勢主要來源於產品（或服務）差異化和成本領先兩方面。產品差異劃分為垂直差異化和水準差異化。其中，垂直差異化是指生產出比競爭對手更好的產品；水準差異化是指生產出與競爭對手具有不同特性的產品。它們都需要通過有價值的創意來創造和保持產品的差異化，如果其產品溢價超過了差異化的附加成本，企業就能獲得高於平均水準的利潤。而成本領先地位也要通過不懈的管理與創新才能獲取或鞏固。所以，該原則主要可以應用在以下兩個領域：

(1) 直接投資項目。重複過去的投資項目或者別人的已有做法，最多只能取得平均的報酬率，維持而不是增加股東財富。但是有價值的創意遲早被別人效仿，只有通過不斷創新，才能維持產品的差異化，進而營造更多的短期優勢，最終不斷增加股東財富。只有通過不斷創新，產品設計、生產工藝、流程等才能得到改進，進而保持成本的短期優勢，最終不斷增加股東財富。

（2）經營和銷售活動。例如，連鎖經營方式的創意使麥當勞的投資人變得非常富有。

2. 比較優勢原則

該原則是指專長能創造價值。

該原則的依據是分工理論。讓每一個人去做最適合他做的工作，讓每一個企業生產最適合它生產的產品，社會的經濟效率才會提高。想要在市場上賺錢，必須發揮專長，沒有比較優勢的人，很難取得超出平均水準的收入；沒有比較優勢的企業，很難增加股東財富。因此，該原則要求企業把主要精力放在自己的比較優勢上，而不是日常運行上。具體有以下兩種應用：

（1）人盡其才、物盡其用。即每個人都去做能做得最好的事情，每項工作都找到最稱職的人，就會產生經濟效益。企業在日常運行上做到「人盡其才、物盡其用」即可，而在企業的發展戰略上更要明確自己的比較優勢，並充分利用。

（2）優勢互補。一方有某種優勢，如獨特的生產技術，另一方有其他優勢，如傑出的銷售網絡，兩者結合，就會形成新的優勢。

3. 期權原則

該原則是指在估值時要考慮「不附帶義務的權利」的經濟價值。

廣義的期權不限於金融合約，它包括所有不附帶義務的權利。許多資產都存在隱含的期權。例如，一個企業可以決定某項資產出售或者不出售，這種選擇權是廣泛存在的。又如，一個投資項目，原本預期會有正的淨現值，在採納實施後發現難以達到預期，決策人就會決定下馬或修改方案，使損失降到最低。這種後續的選擇權會增加項目的淨現值，故而在評價項目時就應該考慮到後續選擇權是否存在以及它的價值有多大。有時一項資產附帶的期權比該資產本身更有價值。

所以，該原則要求決策者無論在獲取、持有還是處置資產時，都要考慮資產的「期權」，並充分地利用它。

4. 淨增效益原則

該原則是指財務決策建立在淨增效益的基礎上，一項決策的價值取決於它和替代方案相比所增加的淨收益。

在財務決策中，淨收益通常用現金流量淨額表示，淨收益的增加額指的就是依存於特定方案而增加的現金流入增量與現金流出增量的差額。一項決策的優劣，是與其他可替代方案（包括維持現狀而不採取行動）相比而言的，若所選方案和替代方案相比增加了淨收益，那麼這個決策就是好的決策。所以，從決策的角度，該原則常被應用於以下兩個領域：

（1）差額分析法。即在分析投資方案時只分析它們有區別的部分，而省略其相同的部分。看似簡化的方法，卻需要周密地考察各方案對企業現金流量的所有影響。例如，一項新產品投產的決策引起的現金流量，不僅包括新設備投資，還包括動用企業現有非貨幣資

源對現金流量的影響；不僅包括固定資產投資，還包括需要追加的營運資本；不僅包括新產品的銷售收入，還包括對現有產品銷售積極或消極的影響；不僅包括產品直接引起的現金流入和流出，還包括對公司稅負的影響。

(2) 沉沒成本。即已經發生、不會被以後的決策改變的成本。它與未來的決策無關，需要在分析決策方案時將其排除。例如，一項設備更新決策，舊設備的購置成本就是沉沒成本，它與決策無關，亦不會影響現金流量。

(三) 有關現金交易的原則

1. 風險-報酬權衡原則

該原則是指風險和報酬之間存在一個權衡關係，投資人必須對報酬和風險做出權衡，為追求較高報酬而承擔較大風險，或者為減少風險而接受較低的報酬。

所謂「權衡關係」，是指高收益的投資機會必然伴隨巨大風險，風險小的投資機會必然只有較低的收益。這是人們的自利行為原則、風險反感及競爭市場共同作用的結果。即人們在除了報酬不同，其他一切條件（包括風險）相同的若干投資機會中，會依據自利行為原則選擇報酬較高的投資機會；在除了風險不同，其他一切條件（包括報酬）相同的若干投資機會中，會依據風險反感選擇風險較小的投資機會；若存在低風險的同時可獲得高報酬的投資機會，這必定吸引人們迅速跟進，競爭會使報酬率降至與風險相當的水準，所以不要奢望在低風險的同時獲得高的報酬。

該原則要求決策者在風險與報酬之間做出權衡。有的偏好高報酬，那麼就要承擔高風險；有的偏好低風險，那麼就要接受低報酬。但一定要注意考察風險與報酬是否對等，不要去冒沒有價值的風險。

2. 投資分散化原則

該原則是指不要把全部的財富投資於一個項目，而要分散投資。

該原則的理論依據是投資組合理論，即若干種股票組成的投資組合，其收益是這些股票收益的加權平均數，但其風險要小於這些股票的加權平均風險，所以投資組合能降低風險。該原則不僅適用於證券投資，也適用於其他投資。

需要注意的是，貫徹該原則以降低風險的程度與投資組合間各項目的相關程度有關：相關程度越大，降低風險的程度越小。因此，該原則要求決策者在進行分散化投資時要盡量選擇相關性不高的組合投資形式。

3. 資本市場有效原則

該原則是指在資本市場上的證券價格能夠同步地、完全地反應全部的可用信息。其中，資本市場是指證券買賣的市場。

資本市場有效程度通過價格吸納信息的不同分類：價格只反應歷史信息的弱式有效資本市場；價格不僅反應歷史信息（證券價格、交易量等與證券交易有關的歷史信息），還能反應所有公開信息（公司的財務報表、附表、補充信息等公司公布的信息，以及政府和

有關機構公布的影響股價的信息），且所有公開信息合規的半強式有效資本市場；價格不僅反應歷史的和公開的信息，還能反應內部信息（沒有發布的只有內幕人知悉的信息）的強式有效資本市場。

雖然不同程度的資本市場有效性對財務管理的要求存在差異，但只要資本市場是有效的，即資本市場存在理性的投資人、獨立的理性偏差或套利交易三者之一時，該原則就會對公司的財務管理具有重要的指導意義。

（1）管理者不能通過改變會計方法提升股票價值。只要資本市場的有效性達到半強式及以上的程度，通過改變會計方法是無法提高企業價值的。但是在資本市場達不到半強式有效時，股票價格的確存在偏離企業價值的可能性。此時，投資者要保持警惕，遠離報告不合規或信息披露不充分的股票；管理者通過用資產交換、關聯交易操縱利潤或提供虛假報告操縱股價的做法在技術上是行不通的，將面臨巨大的法律風險。

（2）管理者不能通過金融投機獲利。實業企業相較於金融機構屬於金融產品的「業餘投資者」，因為根據公開信息正確預測未來利率和匯率等金融事件是對金融市場精通的金融機構的比較優勢，實業企業的比較優勢是通過專利權、專有技術、良好的信譽、較大的市場份額等從某些直接投資中獲利，而非通過金融投機獲利。根據比較優勢原則，實業企業在資本市場上的角色主要是籌資者，並非投資者。所以，當實業企業從事利率和外匯期貨等交易時，要時刻謹記其正當目的是套期保值，降低金融風險；要時刻警惕將金融交易轉變為金融投機行為，以免獲利不成反遭損失。

（3）關注自己企業的股價是有益的。資本市場是企業的一面鏡子，又是企業行為的校正器。只要資本市場的有效性達到半強式及以上的程度，股價就可以反應企業狀況和財務決策的優劣。例如，公司公布的一項收購計劃或投資計劃，市場做出明顯的負面反應，大多數情況表明該計劃不是好主意，公司應當慎重考慮是否繼續實施該計劃。所以，當股票價格下降，市場對公司的評價降低時，管理者應分析公司的行為是否出了問題並設法改進。同時，投資者也可以通過股票價格獲知公司財務目標的實現程度，並通過資本市場建立抑或解除代理關係。

4. 貨幣時間價值原則

該原則是指在進行財務計量時要考慮貨幣時間價值因素。

「貨幣的時間價值」是指貨幣在經過一定時間的投資和再投資所增加的價值，是財務管理假設之一。貨幣具有時間價值的依據是貨幣投入生產經營過程後，其金額會隨著時間持續不斷地增長，這是一種普遍的客觀經濟現象。該原則主要應用於以下兩個方面：

（1）「現值」的概念。它是指運用恰當的折現率把未來現金流量折算為基準時點的價值，用以反應投資的內在價值。基準時點是指進行價值評估及決策分析的時間點。折現率是投資者要求的必要報酬率和最低報酬率。所以，該原則有助於正確地進行價值評估和長期投資決策。

(2)「早收晚付」的觀點。商業信用得以廣泛應用，是銷售方為促使交易達成提供給購買方一種在付款期內不付利息的低成本的籌資渠道。由於貨幣不僅可以用於消費支付，還可以用於投資獲利，所以購買方更願意通過晚付而延長對貨幣的持有期，他們一般會在付款期的最後一天才付款；而銷售方則更願意早收，並為此做出權衡。

復習與思考：

1. 財務管理的基本職能有哪些？
2. 財務管理的基本原則有哪些？
3. 財務管理的基本原則中有哪些假設？

任務三　財務管理環境

　　財務管理環境，又稱理財環境，是指對企業財務活動及其財務管理產生影響的存在於企業內外的各種環境的總稱。

　　財務管理環境涉及的範圍很廣，站在企業的角度觀察財務管理環境，可以將其分為外部環境與內部環境。財務管理的外部環境包括宏觀環境和市場環境。其中，宏觀環境包括政治與法律、經濟政策與發展狀況、社會文化、科學技術等環境；市場環境則包括與企業密切相關的各種要素市場和產品市場的環境。財務管理的內部環境是指企業戰略和治理結構，包括企業的組織架構、戰略及經營模式選擇等。

　　財務管理的外部環境是企業難以改變的客觀約束條件，財務管理的內部環境是企業可以通過努力進行完善和改進的，它們均影響著企業財務管理的質量和財務戰略管理的制度及實施。

一、財務管理的宏觀環境

　　宏觀環境為企業交易活動和財務管理活動提供了各種支持、保障與約束。不同的宏觀環境作用下，企業的交易活動和財務管理活動也會存在一定的差異。

　　（一）政治與法律環境

　　政治與法律環境是影響企業的交易活動和財務管理活動的重要的宏觀環境因素，包括政治環境和法律環境。政治環境引導著企業間的交易活動、企業內財務管理活動乃至企業外的社會文化、技術發展等活動的發展方向，法律環境則為上述活動提供行為準則，和財務管理密切相關的法律體系主要包括公司法、證券法、金融法、經濟合同法、稅法、企業財務通則和內部控制基本規範等。政治與法律相互聯繫，二者共同作用並相互產生影響。但是，政治與法律並非能夠時刻保持同步，對財務管理也呈現出多樣化的影響。那麼，基

於政治與法律環境對財務管理的影響要有以下兩點認識：

（1）要充分認識到各國（地區）的政治與法律環境存在著一定的差異，在應用財務管理理論和方法時需要進行適用條件的檢驗與因地制宜的調整。

（2）要深刻認識到政治與法律環境是日臻完善的，企業的可持續發展離不了財務管理。在政府管制較多、非正式稅收負擔較重、司法體系較薄弱的國家（地區），企業往往會通過建立政治關聯等「政治尋租」的行為來提升企業價值。從短期來看，這些企業似乎走了捷徑，但若不能解決其組織結構因政治關聯而更加複雜、治理更加困難以及沉重的政治負擔等問題，或者因政治關聯而忽視財務管理等，其發展前景並不樂觀。

由此可見，公平、公正、健康有序的企業競爭環境對財務管理學科的發展和財務管理作用的發揮都有非常深遠的影響。不斷完善和健全政治與法律環境是每一個國家（地區）為了經濟發展、社會穩定、科技進步等而不懈努力的目標。

（二）經濟環境

經濟環境是指對企業生存和發展產生重要影響的經濟狀況和經濟政策。經濟狀況包括經濟要素的性質、水準、結構、變動趨勢及其運行的週期性波動規律等多方面內容。經濟政策是國家或政府為達到充分就業、價格水準穩定、經濟快速增長、國際收支平衡等宏觀經濟政策的目標，為增進經濟福利而制定的解決經濟問題的指導原則和措施。例如，財政政策、貨幣政策、收入政策等。

1. 經濟狀況

經濟狀況的內容十分廣泛，對企業財務管理活動的影響呈現多樣性，簡單歸類總結如下：

（1）經濟週期對企業財務管理活動的影響。經濟週期是指經濟運行所經歷的復甦、繁榮、衰退和蕭條四個階段的週期循環規律。在經濟週期的不同階段，企業應採用不同的財務管理戰略。如表1-2所示。

表1-2　　　　　　　　　　經濟週期與財務管理策略對應表

經濟週期 財務管理	復甦時期	繁榮時期	衰退時期	蕭條時期
投資	①增加固定資產（廠房設備）等的投資 ②開發新產品	①繼續增加固定資產（廠房設備）等的投資 ②投產新產品	減少固定資產（廠房設備）等的投資（如由停產不利產品等引起）	建立新的投資標準
籌資	增加長期籌資，可實行長期租賃	增加長期籌資，可實行長期租賃	減少長期籌資	減少長期籌資
營運資本管理	①增加短期籌資 ②建立存貨儲備	①增加短期籌資 ②繼續增加存貨儲備	①減少短期籌資 ②削減存貨，停止長期採購	①減少短期籌資 ②削減存貨

（2）通貨膨脹對企業財務管理活動的影響是多方面的。其主要表現為：①引起資金占用的大量增加，從而增加企業的資金需求；②引起企業利潤虛增，造成企業資金由於利潤分配而流失；③引起利潤上升，加大企業的權益資本成本；④引起債券必要收益率的提高，進而導致債券價格下降，增加企業的籌資難度；⑤引起資金供應緊張，增加企業的籌資困難。

為了減輕通貨膨脹對企業造成的不利影響，企業應當：①在通貨膨脹初期，企業通過投資避免貨幣貶值的風險，實現資本保值；與供應商簽訂長期購貨合同，以減少物價上漲造成的損失；取得長期負債，保持資金成本的穩定性。②在通貨膨脹持續期，要通過較嚴格的信用條件減少債權，調整財務政策，防止和減少企業資本流失等。

2. 經濟政策

經濟政策的變化對企業財務管理活動的影響至少包括三個途徑：

（1）宏觀經濟政策的實施會直接改變企業對未來經濟前景及行業運行狀況的判斷，進而會影響企業的財務管理活動（參見表1-2）。

（2）宏觀經濟決策（如貨幣政策、信貸政策等）會直接影響企業的資本成本，進而會對企業的財務管理活動產生影響。例如，當國家貨幣政策緊縮時，企業採用商業信用作為替代的融資方式，在一定程度上抵消了緊縮政策的影響，同時企業會主動增加現金持有水準以抵禦風險。

（3）宏觀經濟政策的實施可能會改變企業經營的信息環境，影響企業所獲取信息的不確定程度，從而影響企業的財務管理活動。例如，在信息獲取有限的情況下，會加大財務決策的不確定性，在運用決策方法和進行財務預測時都會有所不同。

（三）社會文化環境

社會文化環境是指人們在特定的社會環境中形成的習俗觀念、價值觀念、行為準則和教育程度以及人們對經濟、財務的傳統看法等。它包括教育、科學、文學、藝術、新聞出版、廣播電視、衛生體育、世界觀、習俗，以及同社會制度相適應的權利義務觀念、道德觀念、組織紀律觀念、價值觀念和勞動態度等。

隨著人民生活水準的提高，其文化素養和受教育程度總體上都得到了大幅度的提升，相應地，思維更加靈活，文化更加融合，社會也更加開放。良好的文化環境有利於財務管理創新出更靈活、更人性化的管理方式和方法，同時也更有利於利益相關者利益衝突等問題的協調。

（四）科學技術環境

科學技術環境是指科學技術的進步以及新技術手段的應用對社會進步所提供的環境。科學技術環境是對組織的管理有著極為重要影響的因素之一。科學技術的發展一方面為管理理論的發展提供了強有力的支持，另一方面又為管理技術的更新提供了新的工具。

財務管理從經驗走向科學，科學技術的發展起了極大的推動作用。科學技術環境的變

化對組織機構、管理思想、合作方式等都產生了直接的影響,隨著技術革命的速率的加快,這種影響將越來越突出。組織要提高活動的效率,保持自身的競爭力,就必須關注技術環境的變化,並及時採取應對措施。例如,網絡財務的迅速發展給激烈競爭中的公司、集團帶來了獲取或維持競爭優勢的機會,也給創業中的小微企業和眾多的中小企業帶來了生存和發展的機會。

二、財務管理的市場環境

除宏觀環境外,各種要素市場及產品市場的發展也會對企業的組織和治理結構及財務決策產生重要影響。市場環境是指直接作用於企業從生產到銷售全過程的財務活動的市場總和,主要包括金融市場(資金市場)、勞動力市場、信息市場、技術市場、產權交易市場等要素市場和產品市場。不同的市場也會對企業的生產和銷售等財務管理活動產生不同程度的影響。其中,金融市場是財務管理環境中非常重要的一部分,企業的籌資與投資活動都離不開金融市場。所以,本教材在本章節將重點介紹金融市場,而其他市場環境由於目前研究的廣度和深度有限,故不做論述。

(一)金融市場的交易對象

金融市場是以銀行存款單、債券、股票、期貨等金融工具為交易對象的交易場所。這些金融工具對於買方(即投資人)來說是一種索取權,是可以產生現金流的資產;對於賣方(即籌資人)來說是一種籌資工具,是將來需要支付現金的義務;交易雙方通過交易實現的是貨幣資本使用權的轉移。由此可見,金融工具是使一個公司形成金融資產,同時另一個公司形成金融負債或權益工具的任何合約,是代表資本融通關係具有法律效力的憑證,公司可以借助其進行籌資和投資活動。

金融工具具有期限性(通常有規定的償還期限)、流動性(在必要時迅速轉變為現金而不致遭受損失的能力)、風險性(其本金和預定收益存在損失可能性)和收益性(能夠帶來價值增值)的基本特徵。不同金融工具的具體特徵表現不盡相同。例如,與債券相比股票沒有規定的償還期限,風險更大。

金融工具按其收益性特徵可分為固定收益證券、權益證券和衍生證券三類。其中,固定收益證券和權益證券是公司進行債券與股權籌資的重要形式,往往前者的籌資成本因風險等因素會低於後者。而衍生證券的價值依賴於其他證券,因此它既可用來套期保值,也可用來投機。根據公司理財的原則,企業不應依靠投機獲利。衍生品投機失敗導致公司巨大損失甚至破產的案件時有發生。

(二)金融市場的參與者

金融市場的參與者主要有政府、中央銀行、商業銀行和非銀行性金融機構、企業和居民五類。

(1)政府在金融市場中主要充當資金的需求者、供應者和金融市場的管理者。

（2）中央銀行是銀行的銀行，是商業銀行的最後貸款者和金融市場的資金供給者，通過在金融市場上吞吐有價證券直接調節貨幣供給量，影響和指導金融市場的運行，是貨幣政策的制定者和執行者。

（3）商業銀行和非銀行性金融機構作為金融仲介機構，是金融市場的最重要的參與者，資金供求雙方是通過這些仲介機構實現資金融通的，因此，它們實際上是金融交易的中心。

（4）企業在金融市場上既是資金的供應者，又是資金的需求者。企業在經營中形成的閒置資金是金融市場的重要資金來源，而企業對資金的需求又使其成為金融市場上最大的資金需求者。

（5）居民，包括自然人和家庭，是金融市場上最多的資金供給者。

（三）金融市場的分類

按照不同的標準，金融市場有不同的分類。下面僅介紹與公司投資和籌資關係密切的金融市場類型。

1. 貨幣市場和資本市場

金融市場可以分為貨幣市場和資本市場。這兩類金融市場的功能不同，所交易的證券期限、利率和風險也不同。

貨幣市場是短期金融工具交易的市場，交易的證券期限不超過1年。通常情況下，短期債務利率低於長期債務利率，短期利率的波動大於長期利率。貨幣市場的主要功能是保持金融資產的流動性，以便隨時轉換為現實的貨幣。它滿足了借款者的短期資金需求，同時為暫時性閒置資金找到出路。貨幣市場工具包括短期國債、可轉讓存單、商業票據和銀行承兌匯票等。

資本市場是指期限在1年以上的金融資產交易市場，主要包括銀行中長期存貸市場和有價證券市場。由於長期融資證券化成為未來發展的一種趨勢，因此資本市場也稱為證券市場。與貨幣市場相比，資本市場所交易的證券期限長（超過1年），利率或要求的報酬率較高，風險也較大。資本市場的主要功能是進行長期資本的融通。資本市場的工具包括股票、公司債券、長期政府債券和銀行長期貸款等。

2. 債務市場和股權市場

按照證券的不同屬性，金融市場分為債務市場和股權市場。

債務市場交易的對象是債務憑證，例如公司債券、抵押票據等。債務憑證是一種契約，借款者承諾按期支付利息和償還本金。債務工具的期限在1年以下的是短期債務工具，期限在1年以上的是長期債務工具。有時也把1~10年的債務工具稱為中期債務工具。

股權市場交易的對象是股票。股票是分享一個公司淨收入和資產權益的憑證。持有人的權益按照公司總權益的一定份額表示，而沒有確定的金額。股票的持有者可以不定期地收取股利，且沒有到期期限。

股票持有人與債務工具持有人的索償權不同。股票持有人是排在最後的權益要求人，公司必須先向債權人進行支付，然後才可以向股票持有人支付。股票持有人可以分享公司盈利和資產價值增長。但股票的收益不固定，而債權人卻能按照約定的利率得到固定收益，因此股票風險高於債務工具。

3. 一級市場和二級市場

金融市場按照所交易證券是否初次發行，分為一級市場和二級市場。

一級市場，也稱發行市場或初級市場，是資本需求者將證券首次出售給公眾時形成的市場。它是新證券和票據等金融工具的買賣市場。該市場的主要經營者是投資銀行、經紀人和證券自營商（在中國這三種業務統一於證券公司）。它們承擔政府、公司新發行的證券以及承購或分銷股票。投資銀行通常採用承購包銷的方式承銷證券，承銷期結束後剩餘證券由承銷人全部自行購入，發行人可以獲得預定的全部資金。

二級市場，是在證券發行後，各種證券在不同投資者之間買賣流通所形成的市場，也稱流通市場或次級市場。該市場的主要經營者是證券商和經紀人。證券的持有者在需要資金時，可以在二級市場將證券變現。想要投資的人，也可以進入二級市場購買已經上市的證券，出售證券的人獲得貨幣資金，但該證券的發行公司不會得到新的現金。

一級市場和二級市場有密切關係。一級市場是二級市場的基礎，沒有一級市場就不會有二級市場。二級市場是一級市場存在和發展的重要條件之一。二級市場使得證券更具流動性，也因此使投資者更願意在一級市場購買。某公司證券在二級市場上的價格，決定了該公司在一級市場上新發行證券的價格。在一級市場上的購買者，只願意向發行公司支付其認為二級市場將為這種證券所確定的價格。二級市場上證券價格越高，公司在一級市場出售的證券的價格越高，發行公司籌措的資金越多。因此，與企業理財關係更為密切的是二級市場，而非一級市場。本教材所述及的證券價格，除特別指明外，均指二級市場價格。

4. 場內交易市場和場外交易市場

金融市場按照交易程序分為場內交易市場和場外交易市場。

場內交易市場是指各種證券的交易所。證券交易所有固定的場所、固定的交易時間和規範的交易規則。交易所按拍賣市場的程序進行交易。證券持有人擬出售證券時，可以通過電話或網絡終端下達指令，該信息輸入交易所撮合主機按價格從低到高排序，低價者優先。擬購買證券的投資人，用同樣方法下達指令，按照由高到低排序，高價優先。出價最高的購買人和出價最低的出售者取得一致時成交。證券交易所通過網絡形成全國性的證券市場，甚至形成國際化市場。

場外交易市場沒有固定場所，由持有證券的交易商分別進行。任何人都可以在交易商的櫃臺上買賣證券，價格由雙方協商形成。這些交易商互相用計算機網絡聯繫，掌握各自開出的價格，競價充分，與有組織的交易所並無多大差別。場外交易市場包括股票、債

券、可轉讓存單和銀行承兌匯票等。

（四）金融市場的功能

1. 資本融通功能

金融市場的基本功能之一是融通資本。它提供一個場所，將資本提供者手中的資本轉移到資本需求者。通過這種轉移，發揮市場對資源的調配作用，提高經濟效率和社會福利。

2. 風險分配功能

風險分配功能是金融市場的第二個基本功能。它是指在轉移資本的同時，將實際資產預期現金流的風險重新分配給資本提供者和資本需求者。

例如，某人需要投資100萬元建立企業，自己投資40萬元，通過債務籌資和權益籌資60萬元，兩者的比例決定了他自己和其他出資人的利益分享與風險分攤比例。如果向其他人籌集權益資本20萬元，債務籌資40萬元。無論經營成敗，債權人只收取固定利息，既不分享利潤也不承擔損失。但權益資本則不同：在經營成功時，他自己分享2/3的淨利潤，其他權益投資人分享1/3的淨利潤；在經營虧損時，他自己承擔2/3的損失，其他權益投資人承擔1/3的損失。如果改變了籌資結構，風險分攤的比例就會改變。因此，籌資的同時實現了企業風險的重新分配。

集聚了大量資本的金融機構可以通過多元化分散風險，因此有能力向高風險的公司提供資本。金融機構創造出風險不同的金融工具，可以滿足風險偏好不同的資金提供者。因此，金融市場在實現風險分配功能時，金融仲介機構是必不可少的。

3. 價格發現功能

價格發現功能位居金融市場的附帶功能之首，金融市場也因此被稱為經濟的「氣象臺」或「晴雨表」。這具體表現在：

金融市場上的買賣雙方的相互作用決定了證券的價格，即金融資產要求的報酬率。公司的籌資能力取決於公司的盈利能力是否能夠達到金融資產要求的報酬率，顯然，達不到就籌集不到資金。通過競爭形成的價格將引導著資金流向效率高的部門和企業，實現優勝劣汰，促進了社會稀缺資源的合理配置和有效利用。因此，每一種證券的價格可以反應發行公司的經營狀況和發展前景。

同時，金融市場的活躍程度可以反應經濟的繁榮或衰退。金融市場上的交易規模、價格及其變化的信息可以反應政府貨幣政策和財政政策的效應。金融市場生成並傳播大量的經濟和金融信息，可以反應一個經濟體甚至全球經濟的發展和變化情況。

4. 調節經濟功能

調節經濟功能是金融市場的第二個附帶功能。政府可以通過央行實施貨幣政策對各經濟主體的行為加以引導和調節，金融市場為政府實施宏觀經濟的間接調控提供了條件。

政府的貨幣政策工具主要有三個：公開市場操作、調整貼現率和改變存款準備金率。

例如，經濟過熱時中央銀行可以在公開市場出售證券，減少基礎貨幣，減少貨幣供應；還可以提高商業銀行從央行貸款的貼現率，減少貼現貸款數量，減少貨幣供應；也可以通過提高商業銀行繳存央行的存款準備金率促使商業銀行減少放款，進而實現貨幣供應收縮。減少貨幣供應的結果是利率提高，投資需求下降，由此達到抑制經濟過熱的目的。

但是央行貨幣政策的基本目的不止一個，通常包括高就業、經濟增長、物價穩定、利率穩定、金融市場穩定和外匯市場穩定等。有時這些目的相互衝突，操作時就會進退維谷。例如，經濟上升、失業下降時，往往伴隨通貨膨脹和利率上升。若為防止利率上升而增加貨幣供應，又會使通貨膨脹進一步加重。如果為了防止通貨膨脹，放慢貨幣供應增長，在短期內利率和失業率就可能上升。因此，這種操控是十分複雜的，需要綜合考慮其後果，並逐步試探和修正。

5. 節約信息成本

節約信息成本是金融市場的第三個附帶功能。如果沒有金融市場，資本提供者與資本需求者彼此尋找的成本是非常高的。完善的金融市場提供了充分的信息，可以節約尋找投資對象的成本和評估投資價值的成本。

金融市場要想實現其上述功能，需要不斷完善市場的構成和機制。理想的金融市場需要兩個基本條件：一是充分、準確和及時的信息；二是市場價格完全由供求關係決定。在現實中，錯誤的信息和扭曲的價格會妨害金融市場功能的發揮，甚至可能引發金融市場的危機。

三、財務管理的內部環境

企業的內部環境包括企業的組織架構、戰略及經營模式選擇等，企業通過對內部環境施加有效影響，影響財務管理活動。

作為企業獲取競爭優勢的重要途徑，戰略選擇對企業財務決策的影響至關重要。如何界定、規劃和執行一個良好的戰略是決定其財務狀況和經營績效的關鍵所在。例如，與實行成本領先戰略的企業相比，實行產品領先戰略的企業應不斷致力於通過塑造產品或服務的獨特性，以造成相對於競爭者的有利差異來獲得競爭優勢，為了支撐這一戰略的順利實施，必然需要企業投入大量資本進行產品的設計和改進，如何籌集和管理這些資本就顯得至關重要。從控制風險的角度出發，實施產品領先戰略的企業應當減少負債，而且企業的競爭優勢越是依賴於創新，企業的財務槓桿率應該越低。高新技術企業作為典型的以產品領先戰略為核心的企業，強調風險管控，所以需要保持較高的財務鬆弛空間，以應對中國高度動態的環境和企業自身的高成長要求。

任何一項產品或者服務從無到有，再到其使用價值的實現，都要經過研究開發、生產、銷售、售後服務等價值創造環節，不同的企業根據自己具備的資源和能力，會專注於價值鏈上的不同階段，從而形成不同的經營模式。例如，專注於銷售和售後服務的公司所

有的產品生產可能都實行外包，從而形成輕資產型公司，而另一些專注於生產的企業，可能不得不購置大量的生產設備和廠房，從而成為重資產型公司。而不同的經營模式可能對企業的籌資、投資、分配產生不同的影響。

復習與思考：

1. 財務管理的宏觀環境有哪些？
2. 財務管理的市場環境有哪些？
3. 金融市場的功能有哪些？

本項目小結

對本項目分三個任務進行闡述。

任務一包括三方面的內容：一是在概述財務管理的基本理論基礎上闡述財務管理的內容——由長期投資、長期籌資與營運資本管理組成，並對具體內容進行詳述；二是闡述財務管理的目標是股東財富最大化，而非利潤最大化、每股收益最大化的原因（優劣勢的比較），以及股價最大化和企業價值最大化等同於股東財富最大化的特定條件；三是闡述利益相關者的利益要求、衝突形式與協調方法。任務一以財務管理的內容為出發點，有助於理解財務管理的目標，並在此基礎上考慮相關利益者的要求，從整體上把握財務管理精髓。

任務二包括兩方面的內容：一是財務管理的四大基本職能——財務分析、財務預測、財務決策和財務計劃。雖然控制與評價也是管理的職能，但它們並不是財務管理的基本職能。四大基本職能作用於財務管理的主要內容，對實現財務管理的目標起著至關重要的作用。至此，對財務管理的認知就比較清晰完整，所謂財務管理，就是對長期投資、長期籌資和營運資本實行財務分析、財務預測、財務決策和財務計劃的管理活動，它以實現股東財富最大化為財務管理目標。二是介紹在進行具體的財務管理活動時應考慮的假設和原則，為實踐提供執行依據。

任務三只闡述了財務管理的環境，羅列了近些年眾多學者在財務管理環境方面取得的可達成共識且適宜現階段學習和應用的研究成果。對財務管理環境的研究無論是構架、內容、理論與研究方法都尚未成熟，有一定的發展空間。編者之所以將此部分作為該項目的最後一個獨立的任務進行闡述，是想拓展大家進行財務管理活動時的思路。毋庸置疑，財務管理理論與活動一直都受到環境的影響，這個問題絕不能忽視，但也沒有定論。因此，任務三是站在巨人的肩膀上給出了一個可供參考的分析要素與大致思路。

綜上所述，項目一就是從財務管理的主要內容（含基本理論）、基本目標、基本職能、

基本原則（含基本假設）與內部與外部環境五個方面介紹財務管理，希望大家完成項目的學習之後，不僅對財務管理有更全面和更深刻的認識，還能具有從事財務管理工作的基本職業素養。

項目測試與強化　　　　　　項目測試與強化答案

項目二　價值評估基礎

學習目標

深刻理解貨幣時間價值的概念與種類；
掌握並靈活運用貨幣時間價值的計算公式和運算方法；
深刻理解風險的含義與種類；
掌握單項資產的風險與報酬的衡量方法；
掌握投資組合的風險與報酬的衡量方法；
理解協方差與相關係數的關係及各自的含義；
理解資本市場線的含義，並掌握資本市場線的影響因素；
掌握資本資產定價模型的含義與方法。

任務一　貨幣時間價值

　　財務估值是指對一項資產價值的評估。其中，「資產」的範圍可以是金融資產、實物資產甚至是一個企業或一個集團；「價值」是指資產的內在價值，即用適當的折現率計算的資產預期未來現金流量的現值，即經濟價值或公平價值。它不同於資產在某一特定時點上的帳面價值、市場價值和清算價值，它更多是立足於決策的時點考慮資產在一段特定期間的價值表現。所以，財務估值幾乎涉及包括投資活動與籌資活動在內的每一項財務決策，是財務管理的核心問題。

　　如項目一所述，財務管理的理論基礎主要有現金流量理論、價值評估理論、風險評估理論、投資組合理論和資本結構理論。其中，現金流量理論和價值評估理論常常結合應用於長期投資和長期籌資等財務管理活動中進行財務估值。財務估值的主流方法是現金流量折現法。該方法涉及的利率、貨幣時間價值和風險價值等內容，都將在本項目中進行詳細闡述。

其中，貨幣時間價值的影響貫穿於整個財務管理理論體系，包括終值現值的計算、證券與企業的價值評估、籌資資本成本的比較等投資和籌資決策，這要求財務管理活動必須考慮時間因素而形成的價值差額，否則難以解釋資本市場上資金價值的變動實質。如果在長期的時間限定下不考慮貨幣的時間價值和風險價值，是根本無法進行客觀的財務估值的。那麼，財務決策的質量也就難以保證，財務管理的成效更無從談起。

現金流量折現法涉及的現金流量，對其準確估計將對財務決策產生重大影響。但是，不同資產的特點導致相應的現金流量存在差異性，所以，關於現金流量的估計內容將在後面的項目中以專項的形式結合具體估值對象進行更加深入的討論。

一、貨幣時間價值的概念

（一）貨幣時間價值的概念

貨幣時間價值，是指貨幣經歷一定時間的投資和再投資所增加的價值。

在商品經濟中，有這樣一種現象，即現在的1元錢和1年後的1元錢其經濟價值不相等。現在的1元錢比1年後的1元錢的經濟價值要大一些，即使不存在通貨膨脹也是如此。例如，將現在的1元錢存入銀行，1年後可得到1.10元（假設不考慮通貨膨脹和風險下的存款利率為10%）。其中，通過投資增加的0.10元就是貨幣的時間價值。

貨幣投入生產經營過程後，其金額隨時間持續不斷地增長。這是一種客觀的經濟現象。企業資金循環的起點是投入貨幣資金，企業用它來購買所需的資源，然後生產出新的產品，產品出售時得到的貨幣量大於最初投入的貨幣量。資金的循環以及因此實現的貨幣增值，需要或多或少的時間，每完成一次循環，貨幣就增加一定金額，週轉的次數越多，增值額就越大。因此，隨著時間的延續，貨幣總量在資金循環中按幾何級數增長，形成了貨幣的時間價值。

（二）貨幣時間價值的表現形式

由於貨幣時間價值的客觀存在，現在的1元錢與將來的1元多錢甚至是幾元錢在經濟上是等效的。換言之，在其他條件不變的情況下，現在的1元錢和將來的1元錢，它們的經濟價值不相等。那麼，考慮到不同時間單位貨幣的價值不相等的客觀事實，不同時間的貨幣價值是不宜直接統計與比較的。只有把各個時期的現金流量折算到同一個時點上，才能進行價值計算並比較。由於價值的表現形式可以是絕對數，也可以是相對數，所以貨幣的時間價值也有兩種表現形式，具體如下：

貨幣的時間價值表現形式之一是貨幣的時間價值額，即貨幣在生產經營過程中帶來的真實增值額，它等於一定數額的投入貨幣與貨幣的時間價值率的乘積，常以絕對數表示。例如，1元乘以10%的存款利率後得到的0.1元。

貨幣的時間價值的另外一種表現形式是貨幣的時間價值率，即用貨幣的時間價值額占投入貨幣的百分數表示。例如，前例中0.1元占1元的10%，即貨幣的時間價值率為10%。

由上述可知，貨幣的時間價值的兩種表現形式的關係是「貨幣的時間價值額＝投入貨幣數額×貨幣的時間價值率」或「貨幣的時間價值率＝貨幣的時間價值額/投入貨幣」。如果兩個等式中無論是「貨幣的時間價值額」還是「貨幣的時間價值率」都是未知的，那麼根據「投入貨幣」一個已知變量而想得出貨幣的時間價值是不可能的事。所以，貨幣的時間價值的兩種表現形式中必須有一個是已知變量，才有可能計算出另一個。在沒有給出確定的投資回報的情況下，即在「貨幣的時間價值額」未知的情況下，「貨幣的時間價值率」是先要通過一定方法或途徑確定下來的已知變量。

理論上，貨幣的時間價值率是沒有風險和沒有通貨膨脹下的社會平均利潤率，即純粹利率。但是，在實務中，財務活動受到財務管理環境的影響，相應地，用於價值評估的貨幣的時間價值率也會受到各種因素的綜合影響，即可用考慮風險溢價後的利率或報酬率替代。

(三) 利率與報酬率

1. 利率

(1) 利率的概念

利率是指一定時期內利息與本金的比率，通常用百分比表示。利率又稱利息率，通常縮寫符號為 i。其中，利息是資金使用成本或放棄資金使用權所得的補償。利率的一般公式是：利率＝利息/本金×100％。利率根據計量的期限不同，表示的方法有年利率、月利率和日利率。利率作為資本的價格，與貨幣時間價值率一樣會受到很多很複雜的因素的影響。

(2) 利率的確定方法

在市場經濟條件下，由各種因素的綜合影響所決定的利率，通常稱為「市場利率」，縮寫符號為 r。例如，市場利率會受到國內外經濟發展的狀況、物價水準、貨幣的供給與需求狀況、產業的平均利潤水準、利率管制、貨幣政策等因素的影響。綜合考慮以上影響因素，市場利率的確定方法表達如下：

市場利率 $r = r^* + RP = r^* + IP + DRP + LRP + MRP = r_{RF} + DRP + LRP + MRP$

其中：r^*──純粹利率；

　　　RP──風險溢價；

　　　IP──通貨膨脹溢價；

　　　DRP──違約風險溢價；

　　　LRP──流動性風險溢價；

　　　MRP──期限風險溢價；

　　　r_{RF}──名義無風險利率。

具體說明如下：

純粹利率，也稱真實無風險利率，是指在沒有通貨膨脹、無風險情況下資金市場的平

均利率，即理論上的貨幣時間價值率。沒有通貨膨脹時，短期政府債券的利率可以視作純粹利率。

通貨膨脹溢價是指證券存續期間預期的平均通貨膨脹率。投資者在借出資金時通常考慮預期通貨膨脹帶來的資金購買力下降。因此，在純粹利率基礎上加入預期的平均通貨膨脹率，以消除通貨膨脹對投資報酬率的影響。

純粹利率與通貨膨脹溢價之和，稱為「名義無風險利率」，簡稱「無風險利率」。假設純粹利率為4%，預期通貨膨脹率為3%，則（名義）無風險利率為7%。政府債券的信譽很高，通常假設不存在違約風險，其利率被視為（名義）無風險利率。

違約風險溢價是指債券發行者在到期時不能按約定足額支付本金或利息的風險。該風險越大，債權人要求的貸款利息越高。對政府債券而言，通常認為沒有違約風險，違約風險溢價為零；對公司債券來說，公司評級越高，違約風險越小，違約風險溢價就越低。

流動性風險溢價是指債券因存在不能在短期內以合理價格變現的風險而給予債權人的補償。國債的流動性好，流動性溢價較低；小公司發行的債券流動性較差，流動性溢價相對較高。流動性溢價很難準確計量。觀察違約風險、期限風險均相同的債券，它們之間會有2%~4%的利率差，可以大體反應流動性風險溢價的一般水準。

期限風險溢價是指債券因面臨持續期內市場利率上升導致價格下跌的風險而給予債權人的補償，因此也被稱為「市場利率風險溢價」。

2. 報酬率

（1）報酬率的概念

報酬率是指一定時期內報酬與資本的比率，通常用百分比表示。其中，報酬可以是債權性的投資回報，如利息，也可以是股權性的投資回報，如利潤、股息等，甚至可以是其他可以貨幣計量的利益。報酬可以從直接投資獲取，也可以從間接投資中獲取。相應地，資本可以是用於直接投資的各種資產，如貨幣資金、固定資產等，也可以是獲得債權或股權的資金成本，即本金或投資額。

將報酬率的概念中「報酬」與「資本」分別用「利息」與「本金」替換，此時被縮小範圍的報酬率的概念就等同於利率的概念。而貨幣時間價值是在財務活動中廣泛存在的，債券只是其中之一。所以，當研究範圍超越債券時，用報酬率比用利率更合適。

（2）報酬率的相關概念

報酬率因報酬與資本所包含的內容不同，即投資的主體、計算的目的和作用不同，還可以衍生出許多相關的概念，主要包括兩大類：一類是以財務分析與評價為主的指標；一類是以財務預測與決策為主的指標。

①以財務分析與評價為主的報酬率指標，是指這類指標根據歷史數據計算得出，並據此進行分析與評價，是本教材財務報表分析項目中比率分析的主要內容之一。其最常見的報酬率的概念有：

投資報酬率（ROI）：又稱為投資的獲利能力，是指投資中心通過直接投資而獲得的利潤占投資資本或現有資產的比重。它是全面評價投資中心各項經營活動、考評投資中心業績的綜合性質量指標。它既能揭示投資中心的銷售利潤水準，又能反應資產的使用效果。其中，若以企業為投資主體，其概念等同於總資產報酬率；若以股東或企業所有者為投資主體，其概念等同於權益淨利率。

總資產報酬率（ROA）：又稱為資產所得率，是指企業一定時期內獲得的息稅前利潤與資產平均總額的比率。它表示企業包括淨資產和負債在內的全部資產的總體獲利能力，用以評價企業運用全部資產的總體獲利能力，是評價企業資產營運效益的重要指標。

權益淨利率（ROE）：又稱為淨資產收益率，是企業淨利潤與平均淨資產的比率。其中，淨利潤是股東或所有者的投資所得，平均淨資產是股東或所有者的資本投入，該指標反應所有者權益所獲報酬的水準，具有很強的綜合性，可用以評價企業的全部經營業績和財務業績。

②以財務預測與決策為主的報酬率指標。這類指標是指以現時為研究基點，在考慮風險等影響因素的基礎上估計的未來現金流量，並據此計算得出的，常被應用於財務管理中的投資決策。其最常見的報酬率的概念有：

必要報酬率（Required Return）：指人們願意進行投資（購買資產）所必須賺得的最低報酬率或最低收益率。它是投資人對於等風險投資所要求的收益率，是準確反應未來現金流量風險的報酬。在發行債券時，票面利率是根據等風險投資的必要報酬率確定的；在完全有效的市場中，證券的期望收益率就是它的必要報酬率。在本項目的「任務一」——貨幣時間價值的計算中有廣泛的應用。

期望報酬率（Expected Rate of Return）：指各種可能的報酬率按概率加權計算的平均報酬率，又稱為預期值或均值。它表示在一定的風險條件下，期望得到的平均報酬率。在本項目的「任務二」——風險與報酬中與必要報酬率一併有詳盡的論述。

內含報酬率（Internal Rate of Return）：又稱內部收益率，是指能夠使未來現金流入現值等於未來現金流出現值的折現率，即淨現值等於零時的折現率。它是一項投資渴望達到的報酬率。該指標越大越好。一般情況下，內部收益率大於或等於基準收益率時，該項目是可行的。在本教材投資決策的項目中將做重點闡述。

綜上所述，貨幣時間價值的計算中的重要參數貨幣時間價值率 i 常用證券的利率或各種資產的報酬率替代，這使得貨幣時間價值不僅可以應用於債券、股票等證券的投資中，也可以應用於資產、項目、企業的投資中。而證券的利率或各種資產的報酬率如何得出，將在本項目的「任務二」中詳細闡述。本項目的「任務一」旨在解決貨幣時間價值的計算問題。

二、單利的計算方法

單利和複利是計算利息的兩種不同方法。單利是指只對本金計算利息，而不將以前計息期產生的利息累加到本金中去計算利息的一種計息方法，即利息不再生息。

（一）單利利息

單利利息是指現在的特定資金按單利計算將來一定時間所增加的價值。

計算公式為：$I = P \cdot i \cdot n$

式中：I 為利息；P 為本金，或稱為現值；i 為利率；n 為持有時間。其中，利率 i 與持有時間 n 相匹配。

【例2-1】某企業存入銀行週轉資金 1,000,000 元，年利率為 5%，3 年後的利息是多少？

$I = P \cdot i \cdot n = 1,000,000 \times 5\% \times 3 = 150,000$（元）

若存入銀行僅半年，則利息為：

$I = P \cdot i \cdot n = 100 \times (5\%/12) \times 6 = 1,000,000 \times 5\% \times (6/12) = 25,000$（元）

從上述計算可以看出，利率要與持有時間相配，計算結果才正確。

（二）單利終值

單利終值是指現在的特定資金按單利計算的將來一定時間的價值，或者說是現在的一定本金在將來一定時間按單利計算的本金與利息之和。終值又稱本利和，常用 F 表示。

計算公式為：$F = P + I = P + P \cdot i \cdot n = P \cdot (1 + i \cdot n)$

【例2-2】承上例，某企業存入銀行週轉資金 1,000,000 元，年利率為 5%，按單利計息，3 年後的本利和是多少？

$F = P + I = P + P \cdot i \cdot n = P \cdot (1 + i \cdot n)$

  $= 1,000,000 + 150,000 = 1,000,000 + 1,000,000 \times 5\% \times 3 = 1,000,000 \times (1 + 5\% \times 3)$

  $= 1,150,000$（元）

【例2-3】某企業購入國債 2,500 手，每手面值 1,000 元，買入價格 1,008 元，該國債期限為 5 年，年利率為 6.5%（單利），則到期企業可獲得本利和多少元？

$F = P \cdot (1 + i \cdot n) = 2,500 \times 1,000 \times (1 + 6.5\% \times 5) = 3,312,500$（元）

【例2-4】某人打算在每年年初存入銀行 10,000 元以備第三年年末使用。假定存款年利率是 6%，單利計息，第三年末將獲得本利和多少？

第一年年初存入 10,000 元到期本息和 $= 10,000 \times (1 + 6\% \times 3) = 11,800$（元）

第二年年初存入 10,000 元到期本息和 $= 10,000 \times (1 + 6\% \times 2) = 11,200$（元）

第三年年初存入 10,000 元到期本息和 $= 10,000 \times (1 + 6\% \times 1) = 10,600$（元）

第三年年末本利和 $= 11,800 + 11,200 + 10,600 = 33,600$（元）

（三）單利現值

單利現值是單利終值的對稱概念，指未來一定時間的特定資金按單利計算的現在價值，或者說是為取得將來一定本利和現在所需的本金。常用 P 表示。

計算公式為：$P = F - I = \dfrac{F}{1+i \cdot n}$

【例2-5】 某企業計劃2年後獲得存入銀行週轉資金1,100,000元，若年利率為5%，按單利計息，該企業現在應存入銀行多少錢？

$$P = \dfrac{F}{1+i \cdot n} = \dfrac{1,100,000}{1+5\% \times 2} = 1,000,000 \text{（元）}$$

【例2-6】 某債券還有3年到期，到期的本利和為153.76元，該債券的年利率為8%（單利），則目前的價格為多少元？

$$P = \dfrac{F}{1+i \cdot n} = \dfrac{153.76}{1+8\% \times 3} = 124 \text{（元）}$$

【例2-7】 某人打算在每年年初在銀行存入一筆相等的資金以備第四年年末獲取45,000元本息和使用。假定存款年利率是5%，單利計息，則每年年初應存入銀行多少錢？

假定每年年初存入的資金額為 X 元，則

第一年年初存入的資金到期本息和 $= X \cdot (1+5\% \times 4)$

第二年年初存入的資金到期本息和 $= X \cdot (1+5\% \times 3)$

第三年年初存入的資金到期本息和 $= X \cdot (1+5\% \times 2)$

第四年年初存入的資金到期本息和 $= X \cdot (1+5\% \times 1)$

已知第四年年末本利和為45,000元，則

$X \cdot (1+5\% \times 4) + X \cdot (1+5\% \times 3) + X \cdot (1+5\% \times 2) + X \cdot (1+5\% \times 1) = 45,000$

$X \cdot [4+5\% \times (4+3+2+1)] = 45,000$

$X = 10,000 \text{(元)}$

相關連結

中國人民銀行關於人民幣存貸款計結息問題的通知
銀發〔2005〕129號

一、金融機構存款的計、結息規定

（一）個人活期存款按季結息，按結息日掛牌活期利率計息，每季末月的20日為結息日。未到結息日清戶時，按清戶日掛牌公告的活期利率計息到清戶前一日止。

單位活期存款按日計息，按季結息，計息期間遇利率調整分段計息，每季度末月的20日為結息日。

（二）以現行居民儲蓄整存整取定期存款的期限檔次和利率水準為標準，統一個人存款、單位存款的定期存款期限檔次。

（三）除活期存款和定期整存整取存款外，通知存款、協定存款、定活兩便、存本取息、零存整取和整存零取等其他存款種類的計、結息規則，由開辦業務的金融機構法人（農村信用社以縣聯社為單位），以不超過人民銀行同期限檔次存款利率上限為原則，自行制定並提前告知客戶。

二、存貸款利率換算和計息公式

（一）人民幣業務的利率換算公式為：日利率（‰）＝年利率（％）÷360；月利率（‰）＝年利率（％）÷12。

（二）銀行可採用積數計息法和逐筆計息法計算利息。

（三）積數計息法按實際天數每日累計帳戶餘額，以累計積數乘以日利率計算利息。

計息公式為：利息＝累計計息積數×日利率，其中累計計息積數＝每日餘額合計數。

（四）逐筆計息法按預先確定的計息公式逐筆計算利息。

計息期為整年(月)的，計息公式為：利息＝本金×年(月)數×年(月)利率

計息期有整年(月)又有零頭天數的，計息公式為：利息＝本金×年(月)數×年(月)利率＋本金×零頭天數×日利率

同時，銀行可選擇將計息期全部化為實際天數計算利息，即每年為365天（閏年366天），每月為當月公歷實際天數，計息公式為：利息＝本金×實際天數×日利率

附件：

存款利息計算方法舉例

（一）積數計息法

例：某客戶活期儲蓄存款帳戶支取情況如下表，假定適用的活期儲蓄存款利率為0.72％，計息期間利率沒有調整，銀行計算該儲戶活期存款帳戶利息時，按實際天數累計計息積數。

日期	存入	支取	餘額	計息積數
2006.1.2	10,000		10,000	32×10,000＝320,000
2006.2.3		3,000	7,000	18×7,000＝126,000
2006.2.21	5,000		12,000	12×12,000＝144,000
2006.3.5		2,000	10,000	13×10,000＝130,000
2006.3.18		10,0000		

應付利息＝(320,000＋126,000＋144,000＋130,000)×(0.72％÷360)＝14.4（元）

（二）逐筆計息法

1. 計息期為整年(月)的

例：某客戶 2006 年 2 月 28 日存款 10,000 元，定期整存整取 6 個月，假定利率為 1.89%，到期日 2006 年為 8 月 28 日。

利息計算選擇公式「利息＝本金×年(月)數×年(月)利率」：應付利息＝10,000×6×(1.89%÷12)＝94.5（元）

利息計算選擇公式「利息＝本金×實際天數×日利率」：應付利息＝10,000×181×(1.89%÷360)＝95.03（元）

2. 計息期有整年(月)又有零頭天數的

例1：某客戶 2006 年 7 月 31 日存入 10,000 元定活兩便存款，假設客戶 2007 年 3 月 10 日全額支取。支取日，銀行確定的半年期整存整取利率為 1.89%。

假設銀行制定的定活兩便存款計息規則如下：定活兩便存款存期半年以上（含半年），不滿一年的，整個存期按支取日定期整存整取半年存款利率打六折計息。

利息計算選擇公式「利息＝本金×年(月)數×年(月)利率＋本金×零頭天數×日利率」：應付利息＝10,000×7×(1.89%×60%÷12)＋10,000×10×(1.89%×60%÷360)
＝69.3（元）

利息計算選擇公式「利息＝本金×實際天數×日利率」：應付利息＝10,000×222×(1.89%×60%÷360)＝69.93（元）

例2：某客戶 2006 年 2 月 28 日定期整存整取 6 個月 10,000 元，假定利率為 1.89%，到期日為 2006 年 8 月 28 日，支取日為 2006 年 11 月 1 日。假定 2006 年 11 月 1 日，活期儲蓄存款利率為 0.72%。

原定存期選擇公式「利息＝本金×年(月)數×年(月)利率」；逾期部分按活期儲蓄存款計息。利息計算如下：

應付利息＝10,000×6×(1.89%÷12)＋650,000×(0.72%÷360)＝107.5（元）

原定存期選擇公式「利息＝本金×實際天數×日利率」；逾期部分按活期儲蓄存款計息。利息計算如下：

應付利息＝10,000×181×(1.89%÷360)＋650,000×(0.72%÷360)＝108.03（元）

三、複利的計算方法

複利是指每經過一個計息期，都要將所生利息加入本金再計利息，逐期滾算，俗稱「利滾利」。這裡所說的計息期，是指相鄰兩次計息的時間間隔，如年、月、日等。除非特別指明，計息期為 1 年。

如前所述，貨幣時間價值是貨幣總量隨著時間的延續在資金循環中按幾何級數形成的增值，即每次資金循環所發生的增值都會投入到新一輪的資金循環中獲取更多的增值。顯然，複利的計算方法是更符合貨幣時間價值的概念。

(一) 複利終值和現值

1. 複利終值

複利終值是指現在的特定資金按複利計算的將來一定時間的價值，或者說是現在的一定本金在將來一定時間按複利計算的本利和，常用 F 表示。其中，利息也要計算利息，因此，在其他條件均相同的情況下，按複利計息方式計算的終值要大於按單利計算的終值。

計算公式為：$F = P \cdot (1+i)^n = P \cdot (F/P, i, n)$

式中：F 為終值；P 為本金，或稱為現值；i 為報酬率或利率；n 為計息期。

上式是計算複利終值的一般公式，其中的 $(1+i)^n$ 被稱為複利終值系數或 1 元的複利終值，用符號 $(F/P, i, n)$ 表示。例如，$(F/P, 6\%, 3)$ 表示利率為 6% 的 3 期複利終值的系數。為了便於計算，可查「複利終值系數表」（見本教材附錄一）：該表的第一行是利率 i，第一列是計息期 n，相應的 $(1+i)^n$ 值在其縱橫相交處。通過該表可查出 $(F/P, 6\%, 3) = 1.191$。在時間價值為 6% 的情況下，現在的 1 元和 3 年後的 1.191 元在經濟上是等效的，根據這個系數可以把現值換算成終值。

該表的作用不僅在於已知 i 和 n 時查找 1 元的複利終值，而且可在已知 1 元複利終值和 n 時查找 i，或已知 1 元複利終值和 i 時查找 n。

【例 2-8】某人將 10,000 元投資於一項事業，年報酬率為 6%，經過 2 年時間，其期末金額為多少？

$F = [P \cdot (1+i)] \cdot (1+i) = P \cdot (1+i)^2$
$= 10,000 \times (1+6\%)^2 = 10,000 \times 1.123,6 = 11,236$（元）

【例 2-9】企業投資某基金項目，投入金額為 1,000,000 元，該基金項目的投資年收益率為 12%，投資的年限為 8 年，如果企業一次性在最後一年收回投資額及收益，則企業最終可收回多少資金？

$F = P \cdot (1+i)^n = P \cdot (F/P, i, n)$
$= P \cdot (1+12\%)^8 = P \cdot (F/P, 12\%, 8) = 1,000,000 \times 2.476 = 2,476,000$（元）

2. 複利現值

複利現值是複利終值的對稱概念，指未來一定時間的特定資金按複利計算的現在價值，或者說是為取得將來一定本利和現在所需的本金，常用 P 表示。

計算公式為：$P = F \cdot (1+i)^{-n}$

上式中的 $(1+i)^{-n}$ 是把終值折算為現值的系數，稱為複利現值系數，或稱作 1 元複利現值，用符號 $(P/F, i, n)$ 來表示。例如，$(P/F, 10\%, 5)$ 表示利率為 10% 時 5 期的複利現值系數。為了便於計算，可查詢「複利現值系數表」（見本教材附錄二），方法同上。特別地，由複利終值和現值的公式可以看出，複利終值系數與複利現值系數互為倒數。那麼，在求複利現值系數時只有「複利終值系數表」可查詢時，可以先查出複利終值系數在計算其倒數即可；同理，複利終值系數可通過查詢「複利現值系數表」後求倒數的

方法求得。

【例2-10】某酒店期望3年後獲得200,000元用於店面升級改造,年報酬率為20%,該酒店現在應投入多少資金?

$P = F \cdot (1+i)^{-n} = 200,000 \times (1+20\%)^{-3} = 200,000 \times 0.578,7 = 115,740$(元)

(二)報價利率和有效年利率

複利的計息期間不一定是一年,有可能是季度、月份或日。在複利計算中,如按年複利計息,一年就是一個計息期;如按季複利計息,一季就是一個計息期,一年就有四個計息期。計息期越短,一年中按複利計息的次數就越多,每年的利息額就會越大。這就需要明確三個概念:報價利率、計息期利率和有效年利率。

1. 報價利率

銀行等金融機構在為利息報價時,通常會提供一個年利率,並且同時提供每年的複利次數。此時金融機構提供的年利率稱為報價利率,有時也稱為名義利率。在提供報價利率時,必須同時提供每年的複利次數(或計息期的天數),否則意義是不完整的。

2. 計息期利率

計息期利率是指借款人對每1元本金每期支付的利息。它可以是年利率,也可以是半年利率、季度利率、每月或每日利率等。

計息期利率 = 報價利率/每年複利次數

【例2-11】本金1,000元,投資5年,年利率8%,按季度付息,則:

每季度利率 = 8% ÷ 4 = 2%

複利次數 = 5 × 4 = 20

$F = 1,000 \times (1+2\%)^{20} = 1,000 \times 1.485,9 = 1,485.9$(元)

3. 有效年利率

在按照給定的計息期利率和每年複利次數計算利息時,能夠產生相同結果的每年複利一次的年利率稱為有效年利率,或者稱為等價年利率。

假設每年複利次數為m:

$$\text{有效年利率} = (1 + \frac{\text{報價利率}}{m})^m - 1$$

顯而易見,當$m>1$時,有效年利率>報價利率;當$m=1$時,有效年利率=報價利率;當$m<1$時,有效年利率<報價利率。

由以上結論可以輕鬆推斷,上例中的$m=4$,其有效年利率高於報價利率8%。

而有效年利率的具體數值則需要通過內插法和公式法兩種計算方法求得。其中,公式法即運用上述計算公式;內插法主要用於估計利率i與計息期n,實際上就是比例法。當內插法應用於利率(折現率)的估計時,其計算公式為:$\frac{B_2-B_1}{i_2-i_1} = \frac{B_2-B}{i_2-i}$。其中:

i 對應的複利(或年金)現值(或終值)系數為 B；

在複利(或年金)現值(或終值)系數表中，在計息期 n 相同的情況下，B_2、B_1 為以 B 為中位數緊密相鄰的系數；

i_2、i_1 為 B_2、B_1 對應的利率（折現率）。

現用兩種計算方法進行有效年利率的計算。

方法一：

代入公式：$F = P \cdot (1+i)^n$，即：$1,485.9 = 1,000 \times (1+i)^5$，則：

$(1+i)^5 = 1.485,9$，即：$(F/P, i, 5) = 1.485,9$

按計息期為 5，查「複利終值係數表」中最接近 1.485,9 的複利終值係數，得：

$(F/P, 8\%, 5) = 1.469,3$；$(F/P, 9\%, 5) = 1.538,6$

用內插法求利率（折現率），則有效年利率：$\dfrac{1.538,6 - 1.469,3}{9\% - 8\%} = \dfrac{1.485,9 - 1.469,3}{i - 8\%}$，

有效年利率 $i = 8.24\%$

方法二：

代入公式：有效年利率 $= (1 + \dfrac{報價利率}{m})^m - 1$

有效年利率 $i = (1 + \dfrac{8\%}{4})^4 - 1 = (F/P, 2\%, 4) - 1 = 1.082,4 - 1 = 8.24\%$

顯然，在有效年利率的計算中，公式法比內插法的計算更加簡便。但是，有效年利率公式法並不能完全取代內插法，因為內插法不僅可以用以估計有效年利率，還可以估計其他形式的利率 i；不僅可以結合複利現值（或終值）係數表，還可以結合年金現值（或終值）係數表；亦可用於估計計息期 n，其應用範圍較有效年利率公式法更加廣泛。

當內插法應用於計息期 n 的估計時，其計算公式為：$\dfrac{B_2 - B_1}{n_2 - n_1} = \dfrac{B_2 - B}{n_2 - n}$。其中：

n 對應的複利(或年金)現值(或終值)係數為 B；

在複利(或年金)現值(或終值)係數表中，在利率 i 相同的情況下，B_2、B_1 為以 B 為中位數緊密相鄰的係數；

n_2、n_1 為 B_2、B_1 對應的計息期（期限）。

【例 2-12】某人將 50,000 元存入銀行，按複利計算，利率為 5%，若要獲得本利 60,000 元，需要幾年的時間？

$F = P \cdot (F/P, i, n)$，即：$60,000 = 50,000 \times (F/P, 5\%, n)$，則：$B = (F/P, 5\%, n) = 1.2$；

$n_1 = 3$；$B_1 = (F/P, 5\%, 3) = 1.157,6$；$n_2 = 4$；$B_2 = (F/P, 5\%, 4) = 1.215,5$。

根據 $\dfrac{B_2 - B_1}{n_2 - n_1} = \dfrac{B_2 - B}{n_2 - n}$，則 $\dfrac{1.215,5 - 1.157,6}{4 - 3} = \dfrac{1.215,5 - 1.2}{4 - n}$；$n = 3.73$

（三）年金終值和現值

年金是指在一定時期內，等額的系列收支。在實務中，年金的現象十分普遍，例如，分期付款賒購、分期償還貸款、發放養老金、分期支付工程款等，都屬於年金收付形式。按照收付時點和方式的不同可以將年金分為普通年金、預付年金、遞延年金和永續年金等四種。

1. 普通年金終值和現值

普通年金又稱後付年金或期末年金，是指各期期末收付的年金。普通年金的收付形式如圖 2-1 所示：

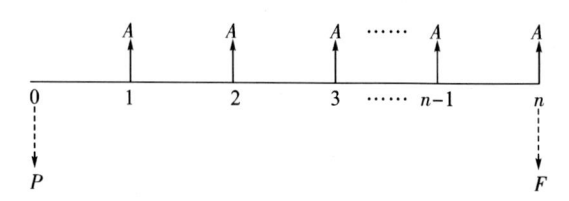

圖 2-1　普通年金的收付形式及終值和現值

圖 2-1 中，橫線代表時間的延續，用數字標出各期的順序號；豎線的位置表示收付的時刻，箭頭指向的 A 代表收付的相等金額，即年金。

（1）普通年金終值與償債基金

①普通年金終值

普通年金終值是指普通年金最後一次收付時的本利和，它是每次收付的複利終值之和。n 期的普通年金終值的計算如圖 2-2 所示：

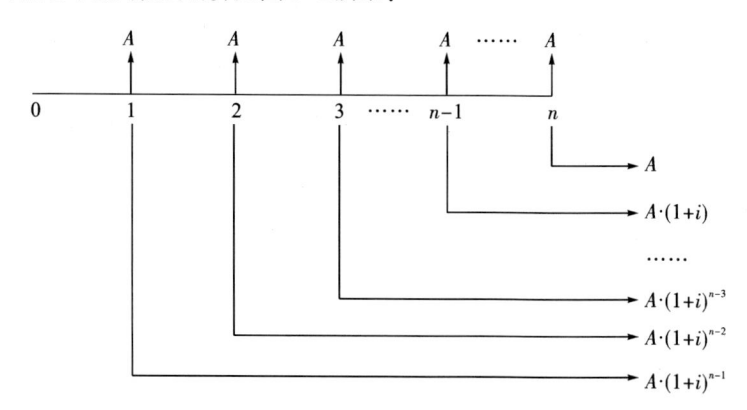

圖 2-2　普通年金終值計算圖

設每期期末的收付金額為 A，利率為 i，期數為 n，則按複利計算的普通年金終值 F 為：$F = A + A \cdot (1+i) + A \cdot (1+i)^2 + A \cdot (1+i)^3 + \cdots + A \cdot (1+i)^{n-1}$

等式兩邊同乘$(1+i)$：$(1+i) \cdot F = A \cdot (1+i) + A \cdot (1+i)^2 + A \cdot (1+i)^3 + \cdots + A \cdot (1+i)^n$

上述兩式相減：$(1+i) \cdot F - F = A \cdot (1+i)^n - A$

通過合併同類項和簡單的數學運算，等式左邊僅留 F，即可得計算公式：

$$F = A \cdot \frac{(1+i)^n - 1}{i} = A \cdot (F/A, i, n)$$

式中的 $\frac{(1+i)^n - 1}{i}$ 是普通年金為 1 元、利率為 1、經過 n 期的年金終值係數，記作 $(F/A, i, n)$。可據此查閱「年金終值係數表」（見本教材附錄三），方法同上。

【例2-13】某人每年年末投保金額為 2,400 元，投保年限為 25 年，在投保收益率為 8% 的條件下，在第 25 年年末可得到多少現金？

$$F = A \cdot \frac{(1+i)^n - 1}{i} = A \cdot (F/A, i, n)$$

$$= 2,400 \times \frac{(1+8\%)^{25} - 1}{8\%} = 2,400 \times (F/A, 8\%, 25)$$

$$= 2,400 \times 73.106 = 175,454.4 (元)$$

②償債基金

償債基金是指為使年金終值達到既定金額每期末應收付的年金數額。

根據普通年金終值計算公式 $F = A \cdot \frac{(1+i)^n - 1}{i}$

可知：$A = F \cdot \frac{i}{(1+i)^n - 1}$

式中的 $\frac{i}{(1+i)^n - 1}$ 是普通年金終值係數 $(F/A, i, n)$ 的倒數，稱償債基金係數，記作 $(A/F, i, n)$。它可以把普通年金終值折算為每期期末需要收付的金額。償債基金係數可以製成表格備查，亦可根據普通年金終值係數計算倒數的方式確定。

【例2-14】擬在 5 年後還清 10,000 元債務，從現在起每年年末等額存入銀行一筆款項。假設銀行存款利率為 10%，按複利計算，則每年需要存入多少元？

$$A = F \cdot \frac{i}{(1+i)^n - 1} = F/(F/A, i, n) = 10,000 \div (F/A, 10\%, 5) = 10,000 \div 6.1051$$

$$\approx 1,637.98 (元)$$

每年年末在銀行等額存入 1,637.98 元，5 年後可得 10,000 元，用來還清債務。

(2) 普通年金現值與資本回收額

①普通年金現值

普通年金現值是指為在每期期末收付相等金額的款項，現在需要投入或收取的金額。n 期的普通年金現值的計算如圖 2-3 所示。

图 2-3　普通年金现值计算图

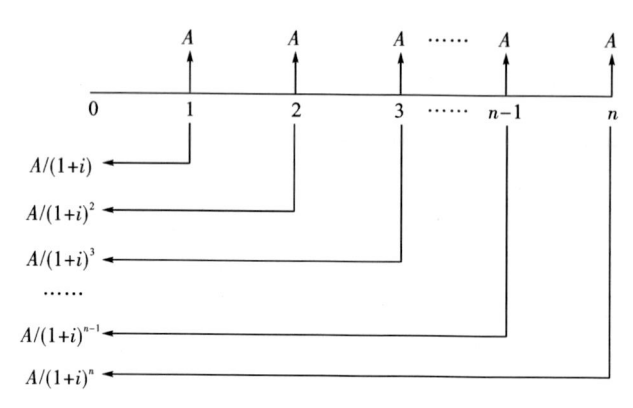

设每期期末的收付金额为 A，利率为 i，期数为 n，则按复利计算的普通年金现值 P 为：$P=A/(1+i)+A/(1+i)^2+A/(1+i)^3+\cdots+A/(1+i)^n$

等式两边同乘 $(1+i)$：$(1+i)\cdot P=A+A/(1+i)+A/(1+i)^2+A/(1+i)^3+\cdots+A/(1+i)^{n-1}$

上述两式相减：$(1+i)\cdot P-P=A-A/(1+i)^n$

通过合并同类项和简单的数学运算，等式左边仅留 P，即可得计算公式：

$$P=A\cdot\frac{(1+i)^n-1}{i(1+i)^n}=A\cdot\frac{1-(1+i)^{-n}}{i}$$

式中的 $\frac{1-(1+i)^{-n}}{i}$ 是普通年金为 1 元、利率为 i、经过 n 期的年金现值系数，记作 $(P/A,i,n)$。可据此查阅「年金现值系数表」（见本教材附录四），方法同上。

【例 2-15】某企业 2008 年年初投资并投产于某项目，该项目从 2008 年至 2017 年每年年末获得收益 200,000 元，假定报酬率为 20%，计算为了获得各年的收益，2008 年年初应投资的现值金额。

$$P=A\cdot\frac{1-(1+i)^{-n}}{i}=A\cdot(P/A,i,n)$$

$=200,000\times(P/A,20\%,10)=200,000\times4.192,5=838,500$（元）

②资本回收额

资本回收额是指在给定的期限内，每期期末等额收回或清偿初始投入的资本或所欠的债务的年金数额。

根据普通年金现值计算公式 $P=A\cdot\dfrac{1-(1+i)^{-n}}{i}$

可知：$A=P\cdot\dfrac{i}{1-(1+i)^{-n}}$

式中的 $\dfrac{i}{1-(1+i)^{-n}}$ 是普通年金現值系數的倒數，稱資本回收系數，記作 $(A/P,i,n)$。它可以把普通年金現值折算為每期期末需要收付的金額。資本回收系數可以制成表格備查，亦可根據普通年金現值系數計算倒數的方式確定。

【例 2-16】假設以 10% 的利率借款 20,000 元，投資於某個壽命為 10 年的項目，每年至少要收回多少現金才是有利的？

根據普通年金現值的計算公式可知：

$$A=P\cdot\dfrac{i}{1-(1+i)^{-n}}=P/(P/A,i,n)=20,000/6.144,6\approx3,254.90\text{（元）}$$

因此，每年至少要收回現金 3,254.90 元才能還清貸款本利。

2. 預付年金終值和現值

預付年金是指在每期期初收付的年金，又稱即付年金或期初年金。預付年金的支付形式如圖 2-4 所示：

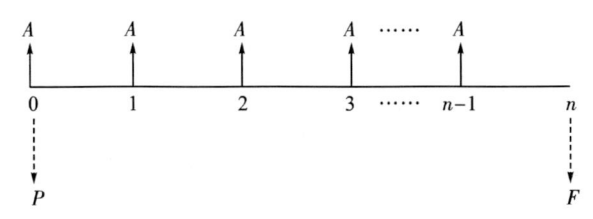

圖 2-4　預付年金的收付形式及終值和現值

（1）預付年金終值

普通年金終值是指預付年金最後一次收付時的本利和，它是每次收付的複利終值之和。n 期的普通年金終值的計算如圖 2-5 所示：

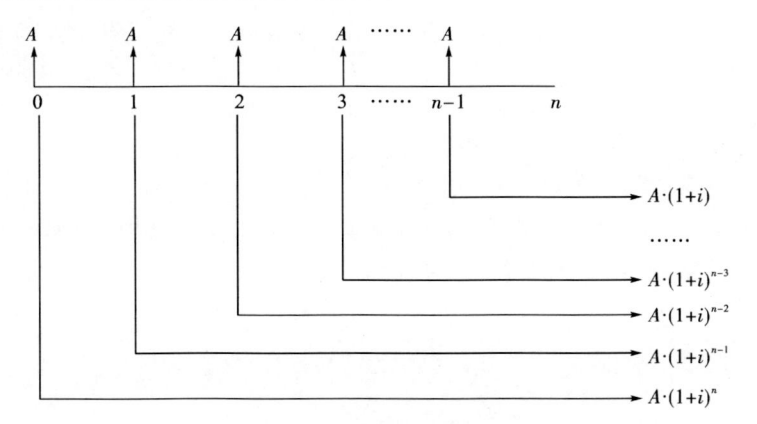

圖 2-5　預付年金終值計算圖

如圖可知，n 期預付年金與 n 期普通年金的收付款次數相同，只是將普通年金第 n 期期末收付的年金調整到第一期期初（或第零期期末），其他不變。那麼，可以將 n 期預付年金看作比 $n+1$ 期普通年金在最後一期期末少收付一次年金，則 n 期預付年金終值比 n 期普通年金終值多一期計息期，而少一次年金，其計算公式為：

$$F = A \cdot \frac{(1+i)^{n+1}-1}{i} - A = A \cdot \left[\frac{(1+i)^{n+1}-1}{i} - 1\right] = A \cdot [(F/A, i, n+1) - 1]$$

或者，亦可通過數學推導的方式得出計算公式，即：

設每期期初的收付金額為 A，利率為 i，期數為 n，則按複利計算的普通年金終值 F 為：$F = A \cdot (1+i) + A \cdot (1+i)^2 + A \cdot (1+i)^3 + \cdots + A \cdot (1+i)^n$

等式兩邊同除以（$1+i$）：$F/(1+i) = A + A \cdot (1+i) + A \cdot (1+i)^2 + A \cdot (1+i)^3 + \cdots + A \cdot (1+i)^{n-1}$

上述兩式相減：$F - F/(1+i) = A \cdot (1+i)^n - A$

通過合併同類項和簡單的數學運算，等式左邊僅留 F，即可得計算公式：

$$F = A \cdot (1+i) \frac{(1+i)^n - 1}{i} = A \cdot \frac{(1+i)^{n+1} - 1}{i} - A = A \cdot \left[\frac{(1+i)^{n+1} - 1}{i} - 1\right]$$

式中 $\frac{(1+i)^{n+1}-1}{i} - 1$ 是預付年金終值係數，或稱 1 元的預付年金終值。它和普通年金終值係數相比，期數加 1，而係數減 1，可記作〔($F/A, i, n+1$) -1〕，並可利用「年金終值係數表」查得（$n+1$）期的值，減去 1 後得出 1 元預付年金終值。

承前例 2-13，某人改於每年年初投保的金額為 2,400 元，其他條件不變，則在第 25 年年末可得到多少現金？

方法一：

$F = A \cdot (1+i) \cdot \frac{(1+i)^n - 1}{i} = A \cdot (1+i) \cdot (F/A, i, n) = 2,400 \times (1+8\%) \times \frac{(1+8\%)^{25} - 1}{8\%}$

$= 2,400 \times (1+8\%) \times (F/A, 8\%, 25) = 2,400 \times (1+8\%) \times 73.106 \approx 189,490.75$（元）

方法二：

$F = A \cdot [(F/A, i, n+1) - 1] = 2,400 \times [(F/A, 8\%, 26) - 1]$

$= 2,400 \times (79.954 - 1) = 189,489.6$（元）

（2）預付年金現值

預付年金現值是指為在每期期初收付相等金額的款項，現在需要投入或收取的金額。n 期的預付年金現值的計算如圖 2-6 所示。

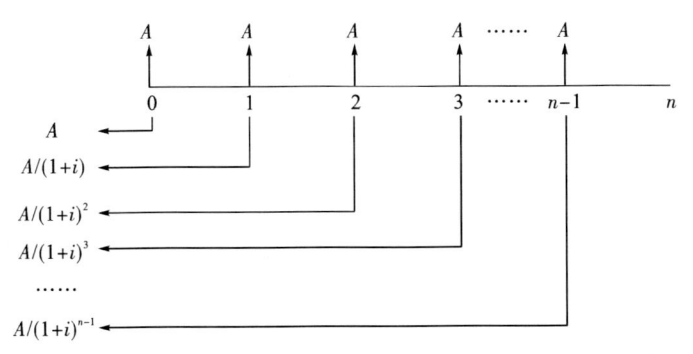

```
          A    A    A    A  ……  A
          ↑    ↑    ↑    ↑      ↑
          0    1    2    3 …… n-1    n
     A  ←┘
A/(1+i) ←─────┘
A/(1+i)² ←─────────┘
A/(1+i)³ ←──────────────┘
  ……
A/(1+i)^(n-1) ←───────────────────┘
```

圖 2-6　預付年金現值計算圖

　　如圖可知，n 期預付年金與 n 期普通年金的收付款次數相同，只是將普通年金第 n 期期末收付的年金調整到第一期期初，其他不變。那麼，可以將 n 期預付年金看作比 $n-1$ 期普通年金在第一期期初多收付一次年金，則 n 期預付年金現值比 n 期普通年金現值少一期計息期，而多一次年金，計算公式為：

$$P = A \cdot \frac{1-(1+i)^{-(n-1)}}{i} + A = A \cdot \left[\frac{1-(1+i)^{-(n-1)}}{i} + 1\right]$$

　　或者，亦可通過數學推導的方式得出計算公式，即：

　　設每期期末的收付金額為 A，利率為 i，期數為 n，則按複利計算的普通年金現值 P 為：$P = A + A/(1+i) + A/(1+i)^2 + A/(1+i)^3 + \cdots + A/(1+i)^{n-1}$

　　等式兩邊同除以 $(1+i)$：$P/(1+i) = A/(1+i) + A/(1+i)^2 + A/(1+i)^3 + \cdots + A/(1+i)^n$

　　上述兩式相減：$P - P/(1+i) = A - A/(1+i)^n$

　　通過合併同類項和簡單的數學運算，等式左邊僅留 P，即可得計算公式：

$$P = A \cdot \left[\frac{1-(1+i)^{-(n-1)}}{i} + 1\right]$$

　　式中的 $\frac{1-(1+i)^{-(n-1)}}{i} + 1$ 是預付年金現值系數，或稱 1 元的預付年金現值。它和普通年金現值系數相比，期數減 1，而系數加 1，可記作 [$(P/A, i, n-1) + 1$]，並可利用「年金現值系數表」查得 $(n-1)$ 期的值，加上 1 得出 1 元預付年金現值。

　　【例 2-17】 6 年分期付款購物，每年年初付 200 元，設銀行利率為 10%，該項分期付款相當於一次現金支付的購價是多少？

$$P = A \cdot [(P/A, i, n-1) + 1] = 200 \times [(P/A, 10\%, 5) + 1] = 200 \times (3.7908 + 1)$$
$$= 958.16 \text{（元）}$$

　　3. 遞延年金終值和現值

　　遞延年金是指第一次收付發生在第二期及以後的年金。遞延年金的收付形式如圖 2-7

所示。從該圖中可以看出，前四期沒有發生收付。一般用 m 表示遞延期數，本例的 $m=4$。第一次收付在第五期期末，連續收付 3 次，即 $n=3$。

```
              A   A   A
              ↑   ↑   ↑
|---|---|---|---|---|---|---|
0   1   2   3   4   5   6   7
↓   _____m=4_____/\___n=3___/↓
P                                 F
```

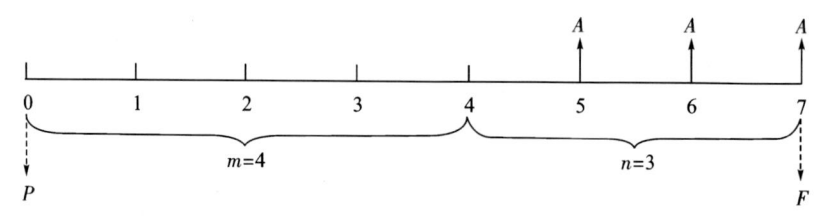

圖 2-7　遞延年金的支付形式及終值和現值

(1) 遞延年金的終值

遞延年金終值計算與遞延期 m 無關，其計算方法和普通年金終值類似。

計算公式：$F = A \cdot (F/A, i, n)$

【例 2-18】如圖 2-7，$m=4$，$n=3$，若 $i=10\%$，$A=100$ 元，則該遞延年金終值是多少？

$F = A \cdot (F/A, i, n) = 100 \times (F/A, 10\%, 3) = 100 \times 3.31 = 331$（元）

(2) 遞延年金的現值

遞延年金的現值計算方法有兩種：

第一種方法，是把遞延年金視為 n 期普通年金，求出其在收付期初或遞延期期末 m 時點的現值，然後對此現值按複利現值的計算方法求出在遞延期期初 0 時點的現值即可。

計算公式：$P = A \cdot (P/A, i, n) \cdot (P/F, i, m)$

第二種計算方法，是假設遞延期間也進行收付，先按照年金現值計算方法求出（$m+n$）期的年金現值，然後扣除按照年金現值計算方法計算的遞延期間 m 未收付的年金現值即可。

計算公式：$P = A \cdot (P/A, i, m+n) - A \cdot (P/A, i, m)$

【例 2-19】如圖 2-7，$m=4$，$n=3$，若 $i=10\%$，$A=100$ 元，則該遞延年金現值是多少？

方法一：$P = A \cdot (P/A, i, n) \cdot (P/F, i, m) = 100 \cdot (P/A, 10\%, 3) \cdot (P/F, 10\%, 4)$
　　　　　$= 100 \times 2.486, 9 \times 0.683 \approx 169.86$（元）

方法二：$P = A \cdot (P/A, i, m+n) - A \cdot (P/A, i, m)$
　　　　　$= 100 \cdot (P/A, 10\%, 7) - 100 \cdot (P/A, 10\%, 4)$
　　　　　$= 100 \times 4.868, 4 - 100 \times 3.169, 9 = 169.85$（元）

【例 2-20】某人想從銀行貸款，年利率為 10%，規定前 5 年不用歸還本息，但從第 6 年開始至第 15 年的每年年末償還本息 10,000 元，則這筆貸款的現值是多少？

方法一：$P = A \cdot (P/A, i, n) \cdot (P/F, i, m) = 10,000 \cdot (P/A, 10\%, 10) \cdot (P/F, 10\%, 5)$

$$= 10,000 \times 6.144,6 \times 0.620,9 \approx 38,151.82 \text{（元）}$$

方法二：$P = A \cdot (P/A, i, m+n) - A \cdot (P/A, i, m)$

$$= 10,000 \cdot (P/A, 10\%, 15) - 10,000 \cdot (P/A, 10\%, 5)$$

$$= 10,000 \times 7.606,1 - 10,000 \times 3.790,8 = 38,153 \text{（元）}$$

4. 永續年金

無限期定額支付的年金，稱為永續年金。永續年金沒有終止的時間，也就沒有終值。現實中的存本取息，可視為永續年金的例子。

永續年金的現值可以通過普通年金現值的計算公式導出：$P = A \times \dfrac{1-(1+i)^{-n}}{i}$

當 $n \to \infty$ 時，$(1+i)^{-n}$ 的極限為零，故上式可寫成：$P = A \times \dfrac{1}{i}$

【例 2-21】如果 1 股優先股，每年分得股息 2 元，而利率是每年 6%。對於一個準備買這種股票的人來說，他願意出多少錢來購買此優先股？

$$P = A \times \frac{1}{i} = \frac{2}{6\%} \approx 33.33 \text{（元）}$$

若是每季分得股息 2 元，則：$P = A \times \dfrac{1}{i} = \dfrac{2 \times 4}{6\%} = \dfrac{2}{6\%/4} \approx 133.33$（元）

【例 2-22】某校擬建立一項永久性的獎學金，每年計劃頒發 10,000 元獎學金。若利率為 10%，現在應存入多少錢？

$$P = A \times \frac{1}{i} = \frac{10,000}{10\%} = 100,000 \text{（元）}$$

復習與思考：

1. 為什麼說複利比單利更符合貨幣時間價值的概念？

2. 複利終值系數與複利現值系數互為倒數嗎？年金終值系數與年金現值系數互為倒數嗎？

3. 若 $m+n$ 期的遞延年金，其中 n 期都是預付年金的形式，請問與 n 期都是普通年金的終值與現值有何不同？

任務二　風險與報酬

貨幣時間價值率是在沒有風險和通貨膨脹情況下的社會平均利潤率，而在實際中企業的財務活動都是在有風險的情況下進行的。所以，在本項目的任務一中，用利率、報酬率

等替代貨幣時間價值率，使得計算的結果不僅包含貨幣時間價值，也包含風險的價值，更加貼近實際情況。那麼，在財務估值中選擇何種利率、報酬率來替代貨幣時間價值率或折現率則對財務估值的質量起到至關重要的作用。

本任務主要討論風險與報酬的關係，目的是解決財務估值時如何確定折現率的問題。折現率應當根據投資者要求的必要報酬率來確定。實證研究表明，必要報酬率的高低取決於投資的風險，風險越大要求的必要報酬率越高。不同風險的投資，需要使用不同的折現率。那麼，投資的風險如何計量、特定的風險需要多少報酬來補償，就成為確定折現率的關鍵問題。

一、風險的含義與種類

（一）風險的含義

風險是一個非常重要的財務概念。任何決策都有風險，這使得風險觀念在理財中具有普遍意義。日常生活中使用的「風險」強調發生損失的可能性，可能性越大，風險越大，它與危險的含義類似。危險專指負面效應，是損失發生及其程度的不確定性。人們對於危險，需要識別、衡量、防範和控制，即對危險進行管理。保險活動就是針對危險，為同類危險聚集資金，對特定危險的後果提供經濟保障的一種財務轉移機制。

但在財務管理領域，風險的概念不僅包括超出預期的損失，還包括超出預期的收益。其定義是：風險是預期結果的不確定性。其中，預期結果可以是負面效應的，也可以是正面效應的。顯然，風險的概念包括了危險，危險只是風險的一部分。風險的另一部分即正面效應，可以稱為「機會」。人們對於機會，需要識別、衡量、選擇和獲取。理財活動不僅要管理危險，還要把握機會。所以，風險在財務管理中就是危險與機會並存。

投資組合理論的出現，使人們認識到投資多樣化可以降低風險。在充分組合的情況下，單個資產的非系統風險（特殊風險）對於決策是沒有用的，投資人應當只關注投資組合的系統風險。系統風險是無法消除的風險，它是來自於整個經濟系統影響公司經營的普遍因素。投資者必須承擔系統風險並可以獲得相應的投資回報。

在資本資產定價理論出現以後，單項資產的系統風險計量問題得到解決。如果投資者選擇一項資產並把它加入已有的投資組合中，那麼該資產最佳的風險度量，是其報酬率變化對市場投資組合報酬率變化的敏感程度，或者說是一項資產對投資組合風險的貢獻。在這以後，投資風險被定義為資產對投資組合風險的貢獻，或者說是指資產報酬率與市場組合報酬率之間的相關性。衡量這種相關性的指標，被稱為貝塔係數。

隨著風險概念的演進，逐步明確了與收益相關的風險才是財務管理中所說的風險，並在此基礎上對風險進行計量。但是，在使用風險概念時，不要混淆投資對象本身固有的風險和投資人需要承擔的風險。

投資對象是指一項資產，在資本市場理論中經常用「證券」一詞代表任何投資對象。

投資對象的風險具有客觀性。例如，無論企業還是個人，投資國庫券其收益的不確定性較小，而投資股票其收益的不確定性大得多。這種不確定性是客觀存在的，不以投資人的意志為轉移。因此，投資對象的風險可以用客觀尺度來計量。

投資人是通過投資獲取收益並承擔風險的人，他可以是任何單位或個人。財務管理主要研究企業投資。一個企業可以投資一項資產，也可以投資多項資產。由於投資分散化可以降低非系統風險，作為投資人的企業，承擔的風險可能會小於企業單項資產的風險。一個股東可以投資一個企業也可以投資多個企業。還是由於投資分散化可以降低非系統風險，作為股東個人所承擔的風險可能會小於他投資的各個企業的風險。投資人是否去冒風險及冒多大風險，是可以選擇的，是主觀決定的。在什麼時間、投資什麼樣的資產、各投資多少，其風險是不一樣的。

綜上所述，財務管理所研究的風險評估理論是對單項投資的預期結果的不確定性進行風險與報酬的衡量，並結合投資組合理論，明確只有投資組合的系統風險才具有獲得市場補償的價值，在資本資產定價模型的基礎上，進一步對系統風險的價值進行計量。

(二) 風險的種類

將風險從不同的角度，按照一定的標準進行分類，有助於正確地認識風險、有效地進行風險管理。

1. 按風險能否被分散分類

在投資組合中的個別資產的風險，有些可以被分散掉，有些則不能。其中，無法被分散掉的風險是系統風險，可以被分散掉的風險是非系統風險。該分類方式可以充分發揮投資者的主觀能動性，積極分散非系統風險，是後續內容研究的主要對象。

(1) 系統風險

系統風險是指那些影響所有公司的因素引起的風險。例如，戰爭、經濟衰退、通貨膨脹、高利率等非預期的變動，對許多資產都會有影響。系統風險所影響的資產非常多，雖然影響程度的大小有區別。例如，各種股票處於同一經濟系統之中，它們的價格變動有趨同性，多數股票的報酬率在一定程度上正相關。經濟繁榮時，多數股票的價格上漲；經濟衰退時，多數股票的價格下跌。儘管漲跌的幅度各股票有區別，但是多數股票的變動方向是一致的。所以，不管投資多樣化有多充分，都不可能消除全部風險，即使購買的是全部股票的市場組合。

由於系統風險是影響整個資本市場的風險，所以也稱「市場風險」。由於系統風險沒有有效的方法消除，所以也稱「不可分散風險」。

(2) 非系統風險

非系統風險，是指發生於個別公司的特有事件造成的風險。例如，一家公司的工人罷工、新產品開發失敗、失去重要的銷售合同、訴訟失敗，或者宣告發現新礦藏、取得一個重要合同等。這類事件是非預期的、隨機發生的，它只影響一個或少數公司，不會對整個

市場產生太大影響。這種風險可以通過多樣化投資來分散，即發生於一家公司的不利事件可以被其他公司的有利事件所抵消。

由於非系統風險是個別公司或個別資產所特有的，因此也稱「特殊風險」或「特有風險」。由於非系統風險可以通過投資多樣化分散掉，因此也稱「可分散風險」。

由於非系統風險可以通過分散化消除，因此一個充分的投資組合幾乎沒有非系統風險。假設投資人都是理智的，都會選擇充分投資組合，那麼非系統風險將與資本市場無關。市場不會對它給予任何價格補償。通過分散化消除的非系統風險，幾乎沒有任何值得市場承認的、必須花費的成本。

綜上所述，投資對象的整體風險可以按照能否被分散的標準劃分為系統風險和非系統風險，如圖 2-8 所示。

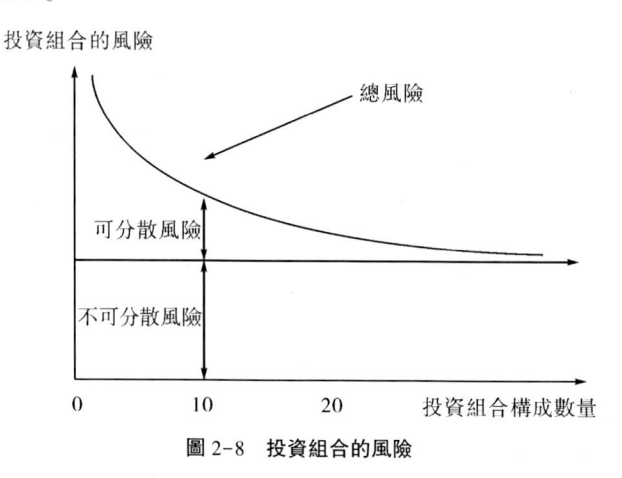

圖 2-8　投資組合的風險

承擔風險會從市場上得到回報，回報大小僅僅取決於系統風險。這就是說，一項資產的期望報酬率高低取決於該資產的系統風險的大小。

2. 按風險產生的原因分類

按風險產生的原因分類，風險可分為自然風險和人為風險。這種分類有助於投資者留意導致風險發生的客觀規律、做好預防措施。

(1) 自然風險

自然風險是指自然力的不規則變化引起的種種物理、化學現象所導致的物質損毀和人員傷亡，如地震、洪水等。通過關注相關部門的觀測與預報信息，可以做好防範措施，降低風險。

(2) 人為風險

人為風險是指由人們的行為及各種政治、經濟活動引起的風險，一般包括行為風險、經濟風險、政治風險等。如前所述，制定公司相關制度等，可以在一定程度上降低行為風

險；經濟風險可以通過觀測進行預測與風險防範；政治風險可以通過提高對政治的正確認知而降低。

3. 按風險的具體內容分類

按照風險的具體內容，可以將風險分為經濟週期風險、利率風險、購買力風險、經營風險、財務風險、違約風險、流動風險、再投資風險等。這種分類方式有助於投資者更加有針對性地對相關風險的防範做出分析並採取應對措施。

(1) 經濟週期風險

經濟週期風險是指由經濟週期的變化引起的投資報酬變動的風險，投資者無法迴避，但可設法降低。

(2) 利率風險

利率風險是指市場利率變動而使投資者遭受損失的風險。投資風險與市場利率的關係極為密切，兩者呈反方向變化。

(3) 購買力風險

購買力風險又稱通貨膨脹風險，是指通貨膨脹使貨幣購買力下降的風險。

(4) 經營風險

經營風險是指由公司經營狀況變化引起盈利水準改變從而導致投資報酬下降的可能性。影響公司經營狀況的因素有很多，如市場競爭狀況、政治經濟形勢、產品種類、企業規模、管理水準等。

(5) 財務風險

財務風險是指由不同的融資方式所帶來的風險。由於它是籌資決策帶來的，它又稱籌資風險。公司的資本結構決定企業財務風險的大小，負債資本在總資本中所占的比重越大，公司的財務槓桿效應就越強，財務風險就越大。

(6) 違約風險

違約風險又稱信用風險，是指證券發行人無法按時還本付息而使投資者遭受損失的風險。它源於發行人財務狀況不佳時出現違約和破產的可能性。

(7) 流動風險

流動風險又稱變現力風險，是指無法在短期內以合理價格轉讓投資的風險。投資者在投資流動性差的資產時，總是要求獲得額外的報酬以補償流動風險。

(8) 再投資風險

再投資風險是指所持投資項目到期時，再投資時不能獲得更好投資機會的風險。如年初長期債券的利率為8%，短期債券的利率為9%，某投資者為減少利率風險而購買了短期債券。在短期債券到期收回時，若市場利率降低到6%，這時就只能得到報酬率約為6%的投資機會，不如當初購買長期債券，現在仍可獲得8%的報酬率。

二、單項投資的風險與報酬

風險的衡量，一般應用概率和統計方法，其計算步驟如下：

（一）確定概率

在經濟活動中，某一事件在相同的條件下可能發生也可能不發生，這類事件稱為隨機事件。概率就是用來表示隨機事件發生可能性大小的數值。通常，把必然發生的事件的概率定為1，把必然不發生的事件的概率定為0，而一般隨機事件的概率介於0與1之間。概率越大就表示該事件發生的可能性越大。

如果能夠準確預測隨機變量所有可能被賦予的值及每一個值出現的概率，那麼對風險與報酬的衡量不過是公式運用的問題。所以「確定概率」步驟是需要在大量的客觀事實統計與豐富經驗的基礎上才能完成，是定乾坤的關鍵步驟。

具體來說，「確定概率」在風險與報酬的衡量應用中可以分以下幾步完成：

（1）提出決策的備選方案，並判斷其作為決策依據的變量是否是隨機（不確定性）的，若是隨機的，則存在風險，按（2）和（3）進行；若非隨機，可直接決策。

（2）找出導致風險存在的關鍵因素並預測其可能出現的情況與概率。

（3）預測每種備選方案在每種情況下的隨機變量值。

【例2-23】某公司有兩個投資機會A和B。A投資機會是一個新興項目，該領域競爭激烈，如果經濟發展迅速並且該項目開展順利，會取得較大市場佔有率，利潤會很大。否則，利潤很小甚至虧本。B項目是一個老產品並且是必需品，銷售前景可以準確預測出來。假設未來的經濟情況只有三種——繁榮、正常、衰退，有關的概率分佈和期望報酬率如表2-1所示：

表2-1　　　　　　　　　　公司未來經濟情況表

經濟狀況	發生概率	項目A的預期報酬率	項目B的預期報酬率
繁榮	0.2	90%	20%
正常	0.5	20%	15%
衰退	0.3	−50%	5%
合計	1	——	——

如表2-1所示，未來經濟情況出現繁榮的可能性有0.2。假如這種情況出現，A項目可獲得高達90%的報酬率，這也就是說，採納A項目獲利90%的可能性是0.2。

表2-1提供了風險與報酬衡量的依據，顯然，它是按照（1）先確定了項目A和項目B兩個備選方案，並選擇報酬率作為決策的主要依據，判定備選方案的報酬率存在不確定性，即報酬率作為一種隨機變量，存在風險。然後按照（2）找出報酬率的主要影響因素分繁榮、正常和衰退三種情況，且發生的概率分別為0.2、0.5和0.3。最後按照（3）對

項目A和項目B的報酬率進行合理預期。

(二) 計算期望值

隨機變量x的各個取值，以相應的概率P為權數的加權平均數，叫作隨機變量的預期值（數學期望或均值），它反應隨機變量取值的平均化。

$$預期值(\bar{x}) = \sum_{i=1}^{N}(P_i \cdot x_i) = \frac{\sum_{i=1}^{n} x_i}{n}$$

式中：P_i表示第i種結果出現的概率；

　　　x_i表示第i種結果可能出現後的報酬率；

　　　N表示所有可能結果的數目；

　　　n表示樣本數，即隨機變量取值的次數。

根據表2-1中A、B兩個項目概率分佈的有關信息，可分別計算出兩個方案的期望報酬率：

期望報酬率（A）= 0.2×90%+0.5×20%+0.3×(-50%) = 13%

期望報酬率（B）= 0.2×20%+0.5×15%+0.3×5% = 13%

兩者的期望報酬率相同，但A項目的報酬率的分散程度大，變動範圍為-50%~90%；B項目的報酬率的分散程度小，變動範圍為5%~20%。這說明兩個項目的報酬率相同，但風險不同。為了定量地衡量風險大小，還要使用統計學中衡量概率分佈離散程度的指標。

(三) 計算離散程度

1. 方差與標準差

離散程度是用以衡量風險大小的統計指標。一般來說，離散程度越大，風險越大；離散程度越小，風險越小。表示隨機變量離散程度的量數，最常用的是方差和標準差。其中：

方差是用來表示隨機變量x與期望值$\bar{x}$之間離散程度的一個量，它是離差平方的平均數，通常用δ^2表示。計算公式為：$\delta^2 = \sum_{i=1}^{N}(x_i - \bar{x})^2 \cdot P_i = \frac{\sum_{i=1}^{n}(x_i - \bar{x})^2}{n-1}$

其中，$(n-1)$稱為自由度，用以反應分佈或差異信息的個數，即樣本數據與均值的誤差信息總會比樣本容量n少一個，用$(n-1)$做分母才是真正的平均。

標準差是方差的平方根，通常用δ表示。人們習慣用標準差來衡量風險，此處的風險是指包括系統風險和非系統風險在內的總風險。當預期值相同時，標準差越大，總風險越大。計算公式為：$\delta = \sqrt{\sum_{i=1}^{N}(x_i - \bar{x})^2 \cdot P_i} = \sqrt{\frac{\sum_{i=1}^{n}(x_i - \bar{x})^2}{n-1}}$

根據以上公式和風險的概念可知，無風險資產的方差與標準差為 0，其報酬率等於貨幣時間價值率。

根據表 2-1 中 A、B 兩個項目概率分佈和期望值，可分別計算出兩個方案的標準差：

$\delta_A = \sqrt{(90\%-13\%)^2 \times 0.2 + (20\%-13\%)^2 \times 0.5 + (-50\%-13\%)^2 \times 0.3}$

則：標準差（A）$= \sqrt{0.118,58+0.002,45+0.119,07} = 49\%$

$\delta_B = \sqrt{(20\%-13\%)^2 \times 0.2 + (15\%-13\%)^2 \times 0.5 + (5\%-13\%)^2 \times 0.3}$

則：標準差（B）$= \sqrt{0.000,98+0.000,2+0.001,92} \approx 6\%$

由於它們的期望報酬率相同，因此可以認為 A 項目的風險比 B 項目大。

2. 變異系數

方差與標準差是以均值（期望值）為中心計算出來的，因而有時直接比較標準差是不準確的，需要剔除均值大小的影響。為了解決這個問題，必須引入變異系數（離散系數或變化系數或標準離差率）的概念。

變異系數是標準差與均值（期望值）的比，它是從相對角度觀察的差異和離散程度，在比較相關事物的差異程度時較之直接比較標準差要好些。

其計算公式為：變異系數 $q = $ 標準差 $\delta /$ 均值 $\bar{x}$

由於表 2-1 中 A、B 兩個項目的期望報酬率相同，可以直接根據標準差的大小直接判斷項目風險的大小，而不需要計算變異系數。假設例 2-23 中除了項目 B 的期望報酬率降低至 1.5% 以外，其他一切數值均不變，即此時兩個項目的期望值不同時，則需要計算變異系數：

變異系數（A）$= 49\%/13\% \approx 3.77$

變異系數（B）$= 6\%/1.5\% = 4$

直接從標準差看，項目 A 的離散程度較大，能否說項目 A 的風險比項目 B 大呢？不能輕易下這個結論，因為項目 A 的平均報酬率較大。如果以各自的平均報酬率為基礎觀察項目 A 的標準差是其均值的 3.77 倍，而項目 B 的標準差是其均值的 4 倍，項目 A 的相對風險較小。這就是說，項目 A 的絕對風險較小，但相對風險較大，項目 B 與此正相反。

三、投資組合的風險與報酬

投資組合理論認為，若干種證券組成的投資組合，其收益是這些證券收益的加權平均數，但是其風險不是這些證券風險的加權平均風險，投資組合能降低風險。這裡的「證券」是「資產」的代名詞，它可以是任何產生現金流的東西，例如一項生產性實物資產、一條生產線或者一個企業。

（一）投資組合的期望報酬率

兩種或兩種以上證券的組合，其期望報酬率可以直接表示為：$r = \sum_{j=1}^{m} \bar{x}_j \cdot A_j$

其中：$\bar{x}_j$ 是第 j 種證券的期望報酬率；A_j 是第 j 種證券在全部投資額中的比重；m 是組合中的證券種類總數。

顯然，投資組合的期望報酬率等於投資組合中各項投資的期望報酬率的加權平均數。

(二) 投資組合的風險計量

投資組合的風險不是各證券標準差的簡單加權平均數，投資組合報酬率概率分佈的標準差是：$\delta_p = \sqrt{\sum_{j=1}^{m}\sum_{k=1}^{m} A_k \cdot A_j \cdot \delta_{jk}} = \sqrt{\sum_{j=1}^{m}\sum_{k=1}^{m} A_j \cdot A_k \cdot r_{jk} \cdot \delta_j \cdot \delta_k}$

其中：m 是組合內證券種類總數；

A_j 和 A_k 分別是第 j 種證券和第 k 種證券在投資總額中的比例；

δ_{jk} 是第 j 種證券與第 k 種證券報酬率的協方差；

δ_j 和 δ_k 分別是第 j 種證券和第 k 種證券的標準差；

r_{jk} 是證券 j 和證券 k 報酬率之間的預期相關係數。

對該公式的含義說明如下：

1. 相關係數的含義

投資組合的標準差，並不是單個證券標準差的簡單加權平均。證券組合的風險不僅取決於組合內的各證券的風險，還取決於各個證券之間的關係。而證券之間的關係通過相關係數進行表示，它不僅可以表明證券報酬率的變動方向，還可以表明其變動的相似程度。

相關係數的計算公式為：$r_{jk} = \dfrac{\sum_{i=1}^{n}[(x_i - \bar{x}) \times (y_i - \bar{y})]}{\sqrt{\sum_{i=1}^{n}(x_i - \bar{x})^2} \times \sqrt{\sum_{i=1}^{n}(y_i - \bar{y})^2}}$

其中：x_i 和 y_i 分別表示第 j 種證券和第 k 種證券的報酬率；

$\bar{x}$ 和 $\bar{y}$ 分別表示第 j 種證券和第 k 種證券的期望報酬率。

相關係數總是在 -1 和 1 間取值。相關係數為正值時，表示兩種證券報酬率呈相同方向變化；相關係數為負值時，表示兩種證券報酬率呈相反方向變化；當相關係數為 1 時，表示一種證券報酬率的增長總是與另一種證券報酬率的增長成比例（完全正相關），反之亦然；當相關係數為 -1 時，表示一種證券報酬率的增長與另一種證券報酬率的減少成比例（完全負相關），反之亦然；當相關係數為 0 時，表示缺乏相關性，每種證券的報酬率相對於另外的證券的報酬率互不干擾。

【例 2-24】假設投資 A 證券和 B 證券共 100 萬元。如果 A 證券和 B 證券完全負相關，如表 2-2 所示。如果 A 證券和 B 證券完全正相關，如表表 2-3 所示。請通過相關係數的計算驗證 A 證券和 B 證券的相關性是否如題干所述。

表 2-2　　　　　　　　　　　完全負相關的投資組合數據

方案 年度	A 證券（50 萬元）收益	報酬率	B 證券（50 萬元）收益	報酬率	AB 投資組合 收益	報酬率
20×1	20	40%	-5	-10%	15	15%
20×2	-5	-10%	20	40%	15	15%
20×3	17.5	35%	-2.5	-5%	15	15%
20×4	-2.5	-5%	17.5	35%	15	15%
20×5	7.5	15%	7.5	15%	15	15%
平均數	7.5	15%	7.5	15%	15	15%
標準差	—	22.64%	—	22.64%	—	0

表 2-3　　　　　　　　　　　完全正相關的投資組合數據

方案 年度	A 證券 收益	報酬率	B 證券 收益	報酬率	AB 投資組合 收益	報酬率
20×1	20	40%	20	40%	40	40%
20×2	-5	-10%	-5	-10%	-10	-10%
20×3	17.5	35%	17.5	35%	35	35%
20×4	-2.5	-5%	-2.5	-5%	-5	-5%
20×5	7.5	15%	7.5	15%	15	15%
平均數	7.5	15%	7.5	15%	15	15%
標準差	—	22.64%	—	22.64%	—	22.64%

首先，將表 2-2 中 A 證券和 B 證券的報酬率分別對應相關係數公式中的 x_i 和 y_i，A 證券和 B 證券的報酬率的平均數分別對應相關係數公式中的 $\bar{x}$ 和 $\bar{y}$，代入相關係數公式計算 r_{jk}，則得：

$$\frac{2\times(40\%-15\%)\times(-10\%-15\%)+2\times(35\%-15\%)\times(-5\%-15\%)+2\times(15\%-15\%)\times(15\%-15\%)}{[\sqrt{(40\%-15\%)^2+(-10\%-15\%)^2+(35\%-15\%)^2+(-5\%-15\%)^2+(15\%-15\%)^2}]^2}$$

$$=\frac{2\times25\%\times(-25\%)+2\times20\%\times(-20\%)+0}{[\sqrt{2\times(25\%)^2+2\times(20\%)^2+0}]^2}=\frac{-2\times[(25\%)^2+(20\%)^2]}{2\times[(25\%)^2+(20\%)^2]}=-1$$

即 $r_{jk}=-1$。A 證券和 B 證券的報酬率完全負相關，A 證券報酬率的增長與 B 證券報酬率的減少成比例，反之亦然。在表 2-2 中，A 證券和 B 證券報酬率的標準差均為 22.64%，而 AB 投資組合報酬率的標準差為 0。那麼，通過投資完全負相關的投資組合，就有可能將非系統風險全部抵消。

首先，將表 2-3 中的數據代入相關係數公式計算 r_{jk}，則得：

$$\frac{(40\%-15\%)^2+(-10\%-15\%)^2+(35\%-15\%)^2+(-5\%-15\%)^2+2\times(15\%-15\%)^2}{[\sqrt{(40\%-15\%)^2+(-10\%-15\%)^2+(35\%-15\%)^2+(-5\%-15\%)^2+2\times(15\%-15\%)^2}]^2}=1$$

即 $r_{jk}=1$。A 證券和 B 證券的報酬率完全正相關，A 證券報酬率的增長與 B 證券報酬率的增長成比例，反之亦然。表 2-3 中 AB 投資組合報酬率的標準差與 A 證券和 B 證券報酬率的標準差相等，均為 22.64%。這表明通過等比例投資完全正相關的投資組合，組合的非系統風險不減少也不擴大，即完全不能抵消非系統風險。

實際上，各種股票之間不可能完全正相關，也不可能完全負相關。一般而言，多數證券的報酬率趨於同向變動，因此兩種證券之間的相關係數多為小於 1 的正值。

只要相關係數小於 1，投資組合報酬率的標準差就小於各證券報酬率標準差的加權平均數，表明投資組合可以分散非系統風險。所以不同股票的投資組合可以降低風險，但又不能完全消除風險。一般而言，股票的種類越多，風險越小。

2. 協方差的含義

兩種證券報酬率的協方差，用來衡量它們之間共同變動的程度，其計算公式為：

$$\delta_{jk}=\frac{\sum_{i=1}^{n}[(x_i-\bar{x})\times(y_i-\bar{y})]}{n-1}$$

$$=\frac{\sum_{i=1}^{n}[(x_i-\bar{x})\times(y_i-\bar{y})]}{\sqrt{\sum_{i=1}^{n}(x_i-\bar{x})^2}\times\sqrt{\sum_{i=1}^{n}(y_i-\bar{y})^2}}\times\sqrt{\frac{\sum_{i=1}^{n}(x_i-\bar{x})^2}{n-1}}\times\sqrt{\frac{\sum_{i=1}^{n}(y_i-\bar{y})^2}{n-1}}$$

$$=r_{jk}\cdot\delta_j\cdot\delta_k$$

承例 2-24，將表 2-2 和表 2-3 的數據分別代入公式計算協方差：

表 2-2：$\delta_{AB}=-1\times22.64\%\times22.64\%\approx-5.1\%$

表 2-3：$\delta_{AB}=1\times22.64\%\times22.64\%\approx5.1\%$

由此可以看出，協方差的正負與相關係數的正負同樣表示兩種證券報酬率共同變動的方向，即協方差為正值表示兩種證券報酬率呈同方向變動，協方差為負值表示兩種證券報酬率呈反方向變動。

當投資對象無相關性（不相關）時，相關係數為零，按照上述公式計算其協方差亦為零，即不相關則無「協」。那麼，協方差的「協」字可理解為「協作」之意。

當 $j=k$ 時，即 $(x_i-\bar{x})=(y_i-\bar{y})$，則 $\delta_{jj}=r_{jj}\cdot\delta_j\cdot\delta_j=\dfrac{\sum_{i=1}^{n}[(x_i-\bar{x})\times(x_i-\bar{x})]}{\sqrt{\sum_{i=1}^{n}(x_i-\bar{x})^2}\times\sqrt{\sum_{i=1}^{n}(x_i-\bar{x})^2}}$

$$\times \sqrt{\frac{\sum_{i=1}^{n}(x_i-\bar{x})^2}{n-1}} \times \sqrt{\frac{\sum_{i=1}^{n}(x_i-\bar{x})^2}{n-1}} = 1 \times \sqrt{\frac{\sum_{i=1}^{n}(x_i-\bar{x})^2}{n-1}} \times \sqrt{\frac{\sum_{i=1}^{n}(x_i-\bar{x})^2}{n-1}} = \frac{\sum_{i=1}^{n}(x_i-\bar{x})^2}{n-1} =$$

δ_j^2，此時協方差與方差相等，投資對象自身的「協」作實際上是做自己，總風險不變。

當 $j \neq k$，且 $r_{jk} \neq 0$ 時，是協方差的一般形式。它不僅體現了兩種證券「協作」下報酬率的變動方向，還體現了在各自標準差「協作」下的綜合變動程度。

需要特別注意的是，雖然相關係數 r_{jk} 與協方差 δ_{jk} 在反應兩個變量變動的關聯程度上保持一致性，但二者缺一不可。因為，相關係數是協方差通過除以兩個變量各自標準差的方式剔除變化幅度對協方差的影響後得到標準化的協方差。相關係數的取值能準確反應兩個變量在變化過程中的相似程度，即兩個變量每單位變化的情況，這是協方差的取值難以精確反應的。所以，相關係數的計算公式是根據協方差及標準差的計算公式，二者做除法推導而來的，即：

$$r_{jk} = \frac{\delta_{jk}}{\delta_j \cdot \delta_k} = \frac{\frac{\sum_{i=1}^{n}[(x_i-\bar{x}) \times (y_i-\bar{y})]}{n-1}}{\sqrt{\frac{\sum_{i=1}^{n}(x_i-\bar{x})^2}{n-1}} \times \sqrt{\frac{\sum_{i=1}^{n}(y_i-\bar{y})^2}{n-1}}} = \frac{\sum_{i=1}^{n}[(x_i-\bar{x}) \times (y_i-\bar{y})]}{\sqrt{\sum_{i=1}^{n}(x_i-\bar{x})^2} \times \sqrt{\sum_{i=1}^{n}(y_i-\bar{y})^2}}$$

協方差是在考慮標準差的情況下用以綜合計量風險的重要概念，其計算公式與反應一個變量變化幅度的方差公式相似，區別是前者需要通過同一時點上兩個變量的乘積體現「協」作，即：$\delta_{jk} = \frac{\sum_{i=1}^{n}[(x_i-\bar{x}) \times (y_i-\bar{y})]}{n-1}$。

【例2-25】假設 A 證券的期望報酬率為 10%，標準差是 12%；B 證券的期望報酬率為 18%，標準差是 20%。假設等比例投資於兩種證券，即各占 50%。計算當 A 證券與 B 證券的相關係數分別為 1、-1、0.2 和 -0.2 時投資組合的期望報酬率與標準差。

該投資組合的期望報酬率為：$r_p = 10\% \times 50\% + 18\% \times 50\% = 14\%$

當投資組合只有 AB 兩種證券時，其標準差可以表示為：

$\delta_p = \sqrt{(A_A \times \delta_A)^2 + 2A_A \times A_B \times r_{AB} \times \delta_A \times \delta_B + (A_B \times \delta_B)^2}$

當 $r_{jk} = 1$ 時，在兩種證券等比例投資的情況下：

$\delta_p = \sqrt{(\frac{1}{2} \times \delta_A)^2 + 2 \times \frac{1}{2} \times \frac{1}{2} \times \delta_A \times \delta_B + (\frac{1}{2} \times \delta_B)^2} = \frac{\sqrt{\delta_A^2 + 2 \times \delta_A \times \delta_B + \delta_B^2}}{2}$

$= \frac{\delta_A + \delta_B}{2}$

該組合的標準差等於兩種證券各自標準差的簡單算術平均數，即$\frac{12\% + 20\%}{2} = 16\%$。

當$r_{jk} = -1$時，在兩種證券等比例投資的情況下：

$$\delta_p = \sqrt{(\frac{1}{2} \times \delta_A)^2 - 2 \times \frac{1}{2} \times \frac{1}{2} \times \delta_A \times \delta_B + (\frac{1}{2} \times \delta_B)^2} = \frac{\sqrt{\delta_A^2 - 2 \times \delta_A \times \delta_B + \delta_B^2}}{2}$$

$$= \frac{|\delta_A - \delta_B|}{2}$$

則：$\delta_p = \frac{|12\% - 20\%|}{2} = 4\%$

當$r_{jk} = 0.2$時，在兩種證券等比例投資的情況下：

$$\delta_p = \sqrt{(\frac{1}{2} \times 12\%)^2 + 2 \times \frac{1}{2} \times \frac{1}{2} \times 0.2 \times 12\% \times 20\% + (\frac{1}{2} \times 20\%)^2}$$

$$= \sqrt{0.003\,6 + 0.002\,4 + 0.01} \approx 12.65\%$$

當$r_{jk} = -0.2$時，在兩種證券等比例投資的情況下：

$$\delta_p = \sqrt{(\frac{1}{2} \times 12\%)^2 - 2 \times \frac{1}{2} \times \frac{1}{2} \times 0.2 \times 12\% \times 20\% + (\frac{1}{2} \times 20\%)^2}$$

$$= \sqrt{0.003\,6 - 0.002\,4 + 0.01} \approx 10.6\%$$

從計算結果可知，只要兩種證券預期報酬率的相關係數小於1，證券組合報酬率的標準差就小於各證券報酬率標準差的加權平均數，就會起到分散風險的作用。

（三）投資組合的機會集

1. 兩種證券組合的投資比例與有效集

在例2-25中，兩種證券的投資比例是相等的。如投資比例變化了，則投資組合的期望報酬率和標準差也會發生變化。對於這兩種證券其他投資比例的組合，計算結果如表2-4所示。

表2-4　　　　　　　　　　不同投資比例的組合

組合	對A的投資比例	對B的投資比例	組合的期望報酬率	組合的標準差
1	1	0	10%	12%
2	0.8	0.2	11.6%	11.11%
3	0.6	0.4	13.2%	11.78%
4	0.4	0.6	14.8%	13.79%
5	0.2	0.8	16.4%	16.65%
6	0	1	18%	20%

圖 2-9 描繪了隨著對兩種證券投資比例的改變期望報酬率與風險之間的關係。圖中黑點與表 2-4 中的六種投資組合——對應。連接這些黑點所形成的曲線稱為機會集，它反應了風險與報酬之間的權衡關係。

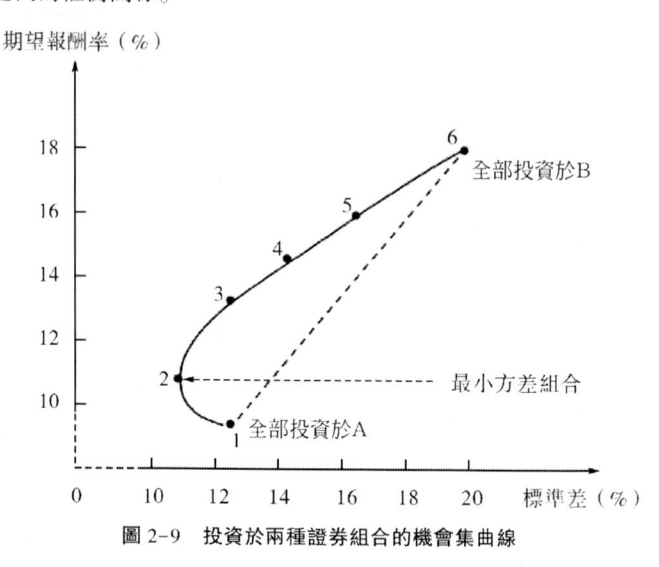

圖 2-9　投資於兩種證券組合的機會集曲線

該圖有幾個重要特徵：

（1）揭示了分散化效應

圖中曲線代表相關係數為 0.2 時的機會集曲線。以虛線繪製的直線是由全部投資於 A 和全部投資於 B 所對應的兩點連接而成，它是當兩種證券完全正相關（無分散化效應）時的機會集曲線。比較曲線和直線的距離可以判斷分散化效應的大小，距離越遠，風險的分散效應越顯著。從曲線和直線間的距離可以看出，例 2-25 的風險分散效果是相當顯著的。特別需要注意的是，第 2 點的標準差比第 1 點的小，即拿出一部分資金投資於標準差較大的 B 證券，會比將全部資金投資於標準差小的 A 證券的組合標準差還要小。這種結果與人們的直覺相反，揭示了風險分散化的內在特徵，即只要相關係數小於 1，風險抵消效應就會存在。

（2）表達了最小方差組合

曲線最左端的第 2 點組合被稱作最小方差組合，它在持有證券的各種組合中有最小的標準差。離開此點，無論增加或減少投資於 B 證券的比例，都會導致標準差的小幅上升。最小方差組合併非固定不變，它受相關係數大小的影響。

（3）表達了投資的有效集

在只有兩種證券的情況下，投資者的所有投資機會只能出現在機會集曲線上，而不會出現在該曲線上方或下方。改變投資比例只會改變組合在機會集曲線上的位置。最小方差

組合以下的組合（曲線1和2間的部分）是無效的。因為，沒有人會持有期望報酬率比最小方差組合期望報酬率還低的投資組合，更何況，它們比最小方差組合的風險還要大。如本圖所示，有效集是2和6之間的那段曲線，即從最小方差組合點到最高期望報酬率組合點的那段曲線。

2. 相關係數對機會集的影響

證券報酬率之間的相關係數越小，機會集曲線就越彎曲，風險分散化也就越強。證券報酬率之間的相關係數越大，風險分散化效應就越弱。完全正相關的投資組合不具有風險分散化效應，其機會集是一條直線。機會集曲線的彎曲狀況也會影響最小方差組合和有效集的確定。

圖2-9只列示了相關係數為0.2和1的機會集曲線，如果增加一條相關係數為0.5的機會集曲線，就成為圖2-10。從圖2-10中可以看到：①相關係數為0.5的機會曲線與完全正相關的直線的距離縮小了，即風險分散效應減弱了；②在相關係數為0.5的機會集曲線上，最小方差組合是100%投資於A證券。將任何比例的資金投資於B證券，所形成的投資組合的方差都會高於將全部資金投資於風險較低的A證券的方差。因此，整個機會集都是有效集。

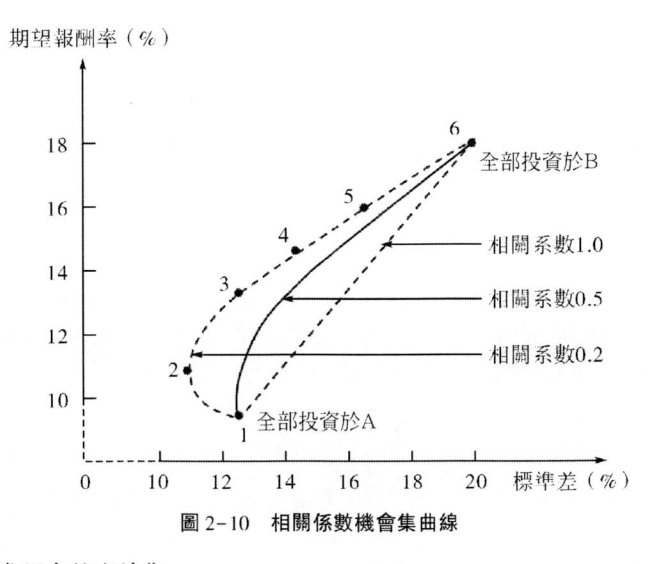

圖2-10 相關係數機會集曲線

3. 多種證券組合的有效集

對於兩種以上證券構成的組合，以上原理同樣適用。值得注意的是，多種證券組合的機會集不同於兩種證券的機會集。兩種證券的所有可能組合都落在一條曲線上，而兩種以上證券的所有可能組合會落在一個平面中，如圖2-11的陰影部分所示。這個機會集反應了投資者所有可能的投資組合，圖中陰影部分中的每一點都與一種可能的投資組合相對

應。隨著可供投資的證券數量的增加，所有可能的投資組合數量將呈幾何級數上升。

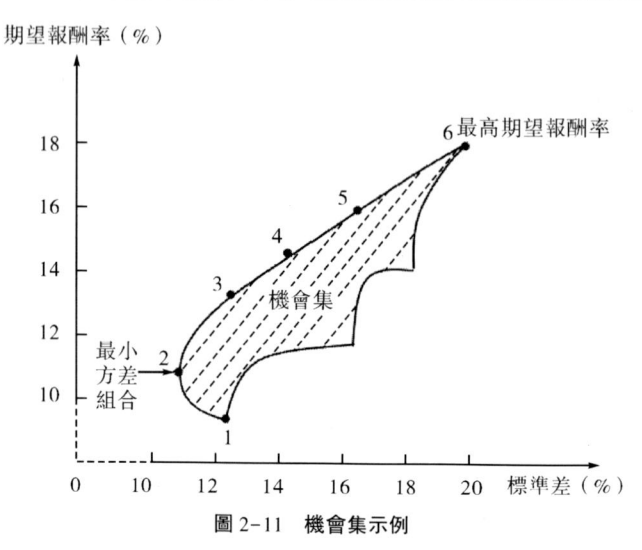

圖 2-11　機會集示例

最小方差組合是圖 2-11 最左端的點，它具有最小組合標準差。多種證券組合的機會集外緣有一段向後彎曲，這與兩種證券組合中的現象類似：不同證券報酬率相互抵消，產生風險分散化效應。

在圖 2-11 中以粗線描出的部分，稱為有效集或有效邊界，它位於機會集的頂部，從最小方差組合點起到最高期望報酬率點為止，投資者應在有效集上尋找投資組合。有效集以外的投資組合與有效邊界上的組合相比，有三種情況：相同的標準差和較低的期望報酬率；相同的期望報酬率和較高的標準差；較低的期望報酬率和較高的標準差。這些投資組合都是無效的。如果你的投資組合是無效的，可以通過改變投資比例轉換到有效邊界上的某個組合，以達到提高期望報酬率而不增加風險，或者降低風險而不降低期望報酬率，或者得到一個既提高期望報酬率又降低風險的組合。

（四）資本市場線

如果在資本市場上存在無風險資產，即投資者可以借到錢用於風險資產的投資，也可以將多餘的資本貸出，那麼，投資者的投資行為又會是怎樣的呢？通過資本市場線可以簡單概括如下：

資本市場線 MR_f 是從無風險資產的報酬率 R_f 開始，做有效邊界 XMN 的切線。具體如圖 2-12 所示。

首先，無風險資產的標準差 δ_f 為零，其報酬率 R_f 為投資者借入或貸出的利息，是可以根據政府短期債券等確定的利率。那麼，最厭惡風險的投資者會將全部資本貸出，其投資的報酬率為 R_f，標準差為零。所以，切線的起點是從無風險資產的報酬率開始的。

圖 2-12　資本市場線

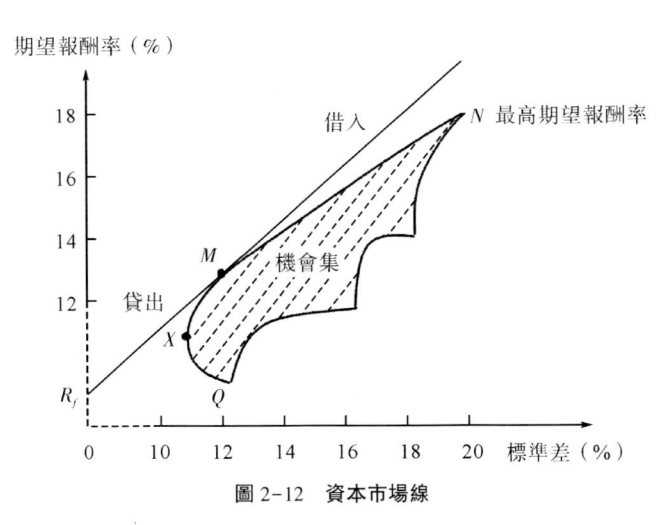

其次，對於有風險偏好的投資者，無論是將部分資本進行組合投資，還是將全部資本進行組合投資，抑或是借入資本進行組合投資，不過是風險偏好的程度不同，理性投資是不變的前提，即在有效集上選擇投資組合。而當存在無風險資產並可按無風險報酬率自由借貸時，有效集上的切點 M 所代表的市場組合優於所有其他投資組合，是不同風險偏好的投資者的共同選擇。所謂市場組合，是所有證券以各自的總市場價值為權數的加權平均組合，是最有效的風險資產組合。因為 MR_f 上的組合與有效集 XMN 上的組合相比，前者在相同的標準差下報酬率更高，或在相同的報酬率下標準差更小。

最後，資本市場線 MR_f 上每一點的總期望報酬率可以用以下公式表述：

總期望報酬率 = Q × 風險組合的期望報酬率 + $(1-Q)$ × 無風險報酬率

其中，Q 代表投資者自有資本總額中投資於風險組合 M 的比例；$1-Q$ 代表無風險資產的比例。如果貸出資金，Q 將小於 1；如果是借入資金，Q 會大於 1。

總標準差 = Q × 風險組合的標準差

此時不用考慮無風險資產，因為無風險資產的標準差等於零。如果貸出資本，Q 小於 1，其承擔的風險小於市場平均風險；如果借入資本，Q 大於 1，其承擔的風險大於市場平均風險。

【例 2-26】證券市場組合的期望報酬率為 14%，標準差為 2.5%。某投資人以自有資金 1,000 萬元和按 4% 的無風險利率借入的資金 400 萬元進行證券投資，該投資人的期望報酬率和標準差各為多少？

總期望報酬率 = Q × 風險組合的期望報酬率 + $(1-Q)$ × 無風險報酬率
　　　　　　 = 1.4 × 14% + (1 - 1.4) × 4% = 19.6% - 1.6% = 18%

總標準差 = Q × 風險組合的標準差 = 1.4 × 2.5% = 3.5%

綜上所述，投資組合的風險與報酬需要掌握的主要內容是：

證券組合的風險不僅與組合中每個證券的報酬率標準差有關，而且與各證券之間報酬率的協方差有關。

對於一個含有兩種證券的組合，機會集曲線描述了不同投資比例組合的風險和報酬之間的權衡關係。風險分散化效應有時使得機會集曲線向左凸出，並產生比最低風險證券標準差還低的最小方差組合。有效邊界就是機會集曲線上從最小方差組合點到最高期望報酬率的那段曲線。持有多種彼此不完全正相關的證券可以降低風險。

如果存在無風險證券，新的有效邊界是經過無風險報酬率並和機會集相切的直線，該直線稱為資本市場線，該切點稱為市場組合，其他各點為市場組合與無風險投資的有效搭配，它反應市場組合的報酬率與標準差的關係即風險價格。

四、資本資產定價模型

如前所述，風險定義為期望報酬率的不確定性，在高度分散化的資本市場裡只有系統風險才會得到相應的回報。通過運用概率論和數理統計的方法可以衡量每一種資產的期望報酬率及總風險——標準差，但是卻無法衡量其系統風險，更無法將系統風險與相應的回報對應起來。資本市場線雖然可以反應市場組合的風險價格，但是卻不能反應每一種資產的風險價格。而資本資產定價模型就是用以量化某項資產或資產組合的系統風險程度，並確定其風險價格的。它可以幫助投資者判斷所得到的額外回報是否與風險相匹配，為財務管理活動提供了重要的參考依據。

（一）資本資產定價模型的假設

資本資產定價模型的研究對象是在充分組合情況下的風險與必要報酬率之間的均衡關係，它建立在以下基本假設之上：

（1）投資者都是理性的，都是風險厭惡者，他們追求單期財富的期望效用最大化，並以各備選組合的期望收益和標準差為基礎進行組合選擇。

（2）所有投資者都能夠以無風險報酬率不受金額限制地借入或者貸出款項。

（3）所有投資者擁有同樣的預期，即對所有資產報酬的均值、方差和協方差等具有完全相同的主觀估計。

（4）所有的資產均可以被完全細分，擁有充分的流動性且沒有交易成本。

（5）沒有稅金。

（6）存在大量的投資者，每個投資者的財富相對於所有投資者的財富的總和來說是微不足道的。投資者均是價格的接受者，即任何一個投資者的交易行為都不會對證券價格造成影響。

（7）所有資產的數量是給定的和固定不變的。

在以上假設的基礎上，構建的資本資產定價模型經受住了大量經驗上的證明。其中，

β 概念更在各種實證研究下以其科學的簡單性和邏輯的合理性贏得了在金融學和財務管理學中的重要地位。

(二) 系統風險的度量

1. 單項資產的系統風險

度量一項資產系統風險的指標是貝塔系數，用希臘字母 β 表示。貝塔系數被定義為某個資產的報酬率與市場組合之間的相關性。

其計算公式為：$\beta = \dfrac{\delta_{jM}}{\delta_M^2} = \dfrac{r_{jM} \cdot \delta_j \cdot \delta_M}{\delta_M^2} = r_{jM} \left(\dfrac{\delta_j}{\delta_M} \right)$

其中：分子 δ_M 是第 j 種證券的報酬率與(市場組合×報酬率)之間的協方差。它等於該證券的標準差、市場組合的標準差及兩者相關係數的乘積。

根據上式可以看出，一種股票的 β 值的大小取決於：① 該股票與整個股票市場相關性 r_{jM}；② 它自身的標準差 δ_j；③ 整個市場的標準差 δ_M。

【例 2-27】J 股票歷史已獲得報酬率以及市場歷史已獲得報酬率的有關資料如表 2-5 所示，計算其 β 值。

表 2-5　　　　　　　　J 股票報酬率與市場報酬率時間序列表

年度	J 股票報酬率	市場報酬率
1	1.8	1.5
2	−0.5	1
3	2	0
4	−2	−2
5	5	4
6	5	3

顯然 J 股票報酬率為因變量 y，市場報酬率為自變量 x，根據貝塔系數的計算公式，

$$\beta = \dfrac{\delta_{jM}}{\delta_M^2} = \dfrac{\dfrac{\sum_{i=1}^{n}[(x_i - \bar{x}) \cdot (y_i - \bar{y})]}{n-1}}{\dfrac{\sum_{i=1}^{n}(x_i - \bar{x})^2}{n-1}} = \dfrac{\sum_{i=1}^{n}[(x_i - \bar{x}) \cdot (y_i - \bar{y})]}{\sum_{i=1}^{n}(x_i - \bar{x})^2}$$

可知，在 $\bar{x}$ 和 $\bar{y}$ 的基礎上，還需要計算 $(x_i - \bar{x})$，$(y_i - \bar{y})$，$(x_i - \bar{x}) \cdot (y_i - \bar{y})$ 和 $(x_i - \bar{x})^2$ 四項及它們的合計數，數據計算如表 2-6 所示。

表 2-6　　　　　　　　J 股票報酬率與市場報酬率的數據計算表

年度	y	x	$y_i - \bar{y}$	$x_i - \bar{x}$	$(x_i - \bar{x})^2$	$(x_i - \bar{x}) \times (y_i - \bar{y})$
1	1.8	1.5	-0.08	0.25	0.06	-0.02
2	-0.5	1	-2.38	-0.25	0.06	0.60
3	2	0	0.12	-1.25	1.56	-0.15
4	-2	-2	-3.88	-3.25	10.56	12.61
5	5	4	3.12	2.75	7.56	8.58
6	5	3	3.12	1.75	3.06	5.46
合計	11.3	7.5	—	—	22.86	27.08
平均數	1.88	1.25	—	—	—	—

註：不需要計算的數據用「—」表示

代入公式有：$\beta = \dfrac{\delta_{jM}}{\delta_M^2} = \dfrac{\sum_{i=1}^{n}[(x_i - \bar{x}) \cdot (y_i - \bar{y})]}{\sum_{i=1}^{n}(x_i - \bar{x})^2} = \dfrac{27.08}{22.88} \approx 1.18$

β 的經濟意義是相對於市場組合而言的特定資產的系統風險是多少。例如，市場組合相對於它自己的 $\beta = 1$；如果一項資產的 $\beta = 0.5$，表明它的系統風險是市場組合系統風險的 0.5 倍，其報酬率的變動性只是一般市場變動性的一半；如果一項資產的 $\beta = 2$，說明其報酬率的變動幅度為一般市場變動性的 2 倍。總之，某一資產的 β 值的大小反應了該資產報酬率變動與整個市場報酬率變動之間的相關性及程度。

2. 投資組合的系統風險

投資組合的 β_p 等於被組合的各證券 β 值的加權平均數。

其計算公式為：$\beta_p = \sum_{j=1}^{m} A_j \cdot \beta_j$

其中，A_j 是第 j 種證券的投資額占投資組合總投資額的比重。

如果一個高 β 值的資產 ($\beta > 1$) 加入一個平均風險組合 (β_p) 中，則組合風險將會提高；反之，如果一個低 β 值的資產 ($\beta < 1$) 加入一個平均風險組合中，則組合風險將會降低。所以，一項資產的 β 值可以度量該股票對整個組合風險的貢獻，β 值可以作為這一資產風險程度的一個大致度量。

例如，一個投資者用 10 萬元現金進行組合投資，共投資 10 種股票且各占 1/10 即 1 萬元。如果這 10 種股票的 β 值皆為 1.18，則組合的 β 值為 $\beta_p = 1.18$。該組合的風險比市場風險大，即其價格波動的範圍較大，報酬率的變動也較大。現在假設完全售出其中的一種股票且以一種 $\beta = 0.8$ 的股票取而代之。此時，股票組合的 β 值將由 1.18 下降至 1.14。

(三) 資本資產定價模型

單一證券的系統風險可由 β 係數來度量，其風險與收益之間的關係可由資本資產定價模型進行描述：$R_j = R_f + \beta \cdot (R_m - R_f)$。

其中，R_j 是第 j 種證券的必要報酬率；R_f 是無風險報酬率（通常以國庫券的報酬率作為無風險報酬率）；R_m 是市場組合的必要報酬率（其 $\beta = 1$）。在均衡狀態下，$(R_m - R_f)$ 是投資者為補償承擔超過無風險報酬的平均風險而要求的額外收益，即風險價格。

需要注意的是：必要報酬率也稱最低要求報酬率，是指準確反應預期未來現金流量風險的報酬率，是等風險投資的機會成本；期望報酬率是使淨現值為零的報酬率。期望報酬率和必要報酬率的關係，決定了投資者的行為。以股票投資為例，當期望報酬率大於必要報酬率時，表明投資會有超額回報，投資者應購入股票；當期望報酬率小於必要報酬率時，表明投資無法獲得應有回報，投資者應賣出股票；當期望報酬率等於必要報酬率時，表明投資獲得與所承擔的風險相等，投資者可選擇採取或不採取行動。在完美的資本市場上，投資者的期望報酬率等於必要報酬率。

【例2-28】已知某股票與市場組合報酬率之間的相關係數為 0.3，其標準差為 30%，市場組合的標準差為 20%，市場組合的風險報酬率為 10%，無風險報酬率為 5%，則投資該股票的必要報酬率為多少？若該投資者的期望報酬率為 8%，該投資者應採取何種行動？

貝塔係數 $\beta = r_{jM}\left(\dfrac{\delta_j}{\delta_M}\right) = 0.3 \times \dfrac{30\%}{20\%} = 0.45$

該股票的必要報酬率 $R_j = R_f + \beta \cdot (R_m - R_f) = 5\% + 0.45 \times (10\% - 5\%) = 7.25\%$

期望報酬率 8% 大於必要報酬率 7.25%，該投資者應該購入股票。

復習與思考：

1. 對於單項投資的風險衡量，衡量的是總風險還是系統風險，抑或是非系統風險？
2. 投資組合的風險計量中，協方差與方差哪個更重要？
3. 投資風險的分散化效應都與哪些因素相關？
4. 資本市場線上的每一點，其離散係數是否都相等？原因是什麼？
5. 資本資產定價模型計算的是必要報酬率還是期望報酬率？為什麼？

本項目小結

本項目分兩個任務進行闡述。

任務一即貨幣時間價值是財務管理的基礎，它是在簡述財務估值的概念與主要方法後逐一展開的，主要包括三方面的內容：

一是揭示貨幣時間價值的實質，即貨幣在時間的作用下發生的價值增值。在此基礎上，將貨幣時間價值表現為貨幣時間價值額與貨幣時間價值率兩種形式，並對替代貨幣時間價值率的利率與報酬率進行詳述。

　　二是單利的計算方法，通過連結相關文件展示單利的具體應用。

　　三是詳述了具有廣泛應用性的複利計算方法，包括複利終值與現值的計算、報價利率與有效年利率的計算以及普通年金、預付年金、遞延年金和永續年金四種年金終值與現值的計算。

　　任務二即風險與報酬亦是財務管理的基礎，主要包括四方面的內容：

　　一是風險的含義與種類，其中風險的含義從基本含義到投資組合理論的影響，再到資本資產定價模型的引入，明確了風險的基本含義和風險衡量的內容和任務；風險的種類則是將風險按其能否被分散、產生的原因和具體內容進行分類，有助於投資者或管理者有效地進行風險管理。

　　二是通過確定概率、計算期望值和離散程度對單項投資的風險與報酬進行衡量。

　　三是對投資組合的風險與報酬進行衡量，它包括自由投資組合的風險與報酬的衡量、市場組合的風險與報酬的衡量與存在無風險資產時的投資組合的風險與報酬的衡量。其中對協方差與相關係數含義的理解對投資組合風險的理解的影響是決定性的；通過風險衡量發現了投資組合具有分散風險的作用，不同的投資組合其分散風險的效應也不盡相同，進而引申出投資組合有效集的相關理論，對投資者的投資行為均具有重大的指導意義。

　　四是對資本資產定價模型的介紹，即在其模型假設的基礎上對單項資產和投資組合的系統風險通過貝塔系數的計算進行衡量，並對單項資產和投資組合的必要報酬率進行確定，為財務決策提供了非常重要的依據。

項目測試與強化　　　　　　項目測試與強化答案

項目三 資本成本

學習目標

瞭解資本成本的概念、用途和影響因素；
掌握債務資本成本、權益資本成本和加權平均資本成本的計算；
理解資本成本、公司資本成本、項目資本成本的含義以及三者之間的關係；
理解債務資本成本的含義，掌握各種債務成本計算方法；
掌握普通股成本估計的方法以及估算方法的選擇；
掌握加權平均資本成本中權重 W_j 的確定方法及優劣。

任務一 資本成本的概念與用途

一、資本成本的概念

一般說來，資本成本是投資資本的機會成本，即放棄其他投資機會中報酬率最高的一個。資本成本也稱為必要期望報酬率、最低可接受的報酬率。這種成本不是實際支付的成本，而是一種失去的收益，是將資本用於本項目投資所放棄的其他投資機會的收益，因此被稱為機會成本。

資本成本的概念包括兩個方面：一方面，資本成本與公司的籌資活動相關，它是公司籌集和使用資金的成本，即籌資的成本；另一方面，資本成本與公司的投資活動相關，它是投資所要求的最低報酬率。資本成本是制定籌資決策和投資決策的基礎。

（一）公司的資本成本

公司的資本成本是組成公司資本結構的各種資金來源的成本組合，即各種資本要素成本的加權平均數。資本成本是公司取得資本使用權的代價，是公司投資人要求的最低報酬率，對於不同來源的資本公司付出的代價不同。

（二）投資項目的資本成本

投資項目的資本成本是項目本身所需投資資本的機會成本。不同的項目的風險不同，其要求的最低報酬率便不同，資本成本也就不同。

二、資本成本的用途

（一）用於投資決策

當投資項目與公司現存業務相同時，公司的資本成本是合適的折現率。如果投資項目與現有資產平均風險不同，公司資本成本不能作為項目現金流量的折現率。但是公司資本成本仍具有重要價值，它提供了一個調整基礎。平均資本成本是衡量資本結構是否合理的依據，也是評價投資項目可行性的主要標準（預期報酬率＞資本成本率）。

（二）用於籌資決策

籌資決策的核心是決定資本結構。最優資本結構是使股票價格最大化的資本結構。預測資本結構變化對平均資本成本的影響，比預測其對股票價格的影響要容易，因此，加權資本成本可以指導資本結構決策。

（三）用於營運資本管理

資本成本可以用來評估營運資本投資政策和營運資本籌資政策。比如，用於流動資產的資本成本提高時，應適當減少營運資本投資額，並採用相對激進的籌資政策。

（四）用於企業價值評估

評估企業價值時，主要採用現金流量折現法，需要使用公司資本成本作為公司現金流量的折現率。

（五）用於業績評價

資本成本是投資人要求的報酬率，與公司實際的投資報酬率進行比較可以評價公司的業績。資本成本是評價企業整體業績的重要依據（企業的總資產稅後報酬率高於其平均資本成本率才能帶來剩餘收益）。

資本成本是連接投資和籌資的紐帶。籌資決策決定了一個公司的加權平均資本成本，加權平均資本成本又是公司投資決策的依據，資本成本把籌資和投資聯繫起來了。

三、資本成本的影響因素

（一）外部因素

1. 利率

市場利率上升，債務資本成本會上升，個別公司無法改變利率，公司會付給債權人更多的報酬，資本成本就會上升。

2. 市場風險溢價

市場風險溢價由資本市場上的供求雙方決定，個別公司無法控制。市場風險溢價會影

響股權成本。

3. 稅率

稅率是政府政策，個別公司無法改變，稅率變化直接影響稅後債務資本成本及公司加權資本成本。

(二) 內部因素

1. 資本結構

在計算加權平均資本成本時，我們假定公司的目標資本結構已經確定。企業改變資本結構時，資本成本會隨著改變。增加負債的比重，會使平均資本成本趨於降低，同時會加大公司的財務風險。財務風險的提高，又會引起債務成本和股權成本上升。因此，公司應適度負債，尋求資本成本最小化的資本結構。

2. 股利政策

股利政策影響淨利潤中分配給股東的比例，進而引起股權資本成本的變化。

3. 投資政策

公司的資本成本反應現有資產的平均風險。如果公司向高於現有資產風險的新項目大量投資，資產的平均風險就會提高，那麼資本成本也就會上升。

復習與思考：

1. 什麼是資本成本？
2. 說說資本成本的意義。

任務二　債務資本成本的計算

一、稅前債務資本成本的估計

(一) 不考慮發行費用的稅前債務資本成本的估計

1. 到期收益率法

如果公司目前有上市的長期債券，則可以使用到期收益率法計算債務的稅前成本。根據債券估價的公式，到期收益率是使下式成立的 K_d：

$$P_0 = \sum_{t=1}^{n} \frac{利息}{(1+K_d)^t} + \frac{本金}{(1+K_d)^n}$$

式中：P_0——債券的市價；

K_d——到期收益率即稅前債務成本；

n——債務的期限，通常以年表示。

【例3-1】 A公司8年前發行了面值為1,000元、期限為30年的長期債券，利率是7%，每年付息一次，目前市價為900元。要求計算債券的稅前成本。

採用內插法：

$900 = 1,000 \times 7\% \times (P/A, K_d, 22) + 1,000 \times (P/F, K_d, 22)$

設折現率=8%，

$1,000 \times 7\% \times (P/A, 8\%, 22) + 1,000 \times (P/F, 8\%, 22) = 897.95$（元）

設折現率=7%，

$1,000 \times 7\% \times (P/A, 7\%, 22) + 1,000 \times (P/F, 7\%, 22) = 1,000$（元）

可求得：$K_d = 7.98\%$

2. 可比公司法

如果需要計算債務成本的公司沒有上市債券，就需要找一個擁有可交易債券的可比公司作為參照物。計算可比公司長期債券的到期收益率，作為本公司的長期債務成本。可比公司應當與目標公司處於同一行業，具有類似的商業模式。最好兩者的規模、負債比率和財務狀況也比較類似。

3. 風險調整法

如果本公司沒有上市的債券，也找不到合適的可比公司，那麼就需要使用風險調整法。

稅前債務成本=政府債券的市場回報率+企業的信用風險補償率

信用風險的大小可以用信用級別來估計。具體做法如下：

（1）選擇若干信用級別與本公司相同的上市的公司債券；

（2）計算這些上市公司債券的到期收益率；

（3）計算與這些上市公司債券同期的長期政府債券到期收益率（無風險利率）；

（4）計算上述兩個到期收益率的差額，即信用風險補償率；

（5）計算信用風險補償率的平均值，作為本公司的信用風險補償率。

【例3-2】 ABC公司的信用級別為B級。為估計其稅前債務成本，收集了目前上市交易的B級公司債4種。不同期限債券的利率不具有可比性，期限長的債券利率較高。對於已經上市的債券來說，到期日相同則可以認為未來的期限相同，其無風險利率相同，兩者的利率差額是風險不同引起的。尋找與公司債券到期日完全相同的政府債券幾乎不可能。因此，還要選擇4種到期日分別與4種公司債券近似的政府債券，進行到期收益率的比較。有關數據如表3-1所示。

表 3-1　　　　　　　　　　上市公司的 4 種 B 級公司債有關數據表

債券發行公司	債券到期日	債券到期收益率	政府債券到期日	政府債券(無風險)到期收益率	公司債券風險補償率
甲	2012-1-28	4.80%	2012-1-4	3.97%	0.83%
乙	2012-9-26	4.66%	2012-7-4	3.75%	0.91%
丙	2013-8-15	4.52%	2014-2-15	3.47%	1.05%
丁	2017-9-25	5.65%	2018-2-15	4.43%	1.22%
風險補償率平均值	—	—	—	—	1.00%

假設當前的無風險利率為 3.5%，要求計算 ABC 公司的稅前債務成本。

ABC 公司的稅前債務成本 = 3.5% + 1% = 4.5%

（二）考慮發行費用的稅前債務資本成本的估計

如果在估計債務成本時考慮發行費用，則需要將其從籌資額中扣除。此時，債務的稅前成本 K_d 應使下式成立：

$$P \times (1-F) = \sum_{t=1}^{n} \frac{I}{(1+K_d)^t} + \frac{M}{(1+K_d)^n}$$

稅後債務成本 $K_{dt} = K_d \times (1-T)$

其中：P 是債券發行價格；

　　　M 是債券面值；

　　　F 是發行費用率；

　　　n 是債券的到期時間；

　　　T 是公司的所得稅率；

　　　I 是每年的利息額；

　　　K_d 是經發行成本調整後的債務稅前成本。

【例 3-3】ABC 公司擬發行 30 年期的債券，面值 1,000 元，利率 10%（按年付息），所得稅稅率為 25%，平價發行，發行費用率為面值的 1%。要求計算稅後債務成本。

$1,000 \times (1-1\%) = 1,000 \times 10\% \times (P/A, K_d, 30) + 1,000 \times (P/F, K_d, 30)$

$K_d = 10.11\%$

稅後債務成本 $K_{dt} = 10.11\% \times (1-25\%) \approx 7.6\%$

如果不考慮發行費用，稅後債務成本為：

$K_{dt} = I \times (1-T) = 10\% \times (1-25\%) = 7.5\%$

二、稅後債務資本成本的估計

由於利息可從應稅收入中扣除，因此負債的稅後成本是稅率的函數。利息的抵稅作用

使得負債的稅後成本低於稅前成本。

稅後債務成本＝稅前債務成本×（1-所得稅稅率）

由於所得稅的作用，債權人要求的收益率不等於公司的稅後債務成本。因為利息可以免稅，政府實際上支付了部分債務成本，所以公司的債務成本小於債權人要求的收益率。

復習與思考：

1. 債務籌資的方式有哪些？
2. 如何化解債務危機？

任務三　權益資本成本的計算

一、不考慮發行費用的普通股資本成本的估計

（一）資本資產定價模型

資本資產定價模型基本公式為：

普通股資本成本＝無風險利率＋風險溢價

$K_s = R_f + \beta \times (R_m - R_f)$

式中：R_f——無風險報酬率；

　　　β——該股票的貝塔係數；

　　　R_m——平均風險股票報酬率；

　　　$R_m - R_f$——市場風險溢價；

　　　$\beta \times (R_m - R_f)$——該股票的風險溢價。

【例3-4】 市場無風險報酬率為10%，平均風險股票報酬率為14%，某公司普通股β值為1.2。普通股的成本為：

$K_s = 10\% + 1.2 \times (14\% - 10\%) = 14.8\%$

（二）股利增長模型

一般假定收益以固定的年增長率遞增，則股權成本的計算公式為：

$K_s = \dfrac{D_1}{P_0} + g$

式中：K_s——普通股成本；

　　　D_1——預期下年股利額；

　　　P_0——普通股當前市價；

　　　g——股利的年增長率。

(三) 債券收益率風險調整模型

普通股股東對企業的投資風險大於債券投資者，因而會在債券投資者要求的收益率上再加上一定的風險溢價。風險溢價是憑藉經驗估計的。一般認為，某企業普通股風險溢價對其自己發行的債券來講，大約為3%~5%。對風險較高的股票用5%，風險較低的股票用3%。用公式表示為：

$K_s = K_{dt} + RP_c$

式中：K_{dt}——稅後債務成本；

RP_c——股東比債權人承擔更大風險所要求的風險溢價。

二、考慮發行費用的普通股資本成本的估計

新發行普通股的成本，也稱為外部權益成本。新發行普通股會發生發行成本，所以它比留存收益進行再投資的內部權益成本要高一些。

如果將籌資費用考慮在內，新發普通股成本的計算公式則為：

$K_s = \dfrac{D_1}{P_0(1-F)} + g$

式中：F——發行費用率。

復習與思考：

1. 權益籌資的方式有哪些？
2. 普通股資本成本的估計方法有哪些？

任務四　混合籌資資本成本的計算

混合籌資籌集的是混合性資金，即兼具股權和債務特徵的資金。混合籌資包括優先股籌資、永續債籌資、可轉換債券籌資和認股權證籌資。

一、優先股資本成本估計

優先股資本成本包括股息和發行費用。優先股股息通常是固定的，公司稅後利潤在派發普通股股利之前，優先派發優先股股息。

優先股資本成本的估計可用如下公式：

優先股資本成本＝每股年股息/［每股發行價格扣除發行費用後的淨額×(1－發行費用率)］

二、永續債資本成本估計

永續債是沒有明確的到期日或期限非常長的債券，債券發行方只需支付利息，沒有還

本義務。永續債是具有一定權益屬性的債務工具，其利息是一種永續年金。永續債資本成本估計類似於優先股：

永續債資本成本＝永續債每年利息／[發行價格×(1−發行費用率)]

復習與思考：

1. 混合籌資的方式有哪些？
2. 如何進行優先股資本成本的估計？

任務五　加權平均資本成本的計算

一、加權平均資本成本的意義

加權平均資本成本是公司全部長期資本的平均成本，一般按各種長期資本的比例加權計算。加權平均資本成本是公司未來全部資本的加權平均成本，而不是過去所有資本的平均成本。在公司價值評估、資本結構決策中，加權平均資本成本是一種可供選擇的折現率。

二、加權平均資本成本的計算方法

加權平均資本成本的計算公式如下：

$$K_W = \sum_{j=1}^{n} K_j W_j$$

式中：K_W——加權平均資本成本；K_j——第 j 種長期資本成本；W_j——第 j 種長期資本占全部長期資本的權數。

（一）帳面價值權數

這是指根據企業資產負債表上顯示的會計價值來衡量每種資本的比例。其計算方法簡便。帳面結構反應的是歷史的結構，不一定符合未來的狀態；帳面價值會歪曲資本成本，因為帳面價值與市場價值有極大的差異。

（二）市場價值權數

根據當前負債和權益的市場價值比例衡量每種資本的比例。由於市場價值不斷變動，負債和權益的比例隨之變動，計算出的加權平均資本成本數額也是經常變化的。

（三）目標資本結構權數

根據按市場價值計量的目標資本結構衡量每種資本要素的比例。管理層決定的目標資本結構，代表未來將如何籌資的最佳估計。可以選用平均市場價格計量目標資本結構，迴避證券市場價格變動頻繁的不便；可以適用於公司評價未來的資本結構，而帳面價值權數和實際市場價值權數只反應過去和現在的資本結構。

【例3-5】ABC公司本年末的長期資本帳面總額為1,000萬元。其中：銀行長期貸款400萬元，占40%；長期債券150萬元，占15%；普通股450萬元，占45%；長期貸款、長期債券和普通股的個別資本成本分別為5%、6%和9%。普通股市場價值為1,600萬元，債務市場價值等於帳面價值。要求計算該公司平均資本成本。

按帳面價值計算：

$K_W = 5\% \times 40\% + 6\% \times 15\% + 9\% \times 45\% = 6.95\%$

復習與思考：

帳面價值權數、市場價值權數、目標資本結構權數的含義各是什麼？

本項目小結

本項目任務一闡述了資本成本的概念和用途。

任務二闡述了債務資本成本的估計方法。其中債務資本成本的估計，包括稅前債務成本估計的方法——到期收益率法、可比公司法、風險調整法以及稅後債務成本的計算方法——等於稅前債務成本與（1-所得稅稅率）的乘積。

任務三闡述了權益資本成本的估計方法，包括：

（1）資本資產定價模型（使用最廣泛）——無風險報酬率、β 系數、市場風險溢價；

（2）股利增長模型——增長率的估計；

（3）債券報酬率風險調整模型——稅後債務成本＋風險溢價。

任務四闡述了混合籌資的資本成本的估計方法，包括：

（1）優先股資本成本＝每股年股息/[每股發行價格扣除發行費用後的淨額×(1-發行費用率)]

（2）永續債資本成本＝永續債每年利息/[發行價格×(1-發行費用率)]

任務五闡述了加權平均資本成本的計算方法，重點是權數的選擇，包括帳面價值權數、市場價值權數、目標資本結構權數。

項目測試與強化　　　　　項目測試與強化答案

項目四　債券、股票價值的評估

學習目標

認識證券的種類和股票、債券投資的優缺點；
掌握股票、債券的估價方法。

任務一　債券價值評估

一、債券的類型

（一）債券的概念

債券是發行者為募集資金發行的，在約定時間支付一定比例的利息，並在到期時償還本金的一種有價證券。

債券的基本要素有面值、票面利率、付息方式、到期日。其中，面值也是到期還本額；債券利息的計算用面值乘以票面利率；付息方式規定了付息的時點，到期日即債券持有期限。

（二）債券的分類

根據不同分類標準，債券可分為如下類別：

1. 按發行主體分類

國債：由中央政府發行的債券。它由一個國家政府的信用作擔保，所以信用最好，被稱為金邊債券。

地方政府債券：由地主政府發行，又叫市政債券。它的信用、利率、流通性通常略低於國債。

金融債券：由銀行或非銀行金融機構發行。它的信用高、流動性好、安全，利率高於國債。

企業債券：由企業發行的債券，又稱公司債券。它的風險高，利率也高。

國際債券：國外各種機構發行的債券。

2. 按有無財產抵押分類

抵押債券：又稱擔保債券，是指以發行企業的特定財產作為抵押品的債券。按抵押品的不同，抵押債券又分為不動產抵押債券、動產抵押債券和信託抵押債券。

信用債券：又稱無擔保債券，是指發行公司沒有抵押品擔保，完全憑信用發行的債券。信用債券通常是信譽良好、財務能力較強的公司才能發行。

3. 按是否記名分類

記名債券：指券面上記載有債權人的姓名，本息只向登記人支付，轉讓需辦理過戶手續的債券。

無記名債券：指券面上無債權人的姓名，本息直接向持有人支付，可由持有人自由轉讓的債券。

4. 按能否轉換分類

可轉換債券：指公司發行的，投資者在一定時期內可選擇一定條件轉換成公司股份的債券，又稱可轉債，這種債券兼具債權和股權雙重屬性。

不可轉換債券：指不能轉換成公司股份的債券。

5. 按償還方式不同分類

一次到期債券：亦稱「一次還本」，常稱為「子彈式到期」，是在到期日一次性支付本金的債券。債券的期限可長可短，債務中任何在到期日之前沒有支付的部分都必須在到期日支付。

分期債券：指發行單位規定在債券有效期內某一時間償還一部分本息，分期還清的一種債券。這種債券可減少一次集中償還的財務負擔，一般還本期限越長、利息越高。

6. 按能否上市分類

上市債券：指經由政府管理部門批准，在證券交易所內買賣的債券，也叫掛牌券。與股票不同，企業債券有一個固定的存續期限，而且發行人必須按照約定的條件還本付息，因此，債券上市的條件與股票有所區別。為了保護投資者的利益，保證債券交易的流動性，證券交易所在接到發行人的上市申請後，一般要對企業債券的上市資格進行審查。

非上市債券：指不在證券交易所上市，只能在場外交易的債券。其流動性差，一般說來，不能轉讓的債券，不具有流通性，持有人在蒙受損失時無能為力，作為補償要給予較高的利率才能抵消其風險。

二、債券價值評估方法

(一) 債券的估值模型

債券的價值就是指債券按票面利率計算的利息和到期收回的本金現值之和，也稱為債

券的內在價值。進行債券估價的目的是確定債券的內在價值，並為企業進行債券投資決策提供依據。只有債券的價值大於購買價格時，才值得投資；否則，不應投資。債券價值是債券投資決策的主要指標之一。

債券的價值是由其未來現金流入量的現值決定的，影響債券價值的因素主要是債券面值、期限、票面利率和市場利率。由於債券面值、期限和票面利率在發行債券時都已相對固定，所以，債券價值的高低主要由市場利率水準決定。市場利率越高，債券價值越低；市場利率越低，債券價值越高。

1. 基本模型

典型的債券是固定利率，每年計算並支付利息，到期歸還本金。按照這種模式，債券價值計算的基本模型為：

$$P = \sum_{t=1}^{n} \frac{I}{(1+K)^t} + \frac{M}{(1+K)^n}$$

式中，P 為債券價值；I 為債券利息；M 為債券面值；K 為市場利率或投資者要求的必要報酬率；n 為付息期數。

2. 其他模型

（1）平息債券：指利息在到期時間內平均支付的債券。支付的頻率可能是一年一次、半年一次或每季度一次等。其基本公式如下：

$$P = I \cdot (P/A, K, n) + M \cdot (P/F, K, n)$$

式中，符號含義同上。

【例4-1】某債券面值為100元，票面利率為8%，每年年末付息一次，期限為5年。某企業要對這種債券進行投資，當前的市場利率為10%，問債券價格為多少時才能進行投資？

$$P = I \cdot (P/A, K, n) + M \cdot (P/F, K, n)$$
$$= 100 \times 8\% \times (P/A, 10\%, 5) + 100 \times (P/F, 10\%, 5)$$
$$= 8 \times 3.790, 8 + 100 \times 0.620, 9$$
$$= 92.42 （元）$$

即當該債券的價格低於其價值92.42元時才能進行投資。

（2）純貼現債券：指承諾在未來某一確定日期做某一單筆支付的債券。

①到期一次還本付息債券的估價模型。中國很多債券屬於一次還本付息且不計複利的債券，其估價模型為：

$$P = \frac{M(1+i \times n)}{(1+K)^n}$$

$$= M \cdot (1 + i \times n) \cdot (P/F, K, n)$$

式中，i 為債券票面利率，其餘符號含義同上。

【例4-2】某企業擬購入一家企業發行的債券，該債券到期還本付息，債券面值為100元，期限5年，票面利率為10%，不計複利，當前市場利率為8%，該債券發行價格為多少時企業才能購買？

$P = M \cdot (1+i \times n) \cdot (P/F, K, n)$

　　$= 100 \times (1+10\% \times 5) \times (P/F, 8\%, 5)$

　　$= 150 \times 0.6806$

　　$= 102.09$（元）

即當該債券的價格低於102.09元時企業才能購買。

②零息債券的估價模型。有些債券以折現方式發行，沒有票面利率，到期按面值償還。其估價模型為：

$P = \dfrac{M}{(1+K)^n}$

　　$= M \cdot (P/F, K, n)$

式中，符號含義同上。

【例4-3】某債券面值為100元，期限5年，以折現方式發行，要對這種債券投資，當前的市場利率為8%，債券價格是多少時才能進行投資？

$P = M \cdot (P/F, K, n)$

　　$= 100 \times (P/F, 8\%, 5)$

　　$= 100 \times 0.6806$

　　$= 68.06$（元）

即這種債券的價格必須低於68.06元時才能購買。

（二）債券估值的影響因素

1. 折現率

折現率與債券價值反向變化——折現率越大，債券價值越小。債券定價的基本原則是：折現率等於債券利率時，債券價值就是其面值；如果折現率高於債券利率，債券的價值就低於面值；如果折現率低於債券利率，債券的價值就高於面值。

2. 到期時間

（1）對於平息債券，當折現率一直保持至到期日不變時，隨著到期時間的縮短，債券價值逐漸接近其票面價值。如果付息期無限小則債券價值表現為一條直線。

（2）對於到期一次還本付息債券，隨著到期時間的縮短，債券價值逐漸上升。

（3）對於零息債券，隨著到期時間的縮短，債券價值逐漸上升，向面值接近。

三、債券的到期收益率

到期收益率是指以特定價格購買債券並持有至到期日所能獲得的收益率。它是能使未

來現金流量現值等於債券購入價格的折現率。可按下列公式計算：

$V = I \cdot (P/A, i, n) + M \cdot (P/F, i, n)$

式中，V 為債券的購買價格；I 為每年獲得的固定利息；M 為債券到期收回的本金或中途出售收回的資金；i 為債券投資的收益率；n 為投資期限。

【例4-4】 某公司8月1日用1,105元購買一張面值為1,000元的債券，票面利率為8%，每年8月1日計算並支付一次利息，並於5年後的7月31日到期，該公司持有債券至到期日，計算其到期收益率。

$1,105 = 80 \times (P/A, i, 5) + 1,000 \times (P/F, i, 5)$

計算 i 要用逐步測試法。

用 $i=8\%$ 試算：

$80 \times (P/A, 8\%, 5) + 1,000 \times (P/F, 8\%, 5) = 80 \times 3.992,7 + 1,000 \times 0.680,6 \approx 1,000$（元）

1,000元小於1,105元，可判斷收益率低於8%，降低貼現率進一步試算。

用 $i=6\%$ 試算：

$80 \times (P/A, 6\%, 5) + 1,000 \times (P/F, 6\%, 5) = 80 \times 4.212,4 + 1,000 \times 0.747,3 \approx 1,084.29$（元）

由於貼現結果仍小於1,105元，還應進一步降低貼現率，用 $i=4\%$ 試算：

$80 \times (P/A, 4\%, 5) + 1,000 \times (P/F, 4\%, 5) = 80 \times 4.451,8 + 1,000 \times 0.821,9 \approx 1,178.04$（元）

貼現結果高於1,105元，可以判斷，收益率高於4%。用內插法計算近似值：

$i = 4\% + \dfrac{1,178.04 - 1,105}{1,178.04 - 1,084.29} \times (6\% - 4\%) \approx 5.56\%$

復習與思考：

1. 債券有哪些類型？
2. 債券有哪些估價方法？

任務二　股票價值評估

一、普通股價值的評估方法

（一）股票估值的基本模型

1. 零增長股票的價值

該種股票每年發放給股東的股利相等，即預期股利的增長率為零。其股票估價模

型為：

$$P=\frac{D}{K}$$

式中，P 為股票的價值；D 為每年固定股利；K 為股東要求的報酬率。

【例 4-5】某公司購入一種股票，預計每年獲得每股股利 1 元，購入該股票企業要求的報酬率為 20%，計算該股票的價值。

$$P=\frac{D}{K}=\frac{1}{20\%}=5\text{（元）}$$

2. 固定增長股利的價值

企業的股利一般不是固定不變的，而應當不斷成長。一般來說，這種股票的估價模型比較複雜，但如果假設一種股票永遠按照一個固定的比率增長的話，那麼股票的基本估價模型可以簡化為：

$$P=\frac{D_0(1+g)}{K-g}=\frac{D_1}{K-g}$$

式中，D_0 為上年股利；D_1 為本年股利；g 為股利增長率；其餘符號含義同上。

【例 4-6】某公司持有 A 公司發行的股票，A 公司最近實際發放的股利為每股 2 元，預計股利增長率為 12%，公司要求的報酬率為 16%，測算該股票的價值。

$$P=\frac{D_0\times(1+g)}{K-g}=\frac{2\times(1+12\%)}{16\%-12\%}=56\text{（元）}$$

(二) 普通股的期望報酬率

股票的期望報酬率是股票投資的一個重要指標。只有股票的期望報酬率高於投資人要求的最低報酬率（即必要報酬率）時，投資人才肯投資。最低報酬率是該投資的機會成本，即用於其他投資機會可獲得的報酬率，通常可用市場利率來代替。

1. 零增長股票期望報酬率

$K=D/P$

2. 固定增長股票期望報酬率

$K=D_1/P+g$

二、優先股價值的評估方法

(一) 優先股的概念

優先股是指在規定的普通種類股份之外，另行規定的其他種類股份，其股份持有人優先於普通股股東分配公司利潤和剩餘財產，但參與公司決策管理等權利受到限制。

(二) 優先股的特殊性

相對普通股而言，優先股有如下特殊性：

1. 優先分配利潤

優先股股東按照約定的票面股息率，優先於普通股股東分配公司利潤。公司應當以現金的形式向優先股股東支付股息，在完全支付約定的股息之前，不得向普通股股東分配利潤。

公司應當在公司章程中明確以下事項：

（1）優先股股息率是採用固定股息率還是浮動股息率，並相應明確固定股息率水準或浮動股息率計算方法；

（2）公司在有可分配稅後利潤的情況下是否必須分配利潤；

（3）如果公司因本會計年度可分配利潤不足而未向優先股股東足額派發股息，差額部分是否累積到下一會計年度；

（4）優先股股東按照約定的股息率分配股息後，是否有權同普通股股東一起參加剩餘利潤分配；

（5）優先股利潤分配涉及的其他事項。

2. 優先分配剩餘財產

公司因解散、破產等原因進行清算時，公司財產在按照公司法和破產法有關規定進行清償後的剩餘財產，應當優先向優先股股東支付未派發的股息和公司章程約定的清償金額，不足以支付的按照優先股股東持股比例分配。

3. 表決權限制

除以下情況外，優先股股東不出席股東大會會議，所持股份沒有表決權：

（1）修訂公司章程中與優先股相關的內容；

（2）一次或累計減少公司註冊資本超過10%；

（3）公司合併、分立、解散或變更公司形式；

（4）發行優先股；

（5）公司章程規定的其他情形。

上述事項的決議，除須經出席會議的普通股股東（含表決權恢復的優先股股東）所持表決權的2/3以上通過之外，還須經出席會議的優先股股東（不含表決權恢復的優先股股東）所持表決權的2/3以上通過。

其中，表決權恢復是指公司累計3個會計年度或連續2個會計年度未按約定支付優先股股息的，優先股股東有權出席股東大會，每股優先股股份享有公司章程規定的表決權；對於股息可累積到下一會計年度的優先股，表決權恢復直至公司全額支付所欠股息。對於股息不可累積的優先股，表決權恢復直至公司全額支付當年股息。公司章程可規定優先股表決權恢復的其他情形。

（三）優先股價值的評估方法

優先股按照約定的票面股息率支付股利，其票面股息率可以是固定股息率或浮動股息

率。公司章程中規定優先股採用固定股息率的，可以在優先股存續期內採取相同的固定股息率，或明確每年的固定股息率，各年度的股息率可以不同；公司章程中規定優先股採用浮動股息率的，應當明確優先股存續期內票面股息率的計算方法。

　　無論優先股採用固定股息率還是浮動股息率，優先股價值均可通過對未來優先股股利的折現進行估計，即採用股利的現金流量折現模型估值。其中，當優先股存續期內採用相同的固定股息率時，每期股息就形成了無限期定額支付的年金，即永續年金，優先股則相當於永久債券。其估值公式如下：

$P = D/K$

　　式中，P 為優先股的價值；D 為優先股每期股息；K 為投資的必要報酬率。

復習與思考：

1. 股票有哪些類型？
2. 股票有哪些估價方法？

本項目小結

　　本項目對證券投資中的兩個主要品種分別進行闡述。其中包括債券的概念、類型、評估方法、到期收益率、普通股價值評估方法、優先股價值評估方法。

項目測試與強化　　　　　項目測試與強化答案

項目五 企業價值評估

學習目標

深刻認識現金流量折現模型的種類和相對價值評估方法；

掌握現金流量折現模型的基本思想、穩定狀態下的增長率、股權現金流量模型的計算、實體現金流量的計算、企業價值的計算、股權價值的計算；

理解企業整體經濟價值的類別。

任務一 企業價值評估的目的和對象

企業價值評估是指註冊資產評估師依據相關法律、法規和資產評估準則，對評估基準日特定目的下企業整體價值、股東全部權益價值或者股東部分權益價值等進行分析、估算並發表專業意見的行為和過程。

企業價值評估（整體資產評估）適用於公司設立、企業改制、股票發行上市、股權轉讓、企業兼併、收購或分立、聯營、集團組建、中外合作、合資、租賃、承包、融資、抵押貸款、法律訴訟、破產清算等目的整體資產評估、企業價值評估。

企業價值評估是為企業的交易（全部股權的交易、部分股權的交易等）提供價值參考，因此其價值類型在一般情況下應該是市場價值（交換價值）。而不應該是其他價值（非市場價值）。當然企業價值評估還有其他目的，有可能需要評估其他價值，如清算價值、控股權溢價等。

企業價值評估中的價值類型也劃分為市場價值和非市場價值兩類。

企業價值評估中的市場價值是指企業在評估基準日公開市場上正常使用狀態下最有可能實現的交換價值的估計數額。評估企業的市場價值所使用的信息數據都應來源於市場。

企業價值評估中的非市場價值是一系列不符合市場價值定義的價值類型的總稱或集合，主要有投資價值、持續經營價值、保險價值、清算價值等。

投資價值是指企業對於具有明確投資目標的特定投資者或某一類投資者所具有的價

值。如企業併購中的被評估企業對於特定收購方的收購價值、關聯交易中的企業交易價值、企業改制中的管理層收購價值等。企業的投資價值可能等於企業的市場價值，也可能高於或低於企業的市場價值。

保險價值是指根據企業的保險合同或協議中規定的價值定義確定的價值。持續經營價值是指被評估企業按照評估基準日時的用途、經營方式、管理模式等繼續經營下去所能實現的預期收益（現金流量）的折現值。企業的持續經營價值是一個整體的價值概念，是相對於被評估企業自身既定的經營方向、經營方式、管理模式等能產生的現金流量和獲利能力的整體價值。由於企業的各個組成部分對企業的整體價值都有相應的貢獻，企業持續經營價值可以按企業各個組成部分資產的相應貢獻分配給企業的各個組成部分資產，即構成企業各個部分資產的在用價值。企業的持續經營價值可能等於企業的市場價值，也可能低於企業的市場價值。

清算價值是指企業處於清算、被迫出售、快速變現等非正常市場條件下所具有的價值。從數量上看，企業的清算價值是指企業停止經營，變賣所有的資產減去所有負債後的現金餘額。這時企業價值應是其構成要素資產的可變現價值。

企業價值評估到底是評估一個企業在持續經營條件下的價值還是非持續經營條件下（清算條件下）的價值，取決於資產交易的性質。評估對象在持續經營前提下的價值並不必然大於在清算前提下的價值（如果相關權益人有權啟動被估企業清算程序的話）。即企業在持續經營條件下的價值可能小於清算條件下的價值，在這種情況下，如果相關權益人有權啟動被估企業清算程序的話，應該評估企業的清算價值。

一、企業價值評估的目的

價值評估的目的是幫助投資人和管理當局改善決策。其主要用途表現在以下三個方面：用於投資分析、用於戰略分析、用於以價值為基礎的管理。

（一）用於投資分析

價值評估可以用於投資分析通過企業價值評估尋找且購進被市場低估的證券或企業，以期獲得高於市場平均報酬率的收益。

（二）用於戰略分析

戰略管理可以分為戰略分析、戰略選擇和戰略實施。價值評估在戰略分析中起核心作用。

（三）用於以價值為基礎的管理

價值評估可以用於以價值為基礎的管理。企業決策正確性的根本標志是能否增加企業價值。

(1) 經濟價值(公平市場價值)：在市場公平(完全有效)時，市場價值等於經濟價值。

①含義：在公平的交易中，熟悉情況的雙方自願進行資產交換或債務清償的金額，即

資產所產生的未來現金流量的現值（資本化價值）。
②交易屬性：產出計價——資產價值決定於所產生的未來現金流量。
③時間屬性：未來價格——符合決策面向未來的時間屬性，符合企業價值評估目的。
(2) 會計價值（帳面價值、歷史成本）：沒有關注未來，不符合企業價值評估目的。
(3) 現時市場價值：按現行市場價格計量的資產價值，可能公平，也可能不公平。

二、企業價值評估的對象

（一）企業的整體價值

企業價值評估的對象是企業整體的經濟價值。①整體不是各部分的簡單相加；②整體價值來源於要素的結合方式；③部分只有在整體中才能體現出其價值；④整體價值只有在運行中才能體現出來。

（二）企業的經濟價值

1. 實體價值與股權價值

(1) 實體價值：企業全部資產的總體價值。

實體價值=股權公平市場價值+淨債務公平市場價值

(2) 大多數企業併購是以購買股份的形式進行，買方的實際收購成本等於股權成本加上所承接的債務。

2. 持續經營價值與清算價值

(1) 持續經營價值：由營業產生的未來現金流量的現值（整體價值）。

(2) 清算價值：停止經營，出售資產產生的現金流。

(3) 企業的公平市場價值，是續營價值與清算價值中的較高者——自利原則的應用。
①續營條件：續營價值>清算價值。
②續營價值<清算價值，繼續經營會進一步降低股東本來可以通過清算得到的價值。

3. 少數股權價值與控股權價值

(1) 少數股權：承認企業現有的管理和經營戰略，買入者只是一個旁觀者，基本上沒有決策權（無法改變要素結合方式，無法影響企業價值）。

(2) 控股權：獲得改變企業生產經營方式（改變要素結合方式）的充分自由，或許能增加企業的價值。

(3) 少數股權與控股權是在兩個分割開來的市場上交易的。

(4) 控股權溢價=謀求控股權的投資者眼中的企業股權價值-少數股權投資者眼中的股權價值。

①當前：少數股權投資者眼中的企業股票的公平市場價值，是現有管理和戰略條件下企業能夠給股票投資人帶來的未來現金流量的現值。

②新的：謀求企業控股權的投資者眼中的企業股票的公平市場價值，是企業進行重

組、改進管理和完善經營戰略後可以為投資人帶來的未來現金流量的現值。

③控股權溢價：由於轉變控股權而增加的價值。例如，收購交易中，由於控股權參加交易，股價會迅速飆升。

復習與思考：

1. 企業價值評估的目的有哪些？
2. 企業價值評估的對象有哪些？

任務二　企業價值評估方法

一、現金流量折現模型

企業價值評估的現金流量折現模型包括股利現金流量折現模型、股權現金流量模型和實體現金流量折現模型。

1. 股利現金流量模型

股利現金流量模型是企業分配給股權投資人的現金流量，折現率是股權資本成本。

2. 股權現金流量模型

股權現金流量模型是一定期間企業可以提供給股權投資人的現金流量，它等於企業實體現金流量扣除對債務人支付後剩餘的部分，折現率是股權資本成本。

$$股權價值 = \sum_{t=1}^{\infty} \frac{股利現金流量_t}{(1+股權資本成本)^t}$$

3. 實體現金流量模型

實體現金流量模型是企業全部現金流入扣除成本費用和必要的投資後的剩餘部分，它是企業一定時期可以提供給所有投資人的稅後現金流量，折現率是加權平均資本。

$$實體價值 = \sum_{t=1}^{\infty} \frac{實體現金流量_t}{(1+加權平均資本成本)^t}$$

股權價值＝實體價值－債務價值

$$債務價值 = \sum_{t=1}^{\infty} \frac{償還債務現金流量_t}{(1+等風險債務成本)^t}$$

【例5-1】 A公司是一個規模較大的跨國公司，目前處於穩定增長狀態。2001年每股淨利潤為13.7元。根據全球經濟預期，長期增長率為6%，預計該公司的長期增長率與宏觀經濟相同，為維持每年6%的增長率，本年需要每股股權淨投資11.2元。據估計，該公司的股權資本成本為10%。請計算該公司2001年每股股權現金流量和每股股權價值。

每股股權現金流量＝每股淨利潤－每股股權本年淨投資＝13.7－11.2＝2.5（元/股）

每股股權價值＝(2.5×1.06)/(10%－6%)＝66.25（元/股）

如果估計增長率為8%，本年淨投資不變，則股權價值為：(2.5×1.08)/(10%－8%)＝135（元/股）。

二、現金流量折現模型參數的估計

（一）預測銷售收入

基本思路如下：

(1) 直接對銷售收入的增長率進行預測；

(2) 根據基期銷售收入和預計增長率計算預期的銷售收入。

（二）確定預測期間

預測的時間範圍涉及預測基期、詳細預測期和後續期。

1. 預測的基期

對基期的預測有兩種方法：

(1) 以上年實際數據作為基期數據；

(2) 以修正後的上年數據作為基期數據。

2. 詳細預測期和後續期

大部分估價將預測的時間分為兩個階段。

第一個階段：詳細預測期，或稱「預測期」，通常為5~7年。

第二個階段：後續期，或稱為「永續期」。在此期間，假設企業進入穩定狀態，有一個穩定的增長率，可以用簡便的方法直接估計後續期價值。

（三）預計利潤表和資產負債表

1. 預計稅後經營利潤

(1) 「銷售收入」根據銷售預測的結果填列。

(2) 「銷售成本」「銷售、管理費用」以及「折舊與攤銷」，使用銷售百分比法預計。

(3) 「資產減值損失」「公允價值變動收益」「營業外收入」和「營業外支出」通常不列入預計利潤表。

(4) 「經營利潤」。

稅前經營利潤＝銷售收入－銷售成本－銷售、管理費用－折舊與攤銷

經營利潤所得稅＝預計稅前經營利潤×預計所得稅率

2. 預計經營資產

(1) 「經營現金」。

(2) 經營流動資產包括應收帳款、存貨等項目，可以分項預測，也可以作為一個「經營流動資產」項目預測。

(3)「經營流動負債」列在「經營流動資產」之後,是為了顯示「淨經營營運資本」。

淨經營營運資本=(經營現金+經營流動資產)−經營流動負債

(4)「經營長期資產」包括長期股權投資、固定資產、長期應收款。

(5)「經營長期負債」包括無息的長期應付款、專項應付款、遞延所得稅貸項和其他非流動負債。

(6)淨經營資產總計

=經營營運資本+淨經營長期資產

=(經營現金+經營流動資產−經營流動負債)+(經營長期資產−經營長期負債)

=經營資產−經營負債。

3. 預計融資

(1)「短期借款」和「長期借款」。

短期借款=淨經營資產×短期借款比例

長期借款=淨經營資產×長期借款比例

(2)期末股東權益=淨經營資產−借款合計。

4. 預計利息費用

利息費用=短期借款×短期利率+長期借款×長期利率

利息抵稅=利息費用×稅率

稅後利息費用=利息費用−利息抵稅

5. 計算淨利潤

(略)

6. 計算股利和年末分配利潤

年末未分配利潤=年初未分配利潤+本年淨利潤−股利

7. 完成資產負債表其他項目的預計

(略)

【例5-2】G公司是一家商業企業,主要從事商品批發業務,該公司2010年的財務報表數據如下:

單位:萬元

項目	2010年
一、營業收入	1,000
減:營業成本	500
營業和管理費用(不含折舊攤銷)	200
折舊	50
長期資產攤銷	10
財務費用	33

（續表）

項目	2010年
三、營業利潤	207
營業外收入（處置固定資產淨收益）	0.00
減：營業外支出	0.00
四、利潤總額	207
減：所得稅（30%）	62.1
五、淨利潤	144.9
加：年初未分配利潤	100.1
六、可供分配的利潤	245
應付普通股股利	25
七、未分配利潤	220

單位：萬元

項目	2010年
經營現金	30
應收帳款	200
存貨	300
待攤費用	100
流動資產合計	630
固定資產原值	700
累計折舊	100
固定資產淨值	600
其他長期資產	90
長期資產合計	690
資產總計	1,320
短期借款	110
應付帳款	80
預提費用	140
流動負債合計	330
長期借款	220
負債合計	550
股本	550
未分配利潤	220
股東權益合計	770
負債及股東權益總計	1,320

第一種情況：2011 年的銷售增長率為 10%。

第二種情況：假定 2011 年的銷售增長率為 10%。

利潤表各項目：營業成本、營業和管理費用、折舊與銷售收入的比保持與 2010 年一致，長期資產的年攤銷保持與 2010 年一致；有息負債利息率保持與 2010 年一致；營業外支出、營業外收入、投資收益項目金額為零；所得稅率預計不變（30%）；企業採取剩餘股利政策。

資產負債表項目：流動資產各項目與銷售收入的增長率相同；固定資產淨值占銷售收入的比保持與 2010 年一致；其他長期資產項目除攤銷外無其他業務；流動負債各項目（短期借款除外）與銷售收入的增長率相同；短期借款及長期借款占投資資本的比重與 2010 年保持一致。

計算：

2011 年固定資產淨值＝600×(1+10%)＝660（萬元）

2011 年其他長期資產淨值＝90-10＝80（萬元）

經營長期資產＝740（萬元）

2010 年淨資本＝淨經營資產總計＝1,100（萬元）

短期借款占投資資本的比重＝110/1,100＝10%

長期借款占投資資本的比重＝220/1,100＝20%

2011 年投資資本＝淨經營資產總計＝1,191（萬元）

有息負債利息率＝33/(110+220)＝10%

2011 年短期借款＝1,191×10%＝119.1（萬元）

2011 年長期借款＝1,191×20%＝238.2（萬元）

2011 年有息負債借款利息＝(119.1+238.2)×10%＝35.73（萬元）

2011 年增加的淨資本＝1,191-1,100＝91（萬元）

按剩餘股利政策要求，投資所需的權益資金＝91×(1-10%-20%)＝63.7（萬元）

2011 年應分配股利＝160.489-63.7＝96.789（萬元）

預計利潤表 單位：萬元

項目	2010 年	2011 年
一、營業收入	1,000.00	1,100
減：營業成本	500	550
營業和管理費用（不含折舊攤銷）	200	220
折舊	50	55
長期資產攤銷	10	10
二、稅前經營利潤	240	265

(續表)

項目	2010年	2011年
減：經營利潤所得稅	72	79.5
三、稅後經營利潤	168	185.5
金融損益：		
四、借款利息	33	35.73
減：借款利息抵稅	9.9	10.719
五、稅後利息費用	23.1	25.011
六、稅後利潤合計	144.9	160.489
加：年初未分配利潤	100.1	220
六、可供分配的利潤	245	380.489
減：應付普通股股利	25	96.789
七、未分配利潤	220	283.7

預計資產負債表　　　　　　　　　　　單位：萬元

項目	2010年	2011年
經營現金	30	33
經營流動資產	600	660
減：經營流動負債	220	242
＝經營營運資本	410	451
經營長期資產	690	740
減：經營長期負債	0	0
淨經營資產總計	1,100	1,191
金融負債：		
短期借款	110	119.1
長期借款	220	238.2
金融負債合計	330	357.3
減：額外金融資產	0	0
淨負債	330	357.3
股本	550	550
未分配利潤	220	283.7
股東權益合計	770	833.7
淨負債及股東權益總計	1,100	1,191

（四）預計現金流量

1. 實體現金流量

實體現金流量＝經營活動現金流量－經營資產總投資

　　　　　　＝經營活動現金流量－淨經營性營運資本增加－資本性支出

　　　　　　＝（稅後經營淨利潤＋折舊與攤銷）－淨經營性營運資本增加＋淨經營性長期資產增加＋折舊與攤銷

2. 股權現金流量

方法一：

股權現金流量

＝實體現金流量－債權人現金流量

＝實體現金流量－稅後利息支出－償還債務本金＋新借債務

＝實體現金流量－稅後利息支出＋債務淨增加

2011年稅後經營淨利潤＝185.5（萬元）

淨投資＝2011年淨資本－2012年淨資本＝1,191－1,100＝91（萬元）

2011年企業實體現金流量

＝稅後經營淨利潤－淨投資＝185.5－91＝94.5（萬元）

方法二：股權現金流量

＝實體現金流量－債權人現金流量

＝稅後經營利潤＋折舊與攤銷－經營性營運資本增加－資本支出－稅後利息費用＋債務淨增加

＝稅後利潤－淨投資＋債務淨增加

（五）後續期現金流量增長率的估計

在穩定狀態下，經營效率和財務政策不變，即資產稅後經營利潤率、資本結構和股利分配政策不變，財務報表將按照穩定的增長率在擴大的規模上被複製。因此，實體現金流量、股權現金流量和銷售收入的增長率相同，因此可以根據銷售增長率估計現金流量增長率。

（六）股權現金流量模型的應用

1. 永續增長模型

股權價值＝下期股權現金流量／（股權資本成本－永續增長率）

永續增長模型的使用條件：企業必須處於永續狀態。所謂永續狀態是指企業有永續的增長率和投資資本回報率。

2. 兩階段增長模型

股權價值

＝預測期股權現金流量現值＋後續期價值的現值

$$=\sum_{t=1}^{n}\frac{股權現金流量_t}{(1+股權資本成本)^t}+\frac{股權現金流量_{n+1}\div(股權資本成本-永續增長率)}{(1+股權資本成本)^n}$$

兩階段增長模型的使用條件：兩階段增長模型適用於增長呈現兩個階段的企業。

三、相對價值評估模型

相對價值法，也稱價格乘數法或可比交易價值法，是將目標企業與可比企業對比，用可比企業的價值衡量目標企業的價值的方法。如果可比企業的價值被高估了，則目標企業的價值也會被高估。實際上，所得結論是相對於可比企業來說的，以可比企業價值為基準，是一種相對價值，而非目標企業的內在價值。這種方法是利用類似企業的市場定價來估計目標企業價值的一種方法。

其基本做法是：首先，尋找一個影響企業價值的關鍵變量（如淨利）；其次，確定一組可以比較的類似企業，計算可比企業的市價/關鍵變量的平均值（如平均市盈率）；最後，根據目標企業的關鍵變量（如淨利乘以得到的平均值——平均市盈率），計算目標企業的評估價值。

（一）相對價值模型的原理

1. 市盈率比率模型

市盈率是指普通股每股市價與每股收益的比率。

2. 基本模型

市價與淨收益的比率，通常稱為市盈率。

$$市盈率 = \frac{每股市價}{每股淨利}$$

運用市盈率估價的模型如下：

目標企業每股價值＝可比企業平均市盈率×目標企業的每股收益

該模型假設股票市價是每股收益的一定倍數。每股收益越大，則股票價值越大。同類企業有類似的市盈率，所以目標企業的股權價值可以用每股收益乘以可比企業的平均市盈率計算。

3. 模型原理

$$可比企業(本期)市盈率 = \frac{股利支付率 \times (1+增長率)}{股權成本 - 增長率} 或$$

$$可比企業內在(預期)市盈率 = \frac{股利支付率}{股本成本 - 增長率}$$

市盈率的驅動因素是企業的增長潛力、股利支付率和風險（股權資本成本的高低與其風險有關）。

在影響市盈率的三個因素中，關鍵是增長潛力。

4. 模型的適用性（優缺點）（見下表）

市盈率模型	優點	計算市盈率的數據容易取得，並且計算簡單； 市盈率把價格和收益聯繫起來，直觀地反應投入和產出的關係； 市盈率涵蓋了風險補償率、增長率、股利支付率的影響，具有很高的綜合性。
	局限性	如果收益是負值，市盈率就失去了意義； 市盈率除了受企業本身基本面的影響以外，還受到整個經濟景氣程度的影響——β值顯著大於1的企業，經濟繁榮時評估價值被誇大，經濟衰退時評估價值被縮小；β值顯著小於1的企業，經濟繁榮時評估價值偏低，經濟衰退時評估價值偏高；週期性的企業，企業價值可能被歪曲。
	適用範圍	市盈率模型最適合連續盈利並且β值接近於1的企業。

（二）市價/淨資產比率模型

1. 基本模型

該模型指每股市價與每股淨資產的比率，通常稱為市淨率。

市淨率＝市價÷淨資產

這種方法假設股權價值是淨資產的函數，類似企業有相同的市淨率，淨資產越大則股權價值越大。因此，股權價值是淨資產的一定倍數，目標企業的價值可以用每股淨資產乘以平均市淨率計算。

股權價值＝可比企業平均市淨率×目標企業淨資產

2. 模型原理

$$本期市淨率 = \frac{股東權益收益率_0 \times 股利支付率 \times (1+增長率)}{股權成本 - 增長率}$$

$$內在市淨率 = \frac{股東支付率 \times 股東權益收益率_1}{股權成本 - 增長率}$$

驅動因素：股東權益收益率、股利支付率、增長率和股權成本，其中關鍵因素是股東權益收益率。

3. 模型的適用性（優缺點）（見下表）

市價/淨資產比率模型（市淨率模型）	優點	市淨率極少為負值，可用於大多數企業； 淨資產帳面價值的數據容易取得，並且容易理解； 淨資產帳面價值比淨利穩定，也不像利潤那樣經常被人為操縱； 如果會計標準合理並且各企業會計政策一致，市淨率的變化可以反應企業價值的變化。
	局限性	帳面價值受會計政策選擇的影響，如果各企業執行不同的會計標準或會計政策，市淨率會失去可比性； 固定資產很少的服務性企業和高科技企業，淨資產與企業價值的關係不大，其市淨率沒有實際意義； 少數企業的淨資產是負值，市淨率沒有意義，無法用於比較。
	適用範圍	這種方法主要適用於需要擁有大量資產、淨資產為正值的企業。

(三) 市銷率模型

1. 基本模型

這種方法是假設影響企業價值的關鍵變量是銷售收入，企業價值是銷售收入的函數，銷售收入越大則企業價值越大。既然企業價值是銷售收入的一定倍數，那麼目標企業的價值就可以用銷售收入乘以平均收入乘數估計。

2. 基本原理

$$可比企業（本期）收入系數 = \frac{銷售淨利率_0 \times 股利支付率 \times (1+增長率)}{股權成本 - 增長率}$$ 或

$$可比企業內在（預期）收入乘數 = \frac{銷售淨利率_1 \times 股利支付率}{股權成本 - 增長率}$$

驅動因素：銷售淨利率、股利支付率、增長率和股權成本，其中關鍵因素是銷售淨利率。

3. 模型的適用性（優缺點）（見下表）

市銷率模型	優點	它不會出現負值，對於虧損企業和資不抵債的企業，也可以計算出一個有意義的價值乘數； 它比較穩定、可靠，不容易被操縱； 收入乘數對價格政策和企業戰略變化敏感，可以反應這種變化的後果。
	局限性	不能反應成本的變化，而成本是影響企業現金流量和價值的重要因素之一。
	適用範圍	主要適用於銷售成本率較低的服務類企業，或者銷售成本率趨同的傳統行業的企業。

【例5-3】甲企業今年的每股淨利是0.5元，分配股利0.35元/股，該企業淨利潤和股利的增長率都是6%，β值為0.75。政府長期債券利率為7%，股票市場的平均風險附加率為5.5%。要求：

（1）計算該企業的本期市盈率和預期市盈率；

（2）如果乙企業與甲企業是類似企業，今年的實際每股收益為1元，未來每股收益增長率是6%，分別採用本期市盈率和預期市盈率計算乙企業股票價值。

（1）甲企業股利支付率 = 每股股利/每股淨利 = 0.35/0.5 = 70%

甲企業股權資本成本 = 無風險利率 + β × 股票市場平均風險附加率
$$= 7\% + 0.75 \times 5.5\% = 11.125\%$$

甲企業本期市盈率 = [股利支付率 × (1+增長率)] ÷ (股權資本成本 - 增長率)
$$= [70\% \times (1+6\%)] \div (11.125\% - 6\%) \approx 14.48$$

甲企業預期市盈率 = 股利支付率 / (資本成本 - 增長率)
$$= 70\% / (11.125\% - 6\%) \approx 13.66$$

（2）採用本期市盈率計算：
乙企業股票價值＝目標企業本期每股收益×可比企業本期市盈率
$$= 1 \times 14.48 = 14.48\text{（元）}$$
採用預期市盈率計算：
乙企業股票價值＝目標企業預期每股淨利×可比企業預期市盈率
$$= 1.06 \times 13.66 \approx 14.48\text{（元）}$$

本項目小結

本章重點掌握下列知識點：企業價值評估的對象；現金流量折現模型的種類；現金流量折現模型參數的估計；實體現金流量模型和股權現金流量模型的原理及應用、相對價值模型的原理及應用。

項目測試與強化   項目測試與強化答案

項目六　財務報表分析

學習目標

深刻理解財務報表分析的目的；
熟悉財務報表的分析方法的種類；
掌握並靈活運用財務報表的比較分析的方法；
掌握並靈活運用財務報表的因素分析法中的連環替代法；
深刻理解財務報表分析的局限性；
掌握財務比率的計算方法，並充分注意到計算指標時的數據處理的細節問題；
充分認識到指標分析時注意事項的影響與含義，掌握財務比率的分析方法；
掌握杜邦財務分析體系的基本框架；
靈活運用杜邦財務分析體系進行驅動因素分析；
深刻理解杜邦財務分析體系的局限性。

任務一　財務報表分析總論

目前，財務報表分析已成為各利益相關者進行財務決策與經營管理的基本工具。但由於財務報表分析的含義極其豐富，至今尚未形成統一的定義。本教材將財務報表分析概括為：財務報表分析是以財務報表及相關資料為基礎，運用專門的分析工具與方法，系統分析、評價與生成關於企業的財務狀況、經營成果以及未來發展趨勢等方面的信息，以幫助財務信息使用者進行科學決策的過程。其中，財務報表既包括對外提供的財務報表，也包括企業內部財務報表；財務報表分析既包括對各類財務報表及其相關資料進行分析，也包括對分析結果的具體應用。上述財務報表分析的含義中有關財務報表的內容及財務報表分析的對象在財務報表分析框架裡均有體現，具體如圖6-1所示。

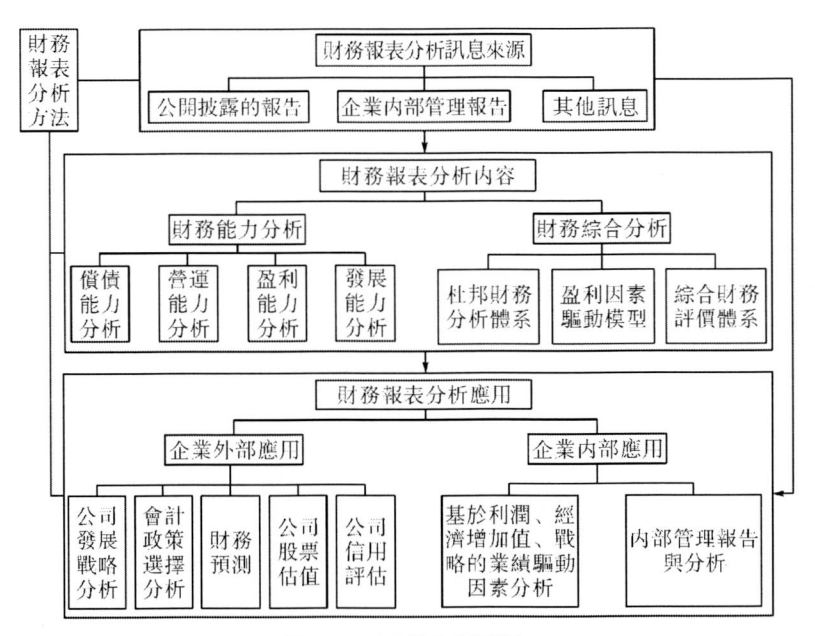

圖 6-1 財務報表分析框架

一、財務報表分析的目的

(一) 分析主體的視角

財務報表分析的主體是指與企業存在現實的或潛在的利益關係，為達到特定目的而對企業的財務狀況、經營成果以及現金流量狀況等進行分析和評價的組織或個人。

通常情況下，財務報表分析的主體與財務信息使用者同屬一人或同一組織，他們都屬於企業的利益相關者。按照財務報表分析主體所掌握信息的不對稱性，財務報表分析主體可分為內部分析主體和外部分析主體。其中，內部分析主體包括現有大股東、公司高管、財務部員工等；外部分析主體包括中小股東、債權人、潛在的股票或債券投資者、企業的普通員工、政府職能部門、社會仲介機構、競爭對手、供應商、客戶等。財務報表分析的主體不同，其分析目的也不盡相同。分析主體及其目的大致可以分為以下六類：

1. 經營管理者的目的

經營管理者作為委託—代理關係中的受託人，接受企業所有者的委託，對企業營運中的各項活動以及企業的經營成果和財務狀況進行有效的管理與控制。雖然相對於企業外部人而言，經營管理者擁有更多瞭解企業的信息渠道和監控企業的方法，但是財務信息仍然是一個十分重要的信息來源，財務報表分析仍然是一種非常重要的監控方法。因此，企業的經營管理者是企業財務報表分析的重要主體之一。與企業外部人相比，經營管理者作為

企業內部的分析主體，所掌握的財務信息更加全面，所進行的財務報表分析也更加深入，因而財務報表分析的目的也就更加多樣化。

首先，經營管理者要想對企業的日常經營活動進行適當管控，需要通過財務報表分析及時發現企業生產經營中存在的問題，並找出有效對策，以適應瞬息萬變的經營環境。

其次，經營管理者需要通過財務報表分析，全面掌握企業的財務狀況、經營成果和現金流量等，從而做出科學的籌資、投資等重大決策。

此外，經營管理者為了提高企業內部的活力和企業整體的效益，還需要借助財務報表分析對企業內部的各個部門和員工等進行業績考評，並為今後的生產經營編製科學的預算。

2. 債權投資者的目的

債權投資者也叫債權人，是指以債權的形式向企業投入資金的自然人或法人，如商業銀行、企業債券持有人。這裡所說的債權投資者既包括現實的債權投資者，也包括潛在的債權投資者。由於企業的償債能力會直接影響現實的和潛在的債權投資者的放款決策，因此債權投資者也是企業財務報表分析的重要主體之一。

依據債務的償還期限，債權人分為短期債權人和長期債權人。

短期債權人由於債權期限短於一年或一個營業週期，因此在財務報表分析中往往比較關心企業的短期財務狀況，如企業資產的流動性和企業的短期現金流量狀況等。由於企業的短期負債通常需要在不久的將來動用現金來償還，因此，企業資產的變現能力即流動性和企業近期的現金流量狀況直接決定著企業能否如期償付短期債務，這些也是短期債權人進行財務報表分析所關注的重點。

長期債權人由於債權期限長於一年或一個營業週期，因此在財務報表分析中往往比較關心企業的長期財務狀況，如企業的資本結構和長期投融資政策。由於企業的長期負債不需要在近期內動用現金償還，因此長期負債的安全性將通過所有的資產來保障。每一元錢的負債所對應的資產越多，負債就越安全。因此，企業負債在總資產中所占的比重，或者說負債與所有者權益的比例在一定程度上反應了企業財務風險的高低，是長期債權人非常關心的因素。當然，長期債權人在財務報表分析中還會關注企業的長期現金流量狀況，因為在企業不破產清算的情況下，企業的長期債務到期也需要用現金來償還。

除了上述直接影響短期償債能力和長期償債能力的因素外，債權人還想通過財務報表分析來瞭解企業的盈利能力和資產週轉效率，因為盈利是企業現金流量最穩定的來源，而資產的週轉效率又直接影響著企業的資產流動性和盈利水準。

3. 股權投資者的目的

股權投資者也稱所有者或股東，是指以股權形式向企業投入資金的自然人或法人。這裡所說的股權投資者既包括現實的股權投資者，也包括潛在的股權投資者。企業的投資回報與投資風險將直接影響現實的和潛在的股權投資者的投資決策。同時，企業所有者又是

企業委託—代理關係中的委託人，需要借助財務報表分析等工具對經營管理者的受託責任履行情況進行評價。因此，股權投資者是極其重要的財務報表分析主體。

獲取投資報酬是股權投資的重要目的，因而股權投資者在財務報表分析中將重點關注企業投資回報的高低。一般來說，股東的投資回報以企業的盈利能力為保障，因此，股權投資者除了關注淨利潤，還需瞭解企業的收入來源及結構、成本費用情況等。

股權投資者是企業收益的最終獲得者和風險的最終承擔者。從股權結構來看，由於股東的持股比例不同，其獲取收益的規模、受償方式以及承擔的風險類型將存在差異，因而他們進行財務報表分析的目的也不盡相同。控股股東可以在公司的核心決策層安插人手，以控制公司的經營決策與財務決策，通過資金占用、關聯交易等手段來實現控制權收益。與此同時，企業一旦破產，控股股東將因持股比例較高而蒙受較大的經濟損失，因此他們往往更加注重企業的長遠發展，對企業的資產結構、資本結構、長期投資機會及經營利潤增長等較為關注。與之相對的是，中小股東主要通過獲取資本利得（股票買賣價差）、現金分紅來獲得投資收益，因而他們比較關注企業的短期盈利水準、現金流量狀況與股利分配政策等。

4. 政府職能部門的目的

工商、稅務、財政、各級國資委等對企業有監管職能的政府職能部門，在其履行監管職責時往往需要借助於財務報表分析。因此，相關的政府職能部門也是企業財務報表分析的主體之一。

政府職能部門進行財務報表分析的目的主要是監督企業是否遵循了相關法規和政策，檢查企業是否偷逃稅款等，以維護正常的市場經濟秩序，保障國家利益和社會利益。具體而言，工商行政部門主要審核企業經營的合法性、進行產品質量監督與安全檢查；稅務與財政部門主要關注企業的盈利水準與資產的增減變動情況；國資委作為國有企業的直接出資人，出於股東財富最大化目標的考慮，往往關注企業的盈利能力、可持續發展能力。

5. 社會仲介機構的目的

通常所說的社會仲介機構包括會計師事務所、律師事務所、資產評估事務所、證券公司、資信評估公司以及各類諮詢公司等，它們在為企業提供服務時，需要以獨立第三方的身分出現，對企業相關事項做出客觀而公允的評判，並提出相應的意見和建議。在服務過程中，這些社會仲介機構都或多或少地需要借助於財務報表分析，瞭解企業相關的經營成果和財務狀況等。因此，社會仲介機構也是企業財務報表分析的主體之一。

在這些社會仲介機構中，會計師事務所對財務報表分析的應用可能最為頻繁。在對企業進行審計時，註冊會計師要對企業財務報表的合法性、合理性等進行驗證並給出相應的審計意見，而財務報表分析是審計工作中一個非常重要的手段。財務報表分析可以幫助審計人員發現錯誤、遺漏或不尋常的事項，為進一步追查原因提供線索，為審計結論提供證據。

6. 其他財務報表分析主體的目的

除上述財務報表分析主體之外，企業的供應商、客戶、員工、競爭對手甚至社會公眾等，都可能需要通過財務報表分析瞭解企業的相關情況，從而成為企業財務報表分析的主體。

企業的供應商通過向企業提供原材料或勞務成為企業的利益相關者。有些供應商希望與企業保持穩定的合作關係，因此需要通過財務報表分析瞭解企業的業務範圍、經營規模、投資動向及現金流量情況等，據此判斷企業的持續購買力。在賒購業務中，企業與供應商又形成了商業信用關係，此時供應商希望通過財務報表分析來瞭解企業的償付能力，以判斷其貨款回收的安全性。

企業的客戶通過向企業購買商品或勞務，成為企業的利益相關者。客戶往往希望借助財務報表分析，瞭解企業的商品或勞務的質量、持續提供商品或勞務的能力以及企業所能提供的商業信用條件等。

企業的員工與企業存在著雇傭關係，因而他們希望借助財務報表分析瞭解企業的經營狀況、盈利能力以及發展前景等，從而判斷其工作的穩定性、工資水準的高低以及其他福利的完整性等。另外，員工通過財務報表分析還可以瞭解自己以及自己所在部門的成績和不足，為今後的工作改進找到方向。企業的競爭對手通過分析雙方的財務報表，可以判斷雙方的相對效率與效益，找到自己的競爭優勢與劣勢，為提高自身的市場競爭力，尋求併購目標或防止被併購打下基礎。

社會公眾與企業之間存在著千絲萬縷的聯繫，他們對企業的關注也是多角度、全方位的。作為企業的潛在招聘對象，他們希望通過財務報表分析瞭解企業的發展狀況；作為現有的或潛在的顧客，他們比較關心企業的產品政策；作為企業的周邊居民，他們將時刻關注企業的環保政策與行為。

（二）分析維度的視角

財務報表分析一般包括戰略分析、會計分析、財務分析和前景分析四個維度。

1. 戰略分析的目的

確定主要的利潤動因及經營風險並定性評估公司盈利能力，包括宏觀分析、行業分析和公司競爭策略分析等。

2. 會計分析的目的

評價公司會計反應其經濟業務的程度，包括評估公司會計的靈活性和恰當性、修正會計數據等。

3. 財務分析的目的

主要運用財務數據評價公司當前及過去的業績並評估，包括比率分析、現金流量分析等。例如，通過對資產負債表和利潤表有關資料進行分析計算相關指標，可以瞭解企業的資產結構和負債水準是否合理，從而判斷企業的償債能力、營運能力、盈利能力和資金週

轉情況等財務實力，揭示企業在財務狀況方面可能存在的問題，找出差距，得出分析結論。

4. 前景分析的目的

預測企業未來包括財務報表預測和公司估值等內容。例如，通過各種財務分析判斷企業的發展趨勢，預測其生產經營的前景及償債能力，從而為企業領導層進行生產經營決策、投資者進行投資決策和債權人進行信貸決策提供重要依據，避免決策錯誤給其帶來重大的損失。

二、財務報表分析的方法

財務報表分析的方法有很多種，可歸為比較分析法和因素分析法兩類。由於分析目的有別，不同財務分析者將採用各自所需的分析方法。

（一）比較分析法

比較是認識事物最基本的方法，沒有比較就沒有鑑別。

財務報表分析的比較分析法對兩個或兩個以上有關的可比數據進行對比，從而揭示趨勢或差異。比較分析法是財務分析中最常用的方法。比較分析法按照比較分析的對象分類，能達到不同的分析目的。

1. 與本企業歷史數據的比較分析

企業與自身不同時期（3~10年）的指標相比的比較分析法，又稱為趨勢分析法。它是根據企業連續數期的財務報表，比較報表中各個有關項目的金額、增減方向和幅度，從而評判當期財務狀況和經營成果的增減變化及其發展趨勢的一種方法。採用這種分析方法，可以幫助識別導致一個企業財務狀況和經營成果發生變化的主要原因、變動的性質，並預測企業的發展前景。

趨勢分析法可以利用統計圖表，並採用移動算術平均法、指數滑動平均法等進行分析。通常採用簡單的比較法，即將連續幾期的同一類型報表加以比較，以計算趨勢百分數。趨勢百分數的計算公式為：

趨勢百分數=（比較項目的數額/基期項目的數額）×100%

（1）按照分析的形式分類

按照分析的形式，趨勢分析法可以分為定比分析法和環比分析法兩種類型。其中，定比分析法是指固定以某一時期的數額為基數，其他各期數額均與該期的基數進行比較，以計算趨勢百分數。環比分析法是指分別以上一時期的數額為基數，然後將下一期數額與上一期數額進行比較，以計算趨勢百分比。相對而言，後者更側重於說明項目的發展變化速度。

【例6-1】甲公司連續3年的利潤表中有關項目的數據如表6-1所示。

表 6-1　　　　　　甲公司連續三年的利潤表有關項目數據　　　　　單位：萬元

年份 項目	20×7	20×6	20×5
營業收入	80,000	70,000	60,000
利潤總額	8,000	6,000	6,600

利用表 6-1 的相關數據並採用定比和環比的形式編製的趨勢分析簡表如表 6-2 和表 6-3 所示。

表 6-2　　　　　　甲公司利潤的定比趨勢分析表（一）　　　　　單位：萬元

年份 項目	20×7	20×6	20×5
營業收入	1.33	1.16	1
利潤總額	1.21	0.91	1

表 6-3　　　　　　甲公司利潤的環比趨勢分析表（一）　　　　　單位：萬元

年份 項目	20×7	20×6	20×5
營業收入	1.14	1.16	1
利潤總額	1.33	0.91	1

由表 6-2 和表 6-3 可知，就營業收入而言，甲公司 20×7 年和 20×6 年的營業收入較之 20×5 年都有一定幅度的增加，從表 6-3 可清晰看出 20×7 年的增長較之 20×6 年的增長減緩了；而就利潤總額而言，由於甲公司 20×6 年的利潤總額較之 20×5 年是降低的，所以導致 20×7 年利潤總額的環比增長超過了定比增長。

（2）按照分析比較的具體對象分類

按照分析比較的具體對象來看，趨勢分析可以按總量（報表項目的金額）進行時間序列比較，也可以按相對數（結構百分比）進行時間序列比較。此外，還可以按財務比率進行趨勢分析，以作為對趨勢報表分析的擴展。

①總量的趨勢分析

總量的趨勢分析是將企業連續幾個會計年度的財務報表上的相同項目進行縱向趨勢比較。如研究利潤的逐年變化趨勢，看其增長潛力。例 6-1 即總量的趨勢分析。

為了更直觀地反應項目增減變動的數額和增減變動幅度，往往在並列連續幾年財務報表的總金額後面，設置「增減」欄，以反應增減的絕對數額和增減百分比。其計算公式為：

絕對值變動數＝分析期某項指標實際數－基期該項指標實際數

變動率（％）＝（絕對值變動數/基期該項指標實際數）×100％

現以上例甲公司連續三年的利潤表中各項目數據說明此種分析，如表 6-4、表 6-5 所示。

表 6-4　　　　　　　　甲公司利潤的定比趨勢分析表（二）　　　　　　單位：萬元

項目	20×7 年	20×6 年	20×5 年	增減 20×7 年 金額	%	20×6 年 金額	%
營業收入	80,000	70,000	60,000	20,000	33	10,000	16
利潤總額	8,000	6,000	6,600	1,400	21	-600	-9

表 6-5　　　　　　　　甲公司利潤的環比趨勢分析表（二）　　　　　　單位：萬元

項目	20×7 年	20×6 年	20×5 年	增減 20×7 年 金額	%	20×6 年 金額	%
營業收入	80,000	70,000	60,000	10,000	14	10,000	16
利潤總額	8,000	6,000	6,600	2,000	33	-600	-9

從表 6-4 和表 6-5 可知，就營業收入而言，甲公司 20×7 年和 20×6 年的營業收入較之 20×5 年都有一定幅度的增加，從表 6-5 可以清晰看到 20×7 年的相對數增長較之 20×6 年的增長減緩了，這是其絕對數的增幅不變而基數卻增大導致的；而就利潤總額而言，由於甲公司 20×6 年的利潤總額較之 20×5 年是降低的，所以導致 20×7 年利潤總額的絕對數增幅較之 20×6 年的增幅擴大了，並最終導致其相對數的環比增長率超過了定比增長率。

②結構百分比的趨勢分析

結構百分比的趨勢分析，是指將若干比較期間的結構百分比在財務報表中並列列示，進行趨勢分析。

其中，結構百分比分析反應了各組成項目數據的分佈情況。結構分析的基本方法是確定報表中各項目數據佔總體數據的比重或百分比，即通過計算各項目數據的比重，來分析各項目數據在企業經營中的重要性。一般地，項目數據比重越大，說明其重要程度越高，對總體的影響也越大。

在實際分析中，一般不編製單一期間的結構百分比財務報表，通常將財務報表結構分析與趨勢分析相結合，用於財務報表的多期比較，使報表項目間的變化趨勢表現得更為清晰，能夠更加有效地揭示企業財務報表各項目變動情況的重要性，以及這種變動的趨勢情況。例如，以收入為 100％，分析利潤表各項目的比重用於發現有顯著問題的項目，揭示進一步分析的方向。

在對這些相對數額進行分析時,要結合數額的實際意義,通常要注意以下幾個方面:一是結構百分比報表不能反應被分析公司的相對規模。二是在進行結構百分比報表的分析時,通常還會延伸檢查特定子類項目的比例構成情況。例如,在評價流動資產的流動性程度時,不僅要瞭解各項流動資產佔總資產的比例是多少,還要瞭解各項流動資產在流動資產合計數中的比例情況。三是在分析結構百分比損益表時,瞭解各成本、費用項目佔銷售收入的比例對分析通常很有指導意義,但有一個例外就是所得稅項目,它與稅前收益相關而與銷售收入無關。四是結構百分比報表更適合公司間的橫向比較,而在解釋其變動趨勢時還應該慎重,要將絕對金額與相對比例結合起來分析。

③財務比率的趨勢分析

財務比率的趨勢分析主要通過比較財務報表中的各項目之間財務指標的比率關係及其變動情況,分析和預測企業財務活動的發展趨勢。財務比率是各會計指標之間的數量關係,反應它們的內在聯繫。財務比率是相對數,排除了規模的影響,具有較好的可比性,是最常用的比較分析。將各項目財務指標的增減變化進行對比,以判斷增資與增產、增收之間是否協調,資產營運效率是否提高等。例如,根據甲公司的上述資料,可以建立財務比率趨勢表,如表6-6所示。

表6-6　　　　　　　　　　甲公司營業利潤率趨勢分析表

項目＼年份	20×7	20×6	20×5
項目	20×7	20×6	20×5
營業利潤率	10%	8.57%	11%

從表6-6中可以看出,甲公司營業利潤率(利潤總額佔營業收入的比重)由20×5年的11%下降到20×6年的8.57%,在20×7年時又回升到10%,表明該企業的獲利能力在20×6年曾經下滑,但在20×7年又開始有回升趨勢。

採用趨勢分析法時必須注意以下幾個方面的問題:一是用於進行對比的各個時期的指標,在計算口徑上必須一致,因為會計政策和會計估計的變更會影響指標的前後一致性;二是分析前應剔除偶然因素的影響,以使供分析的數據能傳遞正常的經營情況信息;三是分析時需要突出經營管理上的重大特殊問題,所選擇的分析項目應適合分析的目的;四是應特別關注變異的量度,以突出分析結論對生產經營活動的影響。

2. 與同類企業的比較分析

本企業與同類企業的數據進行比較分析,同類企業可以是行業平均數或是對標企業;比較的數據與趨勢分析的相同,可以是總量、結構百分比和財務比率,在相同時點對不同主體的同類指標進行比較分析稱為橫向比較分析。

需要注意的是,結構分析對財務報表的橫向比較尤為有用,因為在有著不同規模的企

業之間使用絕對數直接進行財務報表的比較分析時，會因規模差異而產生誤導。例如，A公司的負債為1,500萬元，B公司的負債為15,000萬元，如果就此認為B公司的財務風險比A公司高，就有可能是錯誤的，因為這還涉及兩家公司的規模。

【例6-2】

乙公司根據其當年度的資產負債表和利潤表計算出以下財務比率，並與相應的行業平均數進行比較，如表6-7所示：

表6-7　　　　　　　　　乙公司財務比率與行業平均數橫向比較表

比率名稱	乙公司	行業平均數
流動比率	1.83	1.98
資產負債率	63.8%	62%
利息保障倍數	2.86	3.8
存貨週轉次數	6.69	6
應收帳款週轉天數	71	35
固定資產週轉次數	5.5	13

經過橫向比較分析得出，乙公司的流動比率、資產負債率、利息保障倍數和存貨週轉次數四項指標與行業平均數較為接近，沒有顯著異常。而應收帳款週轉天數是行業平均數的2倍多，固定資產週轉次數僅約為行業平均數的42.31%，這兩項數據較為異常，要作為重點分析對象。造成應收帳款週轉天數過長的原因可能是催收帳款不及時，表明乙公司可能存在著應收帳款管理不善的問題。根據「固定資產週轉次數＝營業收入/平均固定資產」，乙公司固定資產週轉次數明顯低於行業平均數，說明分母過大或分子過小，表明乙公司可能存在固定資產投資偏大或營業收入偏低的問題。

3. 實際與計劃的比較分析

本企業實際與計劃預算的比較分析，即實際執行結果與計劃預算指標比較，找出實際與計劃指標的差異，進一步分析未完成計劃的原因，是為投資者、債權人做出決策和企業改善經營管理者提供依據的一種分析方法，又稱為預算差異分析。

$$計劃完成程度(實際對計劃預算的百分比) = \frac{實際完成數}{計劃完成數} \times 100\%$$

實際與計劃預算相比的增減額＝實際完成數－計劃預算數

$$增減程度(增減變動百分比) = \frac{實際與計劃預算相比的增減額}{計劃完成數} \times 100\%$$

【例6-3】

丙公司20×7年營業收入、營業成本、稅金及附加、三項期間費用、營業利潤的計劃數分別為1,220萬元、960萬元、60萬元、12萬元、188萬元，實際與計劃差異分析比較

如表 6-8 所示：

表 6-8　　　　　　丙公司 20×7 年營業利潤計劃與實際差異分析表

項目	計劃（萬元）	實際（萬元）	差異 實際對計劃（%）	差異 增減金額（萬元）	差異 增減速度（%）
營業收入	1,220	1,208	99.02	-12	-0.98
減：營業成本	960	964	100.42	4	0.42
稅金及附加	60	59	98.33	-1	-1.67
期間費用	12	19	158.33	7	58.33
營業利潤	188	166	88.3	-22	-11.7

由表 6-8 分析可知，20×7 年營業收入完成計劃的 99.02%，其原因是營業收入實際比計劃降低了 12 萬元，而營業成本實際比計劃增加了 4 萬元，稅金及附加實際比計劃減少了 1 萬元，三項期間費用實際比計劃增加了 7 萬元，收入與成本費用反向作用的結果導致營業利潤下降 22 萬元，下降幅度為 11.7%。因此，為改變現狀，企業經營者應採取措施擴大銷售，挖掘節約成本的潛力，提高利潤。

（二）因素分析法

1. 因素分析法的基本含義

因素分析法是一種常用的定量分析方法，它是將分析指標分解為各個可以計量的因素，依據分析指標與其驅動因素之間的關係，按一定的方法從數量上確定各驅動因素的變動對分析指標的影響程度和影響方向的分析方法。

而財務報表因素分析方法，是指在將財務指標層層分解為若干個分項指標的基礎上，對該財務指標的各種影響因素的影響程度大小進行定量分析的方法。它對揭示和改進企業的財務狀況以及改善企業的生產經營，可以提供有益的幫助和參考。

2. 因素分析法的種類

因素分析法主要是就各分解因素對某一綜合指標的影響程度進行衡量，其在具體運用中，形成了多種具體的分析方法。

（1）主次因素分析法——也稱為 ABC 分析法，一般是根據各種因素在總體中的比重大小，依次區分為主要因素、次要因素、一般因素，然後抓住主要因素進行深入細緻的分析，以取得事半功倍的分析效果。

（2）因果分析法——主要是通過分層次的方法，分析、解釋引起某項經濟指標變化的各分項指標變化的原因，以最終說明總體指標的變化情況。例如，產品銷售收入的變化主要受到銷售數量和銷售價格變動等因素的影響，而銷售價格變動又受到產品質量、等級等因素變動的影響。由此，可依次對收入變動、價格變動等原因進行分析，以最終揭示影響

產品銷售收入變動的深層次原因。

（3）平行影響法——也稱為因素分攤法，適用於分析、解釋引起某項經濟指標變化的各分項因素同時變動、平行影響的情況。平行影響法又可以進一步分為差額比例分攤法、變動幅度分攤法、平均分攤法等。

（4）連環替代法——這種分析法因在分析時要逐次進行各因素的有序替代而得名。它是在通過對財務指標的對比分析以確定差異的基礎上，通過順次用各因素的比較值（通常為實際值）代替基準值（通常為標準值或計劃值），據以測定各因素對所分析指標的影響。

連環替代法是因素分析法的一種基本形式，一般分為五個步驟，文字表達如下：

①確定分析對象，即確定需要分析的財務指標，比較其實際數額和標準數額，並計算二者的差額。差額較顯著時，則選擇用連環替代法展開分析。

②確定該財務指標的驅動因素，即根據該財務指標的形成過程，建立財務指標與各驅動因素之間的函數關係模型。它通常使用的方法是指標分解法，即將財務指標在計算公式的基礎上進行分解或擴展，從而得出各影響因素與分析指標之間的關係式。

③確定驅動因素的替代順序。需要注意的是，替代順序不同會使分析的結果不同。所以，一般遵循先數量後質量、先實物後價值、先主要後次要的原則。

④以基期（或計劃）指標為基礎，將各個因素的基期數按照順序依次以報告期（或實際）數來替代。每次替代一個因素，替代後的因素就保留報告期數。有幾個因素就替代幾次，並相應確定計算結果。

⑤比較各因素的替代結果，確定各因素對分析指標的影響程度。

將以上文字轉化為數學表達式，步驟如下：

設某一分析指標 R 是由相互聯繫的 A、B、C 三個因素相乘得到的，報告期指標（或實際指標）和基期指標（或計劃指標）為：

報告期指標（或實際指標）$R_1 = A_1 \times B_1 \times C_1$

基期指標（或計劃指標）$R_0 = A_0 \times B_0 \times C_0$

報告期指標（或實際指標）與基期指標（或計劃指標）的差額較顯著，則：

基期指標（或計劃指標）$R_0 = A_0 \times B_0 \times C_0$ 為①式；

第一次替代：$A_1 \times B_0 \times C_0$ 為②式；

第二次替代：$A_1 \times B_1 \times C_0$ 為③式；

第三次替代：$A_1 \times B_1 \times C_1 = R_1$ 為④式。

②式-①式表示：因素 A 變動對 R 的影響；

③式-②式表示：因素 B 變動對 R 的影響；

④式-③式表示：因素 C 變動對 R 的影響。

連環替代法的簡化計算方法為差額分析法，如下所示：

$(A_1-A_0) \times B_0 \times C_0$ 表示：因素 A 變動對 R 的影響；

$A_1 \times (B_1-B_0) \times C_0$ 表示：因素 B 變動對 R 的影響；

$A_1 \times B_1 \times (C_1-C_0)$ 表示：因素 C 變動對 R 的影響。

【例6-4】

甲公司 20×9 年 1 月生產產品所耗某種材料費用的實際數是 16,380 元，而其計劃數是 14,080 元。實際比計劃增加 2,300 元。由於材料費用由產品產量、單位產品材料用量和材料單價三個因素的乘積構成，因此可以把材料費用這一總指標分解為三個因素，然後逐個分析它們對材料費用總額的影響程度。現假設這三個因素的數值如表 6-9 所示。

表6-9　　　　　　　　　　　　　材料費用資料表

項目	單位	實際數	計劃數	差異
產品產量	件	260	220	40
材料單耗	千克/件	9	8	1
材料單價	元/千克	7	8	-1
材料費用	元	16,380	14,080	2,300

根據表中資料，材料費用總額實際數比計劃數增加 2,300 元，這是分析對象。運用連環替代法，可以計算各因素變動對材料費用總額的影響程度，具體如下：

①式——計劃指標：220×8×8＝14,080（元）

②式——第一次替代：260×8×8＝16,640（元）

③式——第二次替代：260×9×8＝18,720（元）

④式——第三次替代：260×9×7＝16,380（元）（實際數）

各因素變動的影響程度分析：

產量增加的影響：②式-①式＝16,640-14,080＝2,560（元）

材料增加的影響：③式-②式＝18,720-16,640＝2,080（元）

價格下降的影響：④式-③式＝16,380-18,720＝-2,340（元）

全因素的影響：2,560+2,080-2,340＝2,300（元）

因素分析法也是財務報表分析中常用的一種技術方法，它是指把整體分解為若干個局部的分析方法，由於每個指標的高低都受不止一個因素的影響，因而從數量上測定各因素的影響程度可以幫助人們抓住主要矛盾，或者更有說服力地評價企業狀況。

3. 注意事項

採用因素分析法時必須注意以下問題：

（1）因素分解的相關性問題。所謂因素分解的相關性，是指分析指標與其影響因素之間必須真正相關，即有實際經濟意義，各影響因素的變動確實能說明分析指標差異產生的原因。

（2）分析前提的假設性。所謂分析前提的假設性，是指分析某一因素對經濟指標差異的影響時，其他因素都不變，否則就不能分清各單一因素對分析對象的影響程度。

（3）因素替代的順序性。確定因素替代順序的傳統方法是依據數量指標在前、質量指標在後的原則進行排列，現在也有人提出依據重要性原則，即重要的因素排在前面，次要因素排在後面。但是無論何種排列方法，都缺少堅實的理論基礎。一般為了分清責任，將對分析指標影響較大的並能明確責任的因素放在前面可能要好一些。

（4）連環性。連環性是指在確定各因素變動對分析對象的影響時，都是將某因素替代後的結果與該因素替代前的結果對比，一環套一環，這樣既能保證各因素對分析對象影響結果的可分性，又便於檢查分析結果的準確性。

三、財務報表分析的局限性

（一）財務報表的可比性問題

財務報表分析以財務報表為主要分析對象，而報表本身存在一定的局限性。眾所周知，財務報表是企業會計系統的產物。每個企業的會計系統，都會受會計環境和企業會計戰略的影響。而會計環境和企業會計戰略的差異則會影響財務報表的可比性。

會計環境包括會計規範和會計管理、稅務與會計的關係、外部審計、會計爭端處理的法律體系、資本市場結構、公司治理結構等。這些因素是決定企業會計系統質量的外部因素。會計環境缺陷會導致會計系統缺陷，使之不能完全反應企業的實際狀況。會計環境的重要變化會導致會計系統的變化，影響財務數據的可比性：①會計規範要求以歷史成本報告資產，使財務數據不代表其現行成本或變現價值；②會計規範要求假設幣值不變，使財務數據不按通貨膨脹率或物價水準調整；③會計規範要求遵循謹慎原則，使會計只預計損失而不預計收益，有可能少計收益和資產；④會計規範要求按年度分期報告，使得會計報表只報告短期信息，不能提供反應長期潛力的信息。

企業會計戰略是企業根據環境和經營目標做出的主觀選擇，不同企業會有不同的會計戰略。企業會計戰略包括選擇會計政策、會計估計、補充披露及報告具體格式。不同會計戰略會導致不同企業財務報告的差異，並影響其可比性。例如，對同一會計事項的會計處理，會計準則允許公司選擇不同的會計政策，包括存貨計價方法和固定資產折舊方法等。雖然財務報表附註對會計政策選擇有一定的表述，但報表使用人未必能完成可比性的調整工作。

由於上述兩方面原因，財務報表存在以下三個方面的局限性：①財務報表沒有披露企業的全部信息，管理層掌握更多的信息，披露的只是其中的一部分，有可能導致降低可比性；②已經披露的財務信息存在會計估計誤差，不可能是真實情況的全面準確計量，有可能導致降低可比性；③管理層的各項會計政策選擇，有可能導致降低可比性。

（二）財務報表的可靠性問題

只有根據符合規範的、可靠的財務報表，才能得出正確的分析結論。所謂「符合規範」，是指除了以上三點局限性以外沒有虛假陳述。當然，外部分析人員很難認定是否存在虛假陳述，財務報表的可靠性問題主要依靠註冊會計師鑒證、把關。但是，註冊會計師不能保證財務報表沒有任何錯報和漏報。因此，分析人員必須自己關注財務報表的可靠性，對於可能存在的問題保持足夠的警惕。

外部分析人員雖然不能認定是否存在虛假陳述，但可以發現一些「危險信號」。對於存有危險信號的報表，分析人員要通過更細緻地考察或獲取其他有關信息，對報表的可靠性做出自己的判斷。

常見的危險信號包括：

（1）財務報告形式不規範

不規範的財務報告，其可靠性也應受到懷疑。例如：①分析人員要關注財務報告是否存在重大遺漏，有的重大遺漏可能是由不想講真話引起；②分析人員要注意是否及時提供財務報告，不能及時提供報告暗示企業當局與註冊會計師存在分歧。

（2）數據異常

數據異常如無合理原因，應考慮該數據的真實性和一貫性是否存在問題。例如：①原因不明的會計調整，可能是利用會計政策的靈活性「粉飾」報表；②與銷售相比應收帳款異常增加，可能存在提前確認收入問題；③報告淨利潤與經營活動產生的現金流量淨額的缺口加大，報告利潤總額與應納稅所得額之間的缺口加大，可能存在盈餘管理；④第四季度的大額資產衝銷和大額調整，可能是中期報告存在問題，年底應根據註冊會計師的意見進行調整。

（3）異常關聯方交易

若關聯方交易的定價不公允，則可能存在轉移利潤的動機。

（4）大額資本利得

在經營業績不佳時，公司可能通過出售長期資產、債務重組等交易實現資本利得，以達到粉飾經營業績的目的。

（5）異常審計報告

無正當理由更換註冊會計師，或審計報告附有保留意見，有待做進一步分析判斷。

（三）財務報表的比較基礎問題

在比較分析時，需要選擇比較的參照標準，包括同業數據、本企業歷史數據和計劃預算數據。

橫向比較時，需要使用同業標準。同業平均數只有一般性的指導作用，不一定有代表性，不是合理性的標志。選擇同行業一組有代表性的企業求平均數，作為同業標準，可能比整個行業的平均數更有意義。近年來，分析人員以一流企業作為標桿，進行對標分析。

也有不少企業實行多種經營，沒有明確的行業歸屬，同業比較更加困難。

趨勢分析應以本企業歷史數據為比較基礎。歷史數據代表過去並不代表合理性。經營環境變化後，今年比上年利潤提高了，不一定說明已經達到應該達到的水準，甚至不一定說明管理有了改進。會計規範的改變會使財務數據失去直接可比性，要恢復其可比性成本很大，甚至缺乏必要的信息。

實際與計劃的差異分析應以預算為比較基礎。實際與預算發生差異，可能是執行中有問題，也可能是預算不合理，兩者的區分並非易事。

總之，對比較基礎本身要準確理解，並且要有限定地使用分析結論，避免簡單化和絕對化。

復習與思考：

1. 財務報表分析方法蘊含在財務報表分析框架的哪三個方面？它們彼此的關係是怎樣的？
2. 從分析主體的視角來看，財務報表分析的目的有哪幾類？
3. 比較分析法按比較對象可以分為哪幾類？
4. 比較分析法按比較內容可以分為哪幾類？

任務二　財務比率分析

財務報表中有大量數據，可以計算公司有關的財務比率。為便於說明財務比率的計算和分析方法，本章將以 ABC 股份有限公司（以下簡稱「ABC 公司」）的財務報表數據為例。該公司 20×9 年資產負債表和利潤表分別如表 6-10 和表 6-11 所示。

表 6-10　　　　　　　　　　　　資產負債表

公司名稱：ABC 公司　　　　　　　20×9 年　　　　　　　　　　單位：萬元

資產類	期末餘額	年初餘額	負債及權益類	期末餘額	年初餘額
流動資產：	—	—	**流動負債：**	—	—
貨幣資金	35	23	短期借款	48	41
以公允價值計量且其變動計入當期損益的金融資產	5	11	以公允價值計量且其變動計入當期損益的金融負債	—	—
應收票據	11	10	應付票據	26	13
應收帳款	318	179	應付帳款	80	98
預付帳款	18	3	預收帳款	8	2

表6-10(續)

資產類	期末餘額	年初餘額	負債及權益類	期末餘額	年初餘額
應收利息	—	—	應付職工薪酬	2	1
應收股利	—	—	應交稅費	4	4
其他應收款	10	20	應付利息	10	14
存貨	95	293	應付股利	—	—
劃分為持有待售的資產	—	—	其他應付款	20	20
一年內到期的非流動資產	62	10	劃分為持有待售的負債	—	—
其他流動資產	6	—	一年內到期的非流動負債	—	—
流動資產合計	560	549	其他流動負債	42	5
非流動資產：			流動負債合計	240	198
可供出售金融資產	—	—	非流動負債：		
持有至到期投資	—	—	長期借款	360	221
長期應收款	—	—	應付債券	192	234
長期股權投資	25	—	長期應付款	40	53
投資性房地產	—	—	專項應付款	—	—
固定資產	990	900	預計負債		
在建工程	14	32	遞延收益		
工程物資	—	—	遞延所得稅負債		
固定資產清理	—	11	其他非流動負債		14
生產性生物資產	—	—	非流動負債合計	832	720
油氣資產	—	—	負債合計	592	522
無形資產	5	7	所有者權益(或股東權益)	—	—
開發支出	—	—	實收資本(或股本)	80	90
商譽	—	—	資本公積	8	9
長期待攤費用	4	13	減：庫存股		
遞延所得稅資產	—	—	其他綜合收益		
其他非流動資產	2	—	盈餘公積	48	36
非流動資產合計	1,040	963	未分配利潤	632	657
資產總計	1,600	1,512	所有者權益(或股東權益)合計	768	792
			負債和所有者權益(或股東權益)總計	1,600	1,512

表 6-11　　　　　　　　　　　　　利潤表
公司名稱：ABC 公司　　　　　　　20×9 年　　　　　　　　　　　　單位：萬元

項目	本年金額	上年金額
一、營業收入	2,400	2,565
減：營業成本	2,115	2,253
稅金及附加	22	25
銷售費用	18	18
管理費用	37	36
財務費用	88	86
資產減值損失	0	0
加：公允價值變動收益	0	0
投資收益	5	0
二、營業利潤	125	147
加：營業外收入	36	65
減：營業外支出	1	0
三、利潤總額	160	212
減：所得稅費用	51	68
四、淨利潤	109	144

一、短期償債能力比率

債務一般按到期時間分為短期債務和長期債務，償債能力分析也由此分為短期償債能力分析和長期償債能力分析兩部分。其中，短期償債能力是指企業償還流動負債的能力，包括償還流動負債本金的能力以及償還即將到期的利息的能力。短期償債能力分析關注即將到期債務的歸還能力，因此其相關指標是銀行和供應商最為關注的指標。

根據對償債資金來源的不同假設，短期償債能力可分為靜態償債能力和動態償債能力。靜態償債能力是指企業資產負債表上體現的企業使用經濟資源存量償還現有負債的能力；動態償債能力是指企業利潤表和現金流量表上體現的企業使用財務資源流量償還現有負債的能力。

企業靜態償債能力指標主要包括流動比率、速動比率和現金比率。這些比率越大，對債權人越有利。但是，從資產利用效率的角度，比率越大，往往意味著流動資產占用的高成本的長期資金越多，或者流動資產存在冗餘。股東承擔的融資費用和資產效率損失越大。因此，這些比率多少比較恰當，債權人和股東會有不同的看法。

動態償債能力指標主要包括現金流量比率和流動負債保障倍數。動態償債能力指標將

企業當期營運取得的資金與期末債務本息進行比較，值越大，企業越安全。而且營運取得的資金越多，企業經營的質量也就越高。無論是債權人還是股東，都希望這些比率越高越好。

（一）靜態償債能力指標

靜態償債能力，即流動資產與流動負債的存量比較。主要有兩種方法：一種是差額比較，兩者相減的差額稱為營運資本；另一種是比率比較，兩者相除的比率稱為短期債務的存量比率。

1. 營運資本

（1）基本計算方法

營運資本是指流動資產超過流動負債的部分。其計算公式如下：

營運資本＝流動資產－流動負債

根據 ABC 公司的財務報表數據：

本年營運資本＝560－240＝320（萬元）

上年營運資本＝549－198＝351（萬元）

計算營運資本使用的「流動資產」和「流動負債」，通常可以直接取自資產負債表。正是為了便於計算營運資本和分析流動性，資產負債表項目才區分為流動項目和非流動項目，並且按流動性強弱排序。

如果流動資產與流動負債相等，並不足以保證短期償債能力沒有問題，因為債務的到期與流動資產的現金生成，不可能同步同量，而且，為維持經營，企業不可能清算全部流動資產來償還流動負債，而是必須維持最低水準的現金、存貨、應收帳款等。

因此，企業必須保持流動資產大於流動負債，即保有一定數額的營運資本作為安全邊際，以防止流動負債「穿透」流動資產。ABC 公司現存 240 萬元流動負債的具體到期時間不易判斷，現存 560 萬元流動資產生成現金的金額和時間也不好預測。營運資本 320 萬元是流動負債「穿透」流動資產的「緩衝墊」。因此，營運資本越多，流動負債的償還越有保障，短期償債能力越強。

營運資本之所以能夠成為流動負債的「緩衝墊」，是因為它是長期資本用於流動資產的部分，不需要在 1 年內償還。

（2）公式變形與解析

營運資本＝流動資產－流動負債

　　　　＝（總資產－非流動資產）－（總資產－股東權益－非流動負債）

　　　　＝（股東權益＋非流動負債）－非流動資產

　　　　＝長期資本－長期資產

根據 ABC 公司的財務報表數據：

本年營運資本＝（768＋592）－1,040＝1,360－1,040＝320（萬元）

上年營運資本=(792+522)-963=1,314-963=351（萬元）

當流動資產大於流動負債時，營運資本為正數，表明長期資本的數額大於長期資產，超出部分被用於流動資產。營運資本的數額越大，財務狀況越穩定。極端情況下，當全部流動資產沒由任何流動負債提供資本來源，而全部由長期資本提供時，企業沒有任何短期償債壓力。

當流動資產小於流動負債時，營運資本為負數，表明長期資本小於長期資產，有部分長期資產由流動負債提供資本來源。由於流動負債在1年或1個營業週期內需要償還，而長期資產在1年或1個營業週期內不能變現，償債所需現金不足，必設法另外籌資，這意味著財務狀況不穩定。

營運資本的比較分析，主要是與本企業上年數據比較。ABC公司本年和上年營運資本的比較數據，如表6-12所示。

表6-12　　　　　　　　　　ABC公司營運資本比較表　　　　　　　　　　單位：萬元

項目	本年 金額	本年 結構	上年 金額	上年 結構	增長 金額	增長（%）	結構
流動資產	560	100	549	100	11	2	100
流動負債	240	43	198	36	42	21	382
營運資本	320	57	351	64	-31	-9	-282
長期資產	1,040	—	963	—	77	—	—
長期資本	1,360	—	1,314	—	46	—	—

從表6-12的數據可知：

①上年流動資產549萬元，流動負債198萬元，營運資本351萬元。從相對數看，營運資本配置比率（營運資本÷流動資產）為64%，流動負債提供流動資產所需資本的36%，即1元流動資產需要償還0.36元的流動負債。

②本年流動資產560萬元，流動負債240萬元，營運資本320萬元。從相對數看，營運資本配置比率為57%，流動負債提供流動資產所需資本的43%，即1元流動資產需要償還0.43元的流動負債。償債能力比上年下降了。

③本年與上年相比，流動資產增加11萬元（增長2%），流動負債增加42萬元（增長21%），營運資本減少31萬元（負增長9%）。營運資本的絕對數減少，「緩衝墊」變薄了，這是由於流動負債的增長速度超過流動資產的增長速度，使得債務的「穿透力」增加了，即償債能力降低了。新增流動資產11萬元不僅沒能保持上年配置64%的營運資本的比例，還要靠增加流動負債解決。可見，營運資本政策的改變使本年的短期償債能力下降了。

營運資本是絕對數，不便於不同歷史時期及不同企業之間的比較。例如，A公司的營

運資本為 200 萬元（流動資產 300 萬元，流動負債 100 萬元），B 公司的營運資本與 A 相同，也是 200 萬元（流動資產 1,200 萬元，流動負債 1,000 萬元）。但是，它們的償債能力顯然不同。因此，在實務中很少直接使用營運資本作為償債能力指標。營運資本的合理性主要通過短期債務的存量比率評價。

2. 短期債務的存量比率

短期債務的存量比率包括流動比率、速動比率和現金比率。

(1) 流動比率

①指標的計算方法

流動比率是流動資產與流動負債的比值，其計算公式為：

流動比率＝流動資產÷流動負債

根據 ABC 公司的財務報表數據：

本年流動比率＝560÷240≈2.33

上年流動比率＝549÷198≈2.77

流動比率假設全部流動資產都可用於償還流動負債，表明每 1 元流動負債有多少流動資產作為償債保障。ABC 公司的流動比率降低了 0.44（2.77-2.33），即每 1 元流動負債提供的流動資產保障減少了 0.44 元。

流動比率和營運資本配置比率反應的償債能力相同，它們可以互相換算：

流動比率＝1÷(1-營運資本÷流動資產)

根據 ABC 公司的財務報表數據：

本年流動比率＝1÷(1-57%)≈2.33

上年流動比率＝1÷(1-64%)≈2.78

流動比率是相對數，排除了企業規模的影響，更適合同業比較以及本企業不同歷史時期的比較。此外，由於流動比率計算簡單，因而被廣泛應用。

②指標分析的注意事項

流動比率的比較標準因行業、企業戰略等的不同而有很大的差異，對目標企業流動比率指標的評價需要考慮這些因素，並沒有絕對標準的比率值。不同行業的流動比率，通常有明顯差別。營業週期越短的行業，合理的流動比率越低。在過去很長一段時期裡，人們認為生產型企業合理的最低流動比率是 2。這是因為流動資產中變現能力最差的存貨金額約占流動資產總額的一半，剩下的流動性較好的流動資產至少要等於流動負債，才能保證企業最低的短期償債能力。這種認識一直未能從理論上證明。最近幾十年，企業的經營方式和金融環境發生了很大變化，流動比率有下降的趨勢，許多成功企業的流動比率都低於 2。

對於持續經營的企業，其流動負債的償還並非完全依靠流動資產變賣的現金，而是依靠流動資產循環使用產生的持續不斷的現金流量進行歸還。流動資產價值高的企業，其

償債能力不一定好於資產利用效率高的企業。例如，甲企業流動比率為2，每一元錢的流動資產能產生2元錢的銷售收入；乙企業流動比率為1，每一元錢的流動資產能產生6元錢的銷售收入。那麼，哪個企業償還到期債務的能力更強呢？顯然，甲企業流動資產創造的銷售收入是流動負債的4倍，而乙企業流動資產帶來的銷售收入是流動負債的6倍，在動態過程中，乙企業償還流動負債的可用資金可能更為充足。

如果流動比率相對上年發生較大變動，或與行業平均值出現重大偏離，就應對構成流動比率的流動資產和流動負債的各項目逐一分析，尋找形成差異的原因。為了考察流動資產的變現能力，有時還需要分析其週轉率。

流動比率有其局限性，在使用時應注意：流動比率假設全部流動資產都可以變為現金並用於償債，全部流動負債都需要還清。實際上，有些流動資產的帳面金額與變現金額有較大差異，如產成品等；經營性流動資產是企業持續經營所必需的，不能全部用於償債；經營性應付項目可以滾動存續，無須動用現金全部結清。因此，流動比率是對短期償債能力的粗略估計。

還需要注意的是不同立場的分析者對流動比率所體現的償債能力強弱持有不同的態度。從債權人的角度看，流動比率越大，企業償還短期債務的保障越高。但是，從股東的角度看，流動比率高，說明企業流動資產佔用了更多較高資金成本的長期資金，過高的流動比率將導致資金成本的上升。

（2）速動比率

①指標的計算方法

速動比率是充分注意到各項流動資產的流動性在客觀上存在較大差異，在強調企業的即時變現能力的前提下進一步展開的指標分析，它是指企業速動資產與流動負債的比值，體現了企業變現能力強的資產覆蓋流動負債的程度。其中，貨幣資金、交易性金融資產和各種應收款項等，可以在較短時間內變現，稱為速動資產；另外的流動資產，包括存貨、預付款項、1年內到期的非流動資產及其他流動資產等，稱為非速動資產。

非速動資產的變現金額和時間具有較大的不確定性：其一，存貨的變現速度比應收款項要慢得多；部分存貨可能已毀損報廢、尚未處理；存貨估價有多種方法，可能與變現金額相去甚遠。其二，1年內到期的非流動資產和其他流動資產的金額有偶然性，不代表正常的變現能力。因此，將可償債資產定義為速動資產，計算短期債務的存量比率更可信。

速動資產與流動負債的比值為速動比率，其計算公式為：

速動比率＝速動資產÷流動負債

根據 ABC 公司的財務報表數據：

本年速動比率＝(35+5+11+318+10)÷240≈1.58

上年速動比率＝(23+11+10+179+20)÷198≈1.23

速動比率假設速動資產是可償債資產，表明每1元流動負債有多少速動資產作為償債

保障。ABC公司的速動比率比上年提高了0.35，說明為每1元流動負債提供的速動資產保障增加了0.35元。

②指標計算的注意事項

影響速動比率可信性的重要因素是應收款項的變現能力。帳面上的應收款項不一定都能變成現金，實際壞帳可能比計提的準備要多；季節性的變化，可能使報表上的應收款項金額不能反應平均水準。這些情況，外部分析人員不易瞭解，而內部人員在計算速動比率時，應考慮各項速動資產的真實變現能力，必要時予以調整。

③指標分析的注意事項

與流動比率分析類似，速動比率的分析也需要結合動態償債能力的相關指標進行分析，同時也要考慮利益相關者分析定位的差異，並關注企業所在行業和執行戰略的影響。所以，不同行業的速動比率差別也很大。西方經驗通常認為速動比率的最佳取值是1，但是，與流動比率的分析類似，判斷速動比率是否恰當，需要考慮企業的行業特徵、戰略意圖、資產特點以及資產週轉性等因素。例如，採用大量現金銷售的商店幾乎沒有應收款項，速動比率大大低於1很正常。相反，一些應收款項較多的企業，速動比率可能要大於1。

（3）現金比率

速動資產中，流動性最強、可直接用於償債的資產稱為現金資產，即貨幣資金。與其他速動資產不同，貨幣資金本身就是可以直接償債的資產，而其他速動資產需要等待不確定的時間，才能轉換為不確定金額的現金。

現金比率是貨幣資金與流動負債的比值，其計算公式為：

現金比率＝貨幣資金÷流動負債

根據ABC公司的財務報表數據：

本年現金比率＝35÷240≈0.146

上年現金比率＝23÷198≈0.116

現金比率表明1元流動負債有多少現金資產作為償債保障。ABC公司的現金比率比上年上升0.03，說明企業為每1元流動負債提供的現金資產保障增加了0.03元。

（二）動態償債能力指標

現金流量比率是動態償債能力指標中的典型代表。

1. 指標的計算方法

現金流量比率是經營活動現金流量淨額與流動負債的比值，其計算公式如下：

現金流量比率＝經營活動現金流量淨額÷流動負債

公式中的「經營活動現金流量淨額」，通常使用現金流量表中的「經營活動產生的現金流量淨額」。它代表企業創造現金的能力，已經扣除了經營活動自身所需的現金流出是可以用來償債的現金流量。

假設 ABC 公司的現金流量表中「經營活動產生的現金流量淨額」的本年金額為 300 萬元，則：

現金流量比率 = 300÷240 = 1.25

現金流量比率表明每 1 元流動負債的經營活動現金流量保障程度。該比率越高，償債能力越強。

2. 指標計算的注意事項

一般來講，該比率中的流動負債採用期末數而非平均數，因為實際需要償還的是期末金額，而非平均金額，這與常用的財務指標的計算有較大的差異。

通常情況下，當財務比率的分子和分母一個來自利潤表或現金流量表的流量數據，另一個來自資產負債表的存量數據時，該存量數據通常需要計算該期間的平均值（現金流量比率除外），即將存量數據轉化為流量數據，這不僅可以使比率的分子與分母具有可比性，也可以避免直接使用期末數使數據缺乏代表性。平均值的計算通常有兩種方法：一是使用年初數和年末數的平均數，兩個時點數據平均後代表性有所增強，但仍無法消除季節性生產企業年末與年初數據的特殊性；二是使用各月的平均數，好處是代表性明顯增強，缺點是工作量較大，並且外部分析人員不一定能得到各月數據。

為了舉例簡便，本項目隨後出現如財務比率的分子和分母分別為流量數據與存量數據的情況，將使用資產負債表期末數（除非特別標明），但它不如平均數更合理。

3. 指標的分析優勢

用經營活動現金淨額流量代替可償債資產存量，與短期債務進行比較以反應償債能力，更具說服力。原因有三：一是它克服了可償債資產未考慮未來變化及變現能力等問題；二是實際用以支付債務的通常是現金，而不是其他可償債資產；三是從動態的角度分析問題會比靜態的分析更貼近企業不斷生產營運的實際情況。

（三）影響短期償債能力的其他因素

上述短期償債能力比率，都是根據財務報表數據計算而得。還有一些表外因素也會影響企業的短期償債能力，甚至影響相當大。財務報表使用人應盡可能瞭解這方面的信息，以做出正確判斷。

1. 增強短期償債能力的表外因素

（1）可動用的銀行貸款指標。銀行已同意、企業尚未動用的銀行貸款限額，可以隨時增加企業現金，提高支付能力。這一數據不反應在財務報表中，但會在董事會決議中披露。

（2）可很快變現的非流動資產。企業可能有一些非經營性長期資產可以隨時出售變現，而不出現在「一年內到期的非流動資產」項目中。例如，儲備的土地、未開採的採礦權、目前出租的房產等，在企業發生週轉困難時，將其出售並不影響企業的持續。

（3）償債能力的聲譽。如果企業的信用很好，在短期償債方面出現暫時困難，比較容

易籌集到短缺現金。

2. 降低短期償債能力的表外因素

（1）與擔保有關的或有負債。如果該金額較大且很可能發生，應在評價償債能力時予以關注。

（2）經營租賃合同中的承諾付款。很可能是需要償付的義務。

二、長期償債能力比率

長期償債能力既可以指企業償付長期債務的能力，也可以指企業在較長時期內償還債務的一種能力。長期償債能力分析通常使用資產負債表上的資本結構數據構造財務比率，反應企業使用現有資源償還長期債務的能力。與流動比率等靜態短期償債能力指標類似，這類使用資產負債表數據計算的償債指標，從另一個角度來看也是反應企業資本結構的指標，即存量比率或靜態償債能力指標；採用利潤表或現金流量表數據構造的長期償債能力比率，則比較單純地反應企業在長期滿足債務支付的能力，即流量比率或動態償債能力指標。

（一）靜態償債能力指標

長期來看，所有債務都要償還。因此，反應長期償債能力的存量比率是總資產、總債務和股東權益之間的比例關係。常用指標包括資產負債率、產權比率、權益乘數和長期資本負債率。

1. 資產負債率

（1）指標的計算方法

資產負債率是資產負債表中總負債與總資產的比值，通常以百分比的形式表示，其計算公式如下：

資產負債率 = (總負債÷總資產) × 100%

根據 ABC 公司的財務報表數據：

本年資產負債率 = (832÷1,600) × 100% = 52%

上年資產負債率 = (720÷1,512) × 100% ≈ 48%

（2）指標分析的注意事項

資產負債率反應總資產中有多大比例是通過負債取得的。它可以衡量企業清算時對債權人利益的保護程度。資產負債率越低，企業償債越有保證，貸款越安全。通常，資產在破產拍賣時的售價不到帳面價值的 50%，因此如果資產負債率高於 50%，則債權人的利益就缺乏保障。各類資產的變現能力有顯著區別，目前，房地產變現價值的損失小，專用設備則難以變現。不同企業的資產負債率不同，與其持有的資產類別有關。

資產負債率還代表企業的舉債能力。一個企業的資產負債率越低，舉債越容易。如果資產負債率高到一定程度，即沒有人願意提供貸款時，則表明企業的舉債能力已經用盡。

2. 產權比率和權益乘數

產權比率和權益乘數是資產負債率的另外兩種表現形式，它和資產負債率的性質一樣，形式卻不用百分比表示，其計算公式如下：

產權比率＝總負債÷股東權益

權益乘數＝總資產÷股東權益

產權比率表明每1元股東權益借入的債務額，權益乘數表明每1元股東權益擁有的資產額，它們是兩種常用的財務槓桿比率，表明負債比例的高低，與償債能力相關。同時，財務槓桿還影響總資產淨利率和權益淨利率之間的關係，表明權益淨利率的風險高低，與盈利能力相關。

3. 長期資本負債率

長期資本負債率是指非流動負債占長期資本的百分比，其計算公式如下：

長期資本負債率＝[非流動負債÷(非流動負債＋股東權益)]×100%

根據 ABC 公司的財務報表數據：

本年長期資本負債率＝[592÷(592+768)]×100%≈44%

上年長期資本負債率＝[522÷(522+792)]×100%≈40%

長期資本負債率是反應企業資本結構的一種形式。由於流動負債的金額經常變化，非流動負債較為穩定，資本結構管理通常使用長期資本結構來衡量。

(二) 動態償債能力指標

1. 利息保障倍數

(1) 指標的計算方法

利息保障倍數是指息稅前利潤對利息費用的倍數，其計算公式如下：

利息保障倍數＝息稅前利潤÷利息費用

＝(淨利潤＋利息費用＋所得稅費用)÷利息費用

分母的「利息費用」是指本期的全部應付利息，不僅包括計入利潤表財務費用的利息費用，還要包括計入資產負債表固定資產等成本的資本化利息。分子息稅前利潤中的「利息費用」是指本期的全部費用化利息。

根據 ABC 公司的財務報表數據：

本年利息保障倍數＝(109+88+51)÷88≈2.82

上年利息保障倍數＝(144+86+68)÷86≈3.47

長期債務不需要每年還本，卻需要每年付息。利息保障倍數表明每1元利息支付有多少倍的息稅前利潤作保障，它可反應債務政策的風險大小。

如果企業一直保持按時付息的信譽，則長期負債可以延續，舉借新債也比較容易。利息保障倍數越大，利息支付越有保障。如果利息支付尚且缺乏保障，歸還本金就更難指望。因此，利息保障倍數可以反應長期償債能力。

如果利息保障倍數小於1，表明自身產生的經營收益不能支持現有的債務規模。利息保障倍數等於1也很危險，因為息稅前利潤受經營風險的影響，很不穩定，而利息支付卻是固定的。利息保障倍數越大，公司擁有的償還利息的緩衝資金越多。

（2）指標計算的注意事項

①息稅前利潤應具有可持續性

該比率必須具有預測力才能用於評價企業的償債能力，因此，分子中的息稅前利潤最好採用營業利潤，不包括利潤表中的營業外收支等偶然性利得損失。即「息稅前利潤＝營業利潤＋利息費用＋所得稅費用」。

②分析取得利息費用數據

該比率中使用的利息費用在中國的利潤表中沒有獨立的欄目，因此需要從「財務費用」項目的報表附註中取得利息費用的數據，在該附註中顯示為「利息支出」。

2. 現金流量利息保障倍數

現金流量利息保障倍數，是指經營活動現金流量淨額對利息費用的倍數，其計算公式如下：

現金流量利息保障倍數＝經營現金活動流量淨額÷利息費用

假設 ABC 公司的現金流量表中「經營活動產生的現金流量淨額」的本年金額為300萬元，則：

本年現金流量利息保障倍數＝300÷88≈3.41

現金流量利息保障倍數是現金基礎的利息保障倍數，表明每1元利息費用有多少倍的經營活動現金淨流量淨額作保障。它比利潤基礎的利息保障倍數更可靠，因為實際用以支付利息的是現金，而不是利潤。

（三）影響長期償債能力的其他因素

上述長期償債能力比率，都是根據財務報表數據計算而得。還有一些表外因素影響企業長期償債能力，必須引起足夠重視。

1. 長期租賃

當企業急需某種設備或廠房而又缺乏足夠資金時，可以通過租賃的方式解決。財產租賃的形式包括融資租賃和經營租賃。融資租賃形成的負債會反應在資產負債表中，而經營租賃的負債則未反應在資產負債表中。當企業的經營租賃額比較大、期限比較長或具有經常性時，就形成了一種長期性融資，因此，經營租賃也是一種表外融資。這種長期融資到期時必須支付租金，會對企業償債能力產生影響。因此，如果企業經常發生經營租賃業務，應考慮租賃費用對償債能力的影響。

2. 債務擔保

擔保項目的時間長短不一，有的影響企業的長期償債能力，有的影響企業的短期償債能力。在分析企業長期償債能力時，應根據有關資料判斷擔保責任帶來的影響。

3. 未決訴訟

未決訴訟一旦判決敗訴，便會影響企業的償債能力，因此在評價企業長期償債能力時要考慮其潛在影響。

三、營運能力比率

營運能力比率是衡量企業資產管理效率的財務比率。常見的有：應收帳款週轉率、存貨週轉率、流動資產週轉率、營運資本週轉率、固定資產週轉率、非流動資產週轉率和總資產週轉率等。

（一）應收帳款週轉率

1. 指標的計算方法

應收帳款週轉率是銷售收入與應收帳款的比率。它有三種表示形式：應收帳款週轉次數、應收帳款週轉天數和應收帳款與收入比。其計算公式如下：

應收帳款週轉次數＝銷售收入÷應收帳款

應收帳款週轉天數＝365÷（銷售收入÷應收帳款）

應收帳款與收入比＝應收帳款÷銷售收入

根據 ABC 公司的財務報表數據：

本年應收帳款週轉次數＝2,400÷318≈7.5（次/年）

本年應收帳款週轉天數＝365÷（2,400÷318）≈48.4（天/次）

本年應收帳款與收入比＝318÷2,400≈13.3%

應收帳款週轉次數，表明 1 年中應收帳款週轉的次數，或者說明每 1 元應收帳款投資支持的銷售收入。

應收帳款週轉天數，也稱為應收帳款收現期，表明從銷售開始到收回現金平均需要的天數。

應收帳款與收入比，則表明每 1 元銷售收入需要的應收帳款投資。

2. 指標計算的注意事項

（1）銷售收入的賒銷比例問題

從理論上講，應收帳款是賒銷引起的，其對應的流量是賒銷額，而非全部銷售收入。因此，計算時應使用賒銷額而非銷售收入。但是，外部分析人員無法取得賒銷數據，只好直接使用銷售收入進行計算。實際上相當於假設現銷是收現時間等於零的應收帳款。只要現銷與賒銷的比例保持穩定，不妨礙與上期數據的可比性，只是一貫高估了週轉次數。但問題是與其他企業比較時，不知道賒銷企業的賒銷比例，也就無從知道應收帳款週轉率是否可比。

（2）應收帳款年末餘額的可靠性問題

應收帳款是特定時點的存量，容易受季節性、偶然性和人為因素的影響。在用應收帳

款週轉率進行業績評價時，可以使用年初和年末的平均數，或者使用多個時點的平均數，以減少這些因素的影響。

（3）應收帳款的減值準備問題

財務報表上列示的應收帳款是已經計提壞帳準備後的淨額，而銷售收入並未相應減少。其結果是，計提的壞帳準備越多，應收帳款週轉次數越多、天數越少。這種週轉次數增加、天數減少不是業績改善的結果，反而說明應收帳款管理欠佳。如果壞帳準備的金額較大，就應進行調整，使用未計提壞帳準備的應收帳款進行計算，更好地排除會計政策變更對指標計算的影響。報表附註中披露的應收帳款壞帳準備信息，可作為調整的依據。

（4）應收票據與應收帳款的關係問題

應收帳款餘額中最好還要包括應收票據的餘額。應收票據是企業持有的、尚未到期兌現的商業票據。企業只有在票據到期時才能取得貨款。應收票據也是企業賒銷的一種形式，只是應收帳款是無息的，而有些應收票據可能是有息的，但它們在作用和目的上是一致的。

（5）計算期間選取的問題

年度指標是假設應收帳款支撐的業務量是一個會計年度的，因此應採用365天作為計算期間。但是，如果分析者使用的是季度數據，則計算期是90天，意味著對應收帳款週轉率的計算只考察在特定季度內應收帳款的週轉次數。

對於季節性生產的企業，各季度的銷售量差異很大，因此使用季度數據計算的應收帳款週轉天數並不能代表全年應收帳款的平均回收期，同樣，全年的應收帳款週轉次數也不等於本季度的應收帳款週轉次數乘以4。

3. 指標分析的注意事項

（1）應收帳款週轉天數的評價問題

首先，應收帳款是賒銷引起的，如果賒銷有可能比現銷更有利，週轉天數就不是越少越好。

其次，如果某企業採用現銷策略而使得應收帳款週轉能力指標表現得更為優異，就說明該企業的產品可能優於其他企業的產品，該企業在不對業務造成不良影響的前提下，因現金銷售而大大節約了應收帳款投資。這種情況下，較高的應收帳款週轉率儘管不能說明企業的應收帳款管理能力強，但是卻能體現企業的產品定位。因此，分析和解釋應收帳款週轉率和週轉期指標時，要注意結合企業的行銷戰略和產品特點進行分析，以得出更為準確的結論。

最後，收現時間的長短與企業的信用政策有關。例如，企業的應收帳款週轉天數是18天，信用期是20天；乙企業的應收帳款週轉天數是15天，信用期是10天。前者的收款業績優於後者，儘管其週轉天數較多。改變信用政策，通常會引起企業應收帳款週轉天數的變化。信用政策的評價涉及多種因素，不能僅僅考慮週轉天數的縮短。

(2) 平均帳齡與長帳齡的分析問題

應收帳款週轉期也稱應收帳款平均帳齡，該指標反應了企業應收帳款的平均回收天數，如果要詳細分析企業的應收帳款管理水準，或者瞭解企業的應收帳款質量如何，僅有平均帳齡是不夠的，最好同時參考企業報表附註中的應收帳款帳齡分析表。表中帳齡越長的應收帳款，回收的可能性越低；長帳齡的應收帳款所占比重越高，企業的應收帳款管理存在的問題越嚴重。

(3) 應收帳款的綜合分析問題

應收帳款分析應與銷售額分析、現金分析相聯繫。應收帳款的起點是銷售，終點是現金。正常情況下銷售增加引起應收帳款增加，現金存量和經營活動現金流量也會隨之增加。如果一個企業應收帳款日益增加，而銷售和現金日益減少，則可能是銷售出了比較嚴重的問題，以致放寬信用政策，甚至隨意發貨，但現金卻收不回來。

總之，應當深入應收帳款內部進行分析，並且要注意應收帳款與其他問題的聯繫，如對應收帳款中金額重大的客戶、拖欠時間長的項目進行深入調研，分析其信用狀況和還款的可能性等問題，才能正確評價應收帳款週轉率。

(二) 存貨週轉率

1. 指標的計算方法

存貨週轉率是銷售收入與存貨的比率，也有三種計量方式。其計算公式如下：

存貨週轉次數＝銷售收入÷存貨

存貨週轉天數＝365÷(銷售收入÷存貨)

存貨與收入比＝存貨÷銷售收入

根據 ABC 公司的財務報表數據：

本年存貨週轉次數＝2,400÷95≈25.3（次/年）

本年存貨週轉天數＝365÷(2,400÷95)≈14.4（天/次）

本年應收帳款與收入比＝95÷2,400≈4%

存貨週轉次數，表明 1 年中存貨週轉的次數，或者說明每 1 元存貨支持的銷售收入。

存貨週轉天數，表明存貨週轉一次需要的時間，也就是存貨轉換成現金平均需要的時間。

存貨與收入比，表明每 1 元銷售收入需要的存貨投資。

2. 指標計算的注意事項

(1) 週轉額的選取問題

計算存貨週轉率時，使用「銷售收入」還是「銷售成本」作為週轉額，要看分析的目的。在短期償債能力分析中，為了評估資產的變現能力需要計量存貨轉換為現金的金額和時間，應採用「銷售收入」。在將總資產週轉率進行分解時，為系統分析各項資產的週轉情況並識別主要的影響因素，應統一使用「銷售收入」計算週轉率。如果是為了評估存

貨管理的業績，應當使用「銷售成本」計算存貨週轉率，使其分子和分母保持口徑一致。

實際上，兩種週轉率的差額是毛利引起的，用哪一個計算都能達到分析目的。

根據 ABC 公司的數據，兩種計算方法可以進行如下轉換：

存貨(成本)週轉次數＝銷售成本÷存貨＝2,115÷95≈22.3（次/年）

存貨(收入)週轉次數×成本率＝(銷售收入÷存貨)×(銷售成本÷銷售收入)
$$＝(2,400÷95)×(2,115÷2,400)≈22.3（次/年）$$

（2）平均存貨餘額的選取問題

通常情況下，計算存貨週轉率和週轉期使用的是報表欄目中的存貨淨額數據。其前提是企業的存貨跌價準備的計提金額不大，或者前後期的計提比例沒有發生明顯的改變，或者是比較對象的存貨跌價準備計提比例非常接近。

但是，如果嚴格地分析，存貨週轉率和週轉期計算中使用的平均存貨餘額，應該為企業計提存貨跌價準備之前的存貨帳面餘額，而非存貨淨額。這是因為，存貨餘額代表企業對存貨的投資額，而計提的存貨跌價準備考慮的是存貨投資可能的損失，並不代表企業因此可以減少支撐既定業務量而必需的存貨投資；從另一個角度講，企業真實的業績和管理能力不應該受到企業會計政策的影響。財務報表中只顯示存貨淨額，要找到存貨原值，需要參考報表附註中的信息。

（3）計算期間的選取問題

存貨週轉率和週轉期中使用的業務量期間就是所分析的報表期間。為方便比較，通常使用企業年報數據，因此其計算期間通常是指一個會計年度，即 365 天。但是，如果分析者分析的對象是季節性企業，而且分析者關注同季度企業在同一季度內的存貨管理效率問題，則可能使用季度報表，天數為 90 天。如果在季度內計算，需要考慮是否存在季節性差異，不可以直接換算成年度數據。

3. 指標分析的注意事項

（1）存貨週轉率的評價問題

①從存貨管理的角度評價

存貨週轉率越高，存貨週轉天數也就越少，說明企業支撐一定業務量使用的存貨資金越少，回收資金的速度越快，投資效率越高。但是，這其中也隱含著一定的風險，材料或在產品存貨投資過少，容易導致生產過程中斷；而產成品存貨投資過少，則容易引發斷貨從而導致銷售損失。存貨週轉率過低，則說明企業可能存在著產成品積壓或原材料變質。但也可能是企業為了應對原材料漲價或預計的銷售突增而有意增加了存貨投資。具體原因，需要根據企業的其他信息進一步分析查找。

②從銷售業績的角度評價

一般來說，銷售增加會拉動應收帳款、存貨、應付帳款增加，不會引起週轉率的明顯變化。但是，當企業接受一個大訂單時，通常要先增加存貨，然後推動應付帳款增加，最

後才引起應收帳款（銷售收入）增加。因此，在該訂單沒有實現銷售以前，先表現為存貨等週轉天數增加。如此接受大訂單而使存貨的週轉天數增加，並沒有什麼不好。與此相反，預見到銷售會萎縮時，通常會先減少存貨，進而引起存貨週轉天數等下降。這種因銷售萎縮導致的存貨週轉天數下降，顯然不是什麼好事，並非資產管理改善。因此，任何財務分析都以認識經營活動本質為目的，不可根據數據高低做簡單結論。

（2）影響存貨週轉率的因素

企業內部管理者分析存貨資金使用效率時，需要結合企業各類存貨的最佳存貨水準決策進行。而企業外部信息使用者分析存貨資金使用效率時，則需要根據存貨的具體內容深入分析不同種類存貨投資效率異常的原因，需要格外關注財務報表上存貨項目的附註信息。

①瞭解原材料存貨、在產品存貨、低值易耗品存貨、產成品存貨的相關金額和比重。關注金額異常或變動較大的項目。

②關注企業原料市場和產品市場的重大變動信息。

③關注企業戰略上的變動，以便尋找導致不同類別存貨異常或變動的真正原因，得出對企業存貨投資效率的正確判斷。

④關注企業所處行業的影響。不同行業由於其經營產品的特點不同，存貨週轉率和週轉期會表現出較大的差異。產品生產週期長的行業往往具有較低的存貨週轉率和較長的存貨週轉期，例如房地產開發行業的存貨週轉非常緩慢；反之，產品生產週期短的行業具有較高的存貨週轉率和較短的存貨週轉期，例如零售業的存貨週轉非常迅速。

（三）流動資產週轉率

1. 指標的計算方法

流動資產週轉率是銷售收入與流動資產的比率，也有三種計量方式。其計算公式如下：

流動資產週轉次數＝銷售收入÷流動資產

流動資產週轉天數＝365÷（銷售收入÷流動資產）

流動資產與收入比＝流動資產÷銷售收入

根據 ABC 公司的財務報表數據：

本年流動資產週轉次數＝2,400÷560≈4.3（次/年）

本年流動資產週轉天數＝365÷（2,400÷560）≈85.2（天/次）

本年流動資產與收入比＝560÷2,400≈23.3%

流動資產週轉次數，表明1年中流動資產週轉的次數，或者說明每1元流動資產支持的銷售收入。

流動資產週轉天數，表明流動資產週轉一次需要的時間，也就是流動資產轉換成現金平均需要的時間。

流動資產與收入比，表明每1元銷售收入需要的流動資產投資。

通常情況下，企業的流動資產週轉率越高，說明其流動資產利用效率越高，單位流動資產創造營業收入的能力越強，支撐產生單位營業收入占用的流動資產投資越少；反之，流動資產週轉率越低，說明其流動資產利用效率越低。

2. 指標計算的注意事項

（1）營業收入的選擇問題

流動資產週轉能力指標計算使用的營業收入既包括現金收入，也包括賒銷收入，即企業利潤表上的營業收入。

（2）流動資產餘額的選擇問題

指標中的流動資產餘額最好採用企業經營用流動資產的金額，不含企業非經營用的金融資產，如交易性金融資產、投資證券的保證金，以及與之相關的應收股利、應收利息等。但是很多分析者可能會忽略這種分類，直接使用資產負債表上的流動資產合計數。當金融資產不多的時候，這兩者之間的差異可以忽略。但如果企業擁有大量的金融資產，採用前一種計算方法將能更準確地描述企業的營運能力。

（3）計算期間的選擇問題

流動資產週轉率和週轉期的計算期間通常是一年。如果在季度內計算，同樣需要考慮是否存在季節性差異，不可以直接換算成年度數據。

（四）營運資本週轉率

營運資本週轉率是銷售收入與營運資本的比率，也有三種計量方式。其計算公式如下：

營運資本週轉次數＝銷售收入÷營運資本

營運資本週轉天數＝365÷(銷售收入÷營運資本)

營運資本與收入比＝營運資本÷銷售收入

根據ABC公司的財務報表數據：

本年營運資本週轉次數＝2,400÷320＝7.5（次/年）

本年營運資本週轉天數＝365÷(2,400÷320)≈48.7（天/次）

本年營運資本與收入比＝320÷2,400≈13.3%

營運資本週轉次數，表明1年中營運資本週轉的次數，或者說明每1元營運資本支持的銷售收入。

營運資本週轉天數，表明營運資本週轉一次需要的時間，也就是營運資本轉換成現金平均需要的時間。

營運資本與收入比，表明每1元銷售收入需要的營運資本投資。

營運資本週轉率是一個綜合性的比率。嚴格意義上，應僅有經營性資產和負債被用於計算這一指標，即短期借款、交易性金融資產和超額現金等因不是經營活動必需的而應排除在外。

（五）固定資產週轉率

1. 指標的計算方法

固定資產週轉率是銷售收入與固定資產的比率，也有三種計量方式。其計算公式如下：

固定資產週轉次數＝銷售收入÷固定資產

固定資產週轉天數＝365÷（銷售收入÷固定資產）

固定資產與收入比＝固定資產÷銷售收入

根據 ABC 公司的財務報表數據：

本年固定資產週轉次數＝2,400÷990≈2.4（次／年）

本年固定資產週轉天數＝365÷（2,400÷990）≈150.6（天／次）

本年固定資產與收入比＝990÷2,400＝41.25%

固定資產週轉次數，表明 1 年中固定資產週轉的次數，或者說明每 1 元固定資產支持的銷售收入。

固定資產週轉天數，表明固定資產週轉一次需要的時間，也就是流動資產轉換成現金平均需要的時間。

固定資產與收入比，表明每 1 元銷售收入需要的固定資產投資。

2. 指標計算的注意事項

（1）業務量的選擇問題

企業的固定資產價值是以成本和費用的形式轉移到產品成本、銷售費用和管理費用之中的，這種價值轉移與回收的對應關係很難量化確定，所以按照固定資產投資的目的，以營業收入作為業務量。

（2）固定資產的淨值問題

如果企業的固定資產減值準備金額不大，則直接使用報表欄目上的固定資產淨額即可。但是，如果企業的固定資產減值準備金額較大，公式上的分母應使用固定資產淨值。固定資產淨值是指固定資產原值減去累計折舊之後的金額，不扣減固定資產減值準備，其道理與前面提到的存貨跌價準備和應收帳款壞帳準備類似，減值準備的提取本身並不能提高固定資產的使用效率，它是固定資產投資的損失。該數值為報表項目中的固定資產淨額加報表附註中有關固定資產減值準備的金額。

3. 指標分析的注意事項

（1）關注行業特點

固定資產週轉率在很大程度上與企業所處行業的資產特點相關，資本密集型行業通常有大量的固定資產，因此固定資產週轉率較低；而勞動力密集型行業，則通常具有較高的固定資產週轉率。

（2）關注行業週期的影響

固定資產很難在短時間內增減，因此，行業週期非常明顯的行業和企業，在週期的不

同階段固定資產週轉率會表現出較大的差異。當行業週期處於上行階段時，固定資產週轉因營業收入的快速增長而加快，固定資產週轉率提高；反之，當行業週期處於下行階段時，固定資產的週轉因營業收入的快速下滑而放緩，固定資產週轉率降低。這種週轉率的大幅度變化，會給企業和投資者帶來較高的風險。

（3）關注大額投資的影響

一些企業在擴張經營規模的過程中，由於一些大型生產線或分廠是一次性巨額投入使用的，短期內產能不能馬上釋放，因此會導致一段時期內出現異常低的固定資產週轉率，分析時不能因此而輕易得出企業固定資產管理不善的結論。如果經過較長時期，固定資產週轉率仍然得不到恢復，則很可能說明企業資產規模的擴大並未帶來應有的收入，企業投資失誤。

（4）關注折舊政策的影響

固定資產累計折舊的多少在一定程度上受折舊政策的影響，當比較兩家採用不同折舊政策的企業時，如果不注意，很可能會得出違背實際情況的評價結論。這種現象主要出現在主要固定資產一次性完成投入並且使用週期非常長的企業。比如水電企業，其最主要的固定資產——水壩投入使用後，很長時間不需要進行更新，如果不考慮這種會計因素，很容易導致新的水電企業與老的水電企業比較固定資產週轉率指標時處於劣勢，以致對企業的資產管理能力形成誤判。

（六）非流動資產週轉率

1. 指標的計算方法

非流動資產週轉率是銷售收入與非流動資產的比率，也有三種計量方式。其計算公式如下：

非流動資產週轉次數＝銷售收入÷非流動資產

非流動資產週轉天數＝365÷(銷售收入÷非流動資產)

非流動資產與收入比＝非流動資產÷銷售收入

根據 ABC 公司的財務報表數據：

本年非流動資產週轉次數＝2,400÷1,040≈2.3（次/年）

本年非流動資產週轉天數＝365÷(2,400÷1,040)≈158.2（天/次）

本年非流動資產與收入比＝1,040÷2,400≈43.33%

非流動資產週轉次數，表明 1 年中非流動資產週轉的次數，或者說明每 1 元非流動資產支持的銷售收入。

非流動資產週轉天數，表明非流動資產週轉一次需要的時間，也就是流動資產轉換成現金平均需要的時間。

非流動資產與收入比，表明每 1 元銷售收入需要的非流動資產投資。

非流動資產週轉率反應非流動資產的管理效率，主要用於投資預算和項目管理分析，

以確定投資與競爭戰略是否一致，收購和剝離政策是否合理等。

2. 指標計算的注意事項

（1）非流動資產的選取問題

一般情況下，採用資產負債表中的非流動資產合計數據計算該指標。但是，如果企業的非流動資產中存在較多的金融資產，如可供交易的金融資產、持有至到期日投資等，則該指標會偏離分析企業經營活動投資的使用效率的目標。

（2）非流動資產的淨值問題

嚴格意義的指標計算中，非流動資產均使用淨值，考慮固定資產的累計折舊、無形資產的累計攤銷，但不考慮減值準備對資產帳面價值的抵減。由於實際中減值準備金額通常很小，在計算中可以忽略不計。

（七）總資產週轉率

1. 指標的計算方法

總資產週轉率是銷售收入與總資產的比率，也有三種計量方式。其計算公式如下：

總資產週轉次數 = 銷售收入 ÷ 總資產

總資產週轉天數 = 365 ÷（銷售收入 ÷ 總資產）

總資產與收入比 = 總資產 ÷ 銷售收入

根據 ABC 公司的財務報表數據：

本年總資產週轉次數 = 2,400 ÷ 1,600 = 1.5（次/年）

本年總資產週轉天數 = 365 ÷（2,400 ÷ 1,600）≈ 243.3（天/次）

總資產與收入比 = 1,600 ÷ 2,400 ≈ 66.7%

總資產週轉次數，表明1年中總資產週轉的次數，或者說，每1元總資產支持的銷售收入。

總資產週轉天數，表明總資產週轉一次需要的時間，也就是總資產轉換成現金平均需要的時間。

資產與收入比，表明每1元銷售收入需要的總資產投資。

2. 驅動因素分析

總資產由各項資產組成，在銷售收入既定的情況下，總資產週轉率的驅動因素是各項資產。通過驅動因素分析可以瞭解總資產週轉率變動是由哪些資產項目引起的，以及哪些是影響較大的因素，從而進一步分析指出方向。

總資產週轉率的驅動因素分析，通常使用「資產週轉天數」或「資產與收入比」指標，不使用「資產週轉次數」。因為各項資產週轉次數之和不等於總資產週轉次數，不便於分析各項目變動對總資產週轉率的影響。

表 6-13 列示了 ABC 公司總資產及各項資產的週轉率變化情況。

表 6-13　　　　　　　　　　各項資產的週轉率及其變動表

公司名稱：ABC 公司　　　　　20×9 年 12 月 31 日　　　　　　　　單位：萬元

資產類	資產週轉次數（次/年） 本年	上年	變動	資產週轉天數（天/次） 本年	上年	變動	資產與收入比 本年	上年	變動
流動資產：	—	—	—	—	—	—	—	—	—
貨幣資金	68.18	114.00	-45.82	5.35	3.20	2.15	0.014,7	0.008,8	0.005,9
以公允價值計量且其變動計入當期損益的金融資產	500.00	237.50	262.50	0.73	1.54	-0.81	0.002,0	0.004,2	-0.002,2
應收票據	214.29	259.09	-44.81	1.70	1.41	0.29	0.004,7	0.003,9	0.000,8
應收帳款	7.54	14.32	-6.78	48.42	25.49	22.94	0.132,7	0.069,8	0.062,8
預付帳款	136.36	712.50	-576.14	2.68	0.51	2.16	0.007,3	0.001,4	0.005,9
應收利息	—	—	—	—	—	—	—	—	—
應收股利	—	—	—	—	—	—	—	—	—
其他應收款	250.00	129.55	120.45	1.46	2.82	-1.36	0.004,0	0.007,7	-0.003,7
存貨	25.21	8.74	16.47	14.48	41.75	-27.27	0.039,7	0.114,4	-0.074,7
劃分為持有待售的資產	—	—	—	—	—	—	—	—	—
一年內到期的非流動資產	38.96	259.09	-220.13	9.37	1.41	7.96	0.025,7	0.003,9	0.021,8
其他流動資產	375.00	—	375.00	0.97	—	0.97	0.002,7	—	0.002,7
流動資產合計	4.29	4.67	-0.39	85.17	78.12	7.04	0.233,3	0.214,0	0.019,3
非流動資產									
可供出售金融資產	—	—	—	—	—	—	—	—	—
持有至到期投資	—	—	—	—	—	—	—	—	—
長期應收款	—	—	—	—	—	—	—	—	—
長期股權投資	100.00	—	100.00	3.65	—	3.65	0.010,0	—	0.010,0
投資性房地產	—	—	—	—	—	—	—	—	—
固定資產	2.42	2.85	-0.43	150.62	128.07	22.55	0.412,7	0.350,9	0.061,8
在建工程	166.67	81.43	85.24	2.19	4.48	-2.29	0.006,0	0.012,3	-0.006,3
工程物資	—	—	—	—	—	—	—	—	—
固定資產清理	—	237.50	-237.50	—	1.54	-1.54	—	0.004,2	-0.004,2
生產性生物資產	—	—	—	—	—	—	—	—	—
油氣資產	—	—	—	—	—	—	—	—	—
無形資產	500.00	356.25	143.75	0.73	1.02	-0.29	0.002,0	0.002,8	-0.000,8
開發支出	—	—	—	—	—	—	—	—	—
商譽	—	—	—	—	—	—	—	—	—
長期待攤費用	600.00	190.00	410.00	0.61	1.92	-1.31	0.001,7	0.005,3	-0.003,6
遞延所得稅資產	—	—	—	—	—	—	—	—	—
其他非流動資產	1,000.00	—	1,000.00	0.37	—	0.37	0.001,0	—	0.001,0
非流動資產合計	2.31	2.66	-0.36	158.17	137.04	21.13	0.433,3	0.375,4	0.057,9
資產總計	1.50	1.70	-0.20	243.33	215.16	28.18	0.666,7	0.589,5	0.077,2

根據週轉天數分析，本年總資產週轉天數是 243.33 天，比上年增加約 28.18 天。各項目對總資產週轉天數變動的影響，參見表 6-13。影響較大的項目是應收帳款增加 22.94 天，存貨減少 27.27 天，固定資產增加 22.55 天。

根據資產與收入比分析，本年每 1 元收入需要資產 0.666,7 元，比上年增加 0.077,2 元。增加的原因，參見表 6-13。其中，影響較大的項目應收帳款增加 0.062,8 元，存貨減少 0.074,7 元，固定資產增加 0.061,8 元。

3. 指標分析的注意事項

（1）關注總資產與營業收入的匹配性對分析結果的影響

總資產週轉率指標是總括性的，是對企業資產整體週轉能力的一種評價，從指標的目的來看，該指標應反應資產在創造營業收入過程中的使用效率。相應地，總資產應僅指企業投資的用於經營活動的資產，不應包括金融資產。一般工商企業金融資產非常少，所以分析者通常忽略這一問題，直接使用企業全部資產的平均值來計算總資產週轉率指標。如果企業的金融資產很多，指標分析與實際情況將產生差異，則會偏離分析目標。

（2）關注具體的資產結構

總資產週轉率的高低與企業個別資產週轉率的高低和個別資產在總資產中的比重極為相關，因此要分析理解企業總資產使用效率高低的原因，必須對前面提到的各單項資產的使用效率逐一進行分析。

四、盈利能力比率

（一）銷售淨利率

1. 指標的計算方法

銷售淨利率，是淨利潤與銷售收入的比率，常用百分數表示。其計算公式如下：

銷售淨利率＝（淨利潤÷銷售收入）×100%

根據 ABC 公司的財務報表數據：

本年銷售淨利率＝（109÷2,400）×100%≈4.54%

上年銷售淨利率＝（144÷2,565）×100%≈5.61%

變動＝4.54%－5.61%＝－1.07%

2. 指標計算的注意事項

（1）辯證看待成本費用的影響

銷售淨利率考慮了所得稅的影響，體現了經營業務為股東創造利潤的能力。「銷售收入」「淨利潤」兩者相除可以概括企業的全部經營成果。該比率越大，企業的盈利能力越強。但是，該比率在一定程度上受產品特徵、行業競爭程度和企業戰略的影響。競爭激烈的行業，產品獲利能力有限，該指標值普遍較低，企業需要通過更強的資產管理能力來提高股東最終的收益。

（2）關注營業外收支的影響

該比率的分子淨利潤包括偶然性或不具可持續性的損益，如果要更準確地判斷企業經營活動創造可持續利潤的能力，可將這些損益從分子中剔除。

3. 驅動因素分析

銷售淨利率的變動，是由利潤表的各個項目變動引起的。表6-14列示了ABC公司利潤表各項目的金額變動和結構變動數據。其中「本年結構」和「上年結構」是各項目除以當年銷售收入得出的百分比，「百分比變動」是指「本年結構」百分比與「上年結構」百分比的差額。該表為利潤表的同型報表，它排除了規模的影響，提高了數據的可比性。

表6-14　　　　　　　　　　ABC公司利潤結構百分比變動表　　　　　　　　　　單位：萬元

項目	本年金額	上年金額	變動金額	本年結構（%）	上年結構（%）	百分比變動(%)
一、營業收入	2,400	2,565	-165	100.00	100.00	0.00
減：營業成本	2,115	2,253	-138	88.13	87.82	0.31
稅金及附加	22	25	-3	0.93	0.98	-0.05
銷售費用	18	18	0	0.73	0.70	0.03
管理費用	37	36	1	1.53	1.40	0.13
財務費用	88	86	2	3.67	3.37	0.30
資產減值損失	0	0	0	0.00	0.00	0.00
加：公允價值變動收益	0	0	0	0.00	0.00	0.00
投資收益	5	0	5	0.20	0.00	0.20
二、營業利潤	125	147	-22	5.20	5.72	-0.52
加：營業外收入	36	65	-29	1.50	2.53	-1.03
減：營業外支出	1	0	1	0.03	0.00	0.03
三、利潤總額	160	212	-52	6.67	8.25	-1.58
減：所得稅	51	68	-16	2.13	2.63	-0.50
四、淨利潤	109	144	-35	4.53	5.61	-1.08

（1）金額變動分析：本年淨利潤減少35萬元。影響較大的不利因素是銷售收入減少165萬元和營業外收入減少29萬元。影響較大的有利因素是銷售成本減少了138萬元。

（2）結構變動分析：銷售淨利率減少1.08%。影響較大的不利因素是銷售成本率增加0.31%、財務費用比率增加0.30%和營業外收入比率減少1.03%。

進一步分析應重點關注金額變動和結構變動較大的項目，如ABC公司的銷售成本和營業外收入。

確定分析的重點項目後，需要深入到各項目內部進一步分析。此時，需要依靠報表附註提供的資料以及其他可以收集到的信息。毛利率變動的原因可以分部門、分產品、分顧

客群、分銷售區域或分推銷員進行分析，視分析的目的以及可取得的資料而定。

通常，銷售費用和管理費用的公開披露信息十分有限，外部分析人員很難對其進行深入分析。財務費用、公允價值變動收益、資產減值損失、投資收益和營業外收支的明細資料，在報表附註中均有較詳細的披露，為進一步分析提供了可能。

(二) 總資產淨利率

1. 指標的計算方法

總資產淨利率，是淨利潤與總資產的比率，它反應每1元總資產創造的淨利潤。其計算公式如下：

總資產淨利率＝(淨利潤÷總資產)×100%

根據 ABC 公司的財務報表數據：

本年總資產淨利率＝(109÷1,600)×100%≈6.81%

上年總資產淨利率＝(144÷1,512)×100%≈9.52%

變動＝6.81%－9.52%＝－2.71%

總資產淨利率是企業盈利能力的關鍵。雖然股東報酬由總資產淨利率和財務槓桿共同決定，但提高財務槓桿會同時增加企業風險，往往並不增加企業價值。此外，財務槓桿的提高有諸多限制，企業經常處於財務槓桿不可能再提高的臨界狀態。因此，提高權益淨利率的基本動力是總資產淨利率。

2. 驅動因素

影響總資產淨利率的驅動因素是銷售淨利率和總資產週轉次數。

$$總資產淨利率＝\frac{淨利潤}{總資產}＝\frac{淨利潤}{銷售收入}×\frac{銷售收入}{總資產}＝銷售淨利率×總資產週轉次數$$

總資產週轉次數是每1元總資產創造的銷售收入，銷售淨利率是每1元銷售收入創造的淨利潤，兩者共同決定了總資產淨利率，即每1元總資產創造的淨利潤。

有關總資產淨利率因素的分解如表6-15所示。

表 6-15　　　　　　　　　　總資產淨利率因素分解表

項目	本年	上年	變動
銷售收入（萬元）	2,400	2,565	－165
淨利率（萬元）	109	144	－35
總資產（萬元）	1,600	1,512	88
總資產淨利率（%）	6.81	9.52	－2.71
銷售淨利率（%）	4.53	5.61	－1.08
總資產週轉次數（%）	1.50	1.70	－0.20

ABC公司的資產淨利率比上年降低2.71%。其原因是銷售淨利率和總資產週轉次數都降低了。哪一個原因更重要呢？可以使用差額分析法進行定量分析。

銷售淨利率變動影響＝銷售淨利率變動×上年總資產週轉次數
$$=(-1.08\%)\times 1.70 \approx -1.84\%$$

總資產週轉次數變動影響＝本年銷售淨利率×總資產週轉次數變動
$$=4.53\%\times(-0.20)\approx -0.91\%$$

合計＝－1.84%－0.91%＝－2.75%

銷售淨利率下降，使總資產淨利率下降1.84%；總資產週轉次數下降，使總資產淨利率下降0.91%。兩者共同作用使總資產淨利率下降2.75%，其中銷售淨利率下降是主要原因。

(三) 權益淨利率

1. 指標的計算方法

權益淨利率是淨利潤與股東權益的比率，它反應每1元股東權益賺取的淨利潤，可以衡量企業的總體盈利能力。其計算公式如下：

權益淨利率＝(淨利潤÷股東權益)×100%

根據ABC公司的財務報表數據：

本年權益淨利率＝(109÷768)×100%≈14.19%

上年權益淨利率＝(144÷792)×100%≈18.18%

權益淨利率的分母是股東的投入，分子是股東的所得。對於股權投資者來說，具有非常好的綜合性，包括企業經營投資決策、金融投資決策、融資決策等，甚至還考慮了企業的偶然事件的影響，全面、綜合地體現了企業為股東創造投資回報的能力，高度概括了企業的全部經營業績和財務業績。權益淨利率越高，企業為股東創造的投資回報越多。ABC公司本年股東的報酬率減少了，總體來講不如上一年。

2. 指標計算的注意事項

(1) 其他綜合收益的計入問題

權益淨利率的分子一般採用企業利潤表上的淨利潤數值。但是，如果要分析企業股東權益回報的完整情況，還應考慮直接計入資本公積的其他綜合收益，如可供出售金融資產公允價值變動淨額，這些也是股東在當期獲得的未在當期確認的損益。因此也可以採用利潤表上包括其他綜合收益在內的綜合收益數據作為分子。

(2) 非經常性損益的影響問題

如果分析權益淨利率的目的在於對未來進行預測，那麼分析企業具有持續性的報酬率更有價值。分析者可對企業各項損益是否具有持續性、重複性、可預測性進行判斷，將非

經常性損益從分子中扣除。中國證監會規定以下項目為非經常性損益：①非流動性資產處置損益，包括已計提資產減值準備的衝銷部分；②越權審批，或無正式批準文件，或偶發性的稅收返還、減免；③計入當期損益的政府補助，但與公司正常經營業務密切相關，符合國家政策規定、按照一定標準定額或定量持續享受的政府補助除外；④計入當期損益的對非金融企業收取的資金占用費；⑤企業取得子公司、聯營企業及合營企業的投資成本小於取得投資時應享有被投資單位可辨認淨資產公允價值產生的收益；⑥非貨幣性資產交換損益；⑦委託他人投資或管理資產的損益；⑧因不可抗力因素如遭受自然災害而計提的各項資產減值準備；⑨債務重組損益；⑩企業重組費用，如安置職工的支出、整合費用等；⑪交易價格顯失公允的交易產生的超過公允價值部分的損益；⑫同一控制下企業合併產生的子公司期初至合併日的當期淨損益；⑬與公司正常經營業務無關的或有事項產生的損益；⑭除同公司正常經營業務相關的有效套期保值業務外，持有交易性金融資產、交易性金融負債產生的公允價值變動損益，以及處置交易性金融資產、交易性金融負債和可供出售金融資產取得的投資收益；⑮單獨進行減值測試的應收款項減值準備轉回；⑯對外委託貸款取得的損益；⑰採用公允價值模式進行後續計量的投資性房地產公允價值變動產生的損益；⑱根據稅收、會計等法律、法規的要求對當期損益進行一次性調整對當期損益的影響；⑲受託經營取得的託管費收入等。

有關企業非經常性損益的具體項目和金額，可以從企業財務報表附註中獲得。

（3）少數股東權益的影響問題

由於權益淨利率的分析對象是合併公司中的母公司股東取得回報的情況，當企業合併報表上存在少數股東權益時，該指標的分子和分母最好選取歸屬母公司股東的淨利潤和歸屬母公司的股東權益數據。這兩個數據可以在企業的利潤表和資產負債表上分別取得。如果少數股東權益以及歸屬少數股東的淨利潤數額很小，則可忽略其影響。

（4）股東權益的加權平均問題

通常情況下，企業股東權益會因會計年度內不斷取得利潤而逐漸增加，因此將股東權益的年初值和年末值進行平均是合理的。但是，如果上市公司在分析期間增發股票，或者大額分配現金紅利，這種平均方法就會產生很大的誤差。比如，年初增發與年末增發相比，年初增發的公司顯然占用了更長時間的新股投入，如果使用年初年末平均，會抹殺這兩者在年度內實際使用投資額的差異。更為精確的計算方法是按照企業實際使用不同數額股東資金的期限進行加權平均。

$$\begin{aligned}\text{加權平均股東權益} =& \text{期初股東權益} + \frac{\text{淨利潤}}{2} \\ &+ \text{發行新股或債轉股等新增的股東權益} \times \frac{12-\text{發行月份或新增股份月份}}{12} \\ &- \text{回收股份或現金分紅減少的股東權益} \times \frac{12-\text{回購或分紅月份}}{12} \\ &\pm \text{其他事項引起的股東權益變化} \times \frac{12-\text{其他事項發生的月份}}{12}\end{aligned}$$

五、市價比率

（一）市盈率

1. 指標的計算方法

市盈率是指普通股每股市價與每股收益的比率，它反應普通股股東願意為每1元淨利潤支付的價格。其中，每股收益是指可分配給普通股股東的淨利潤與流通在外普通股加權平均股數的比率，它反應每只普通股當年創造的淨利潤。其計算公式如下：

市盈率＝每股市價÷每股收益

每股收益＝普通股股東淨利潤÷流通在外普通股加權平均股數

假設ABC公司無優先股，20×9年12月31日普通股每股市價36元，20×9年流通在外普通股加權平均股數100萬股。根據ABC公司的財務報表數據：

本年市盈率＝36÷1.09≈33.03

本年每股收益＝109÷100＝1.09（元/股）

2. 指標計算的注意事項

對僅有普通股的公司而言，每股收益的計算相對簡單。在這種情況下，計算公式如上所示。如果公司還有優先股，則計算公式如下：

每股收益＝（淨利潤－優先股股利）÷流通在外普通股加權平均股數

由於每股收益的概念僅適用於普通股，優先股股東除規定的優先股股利外，對收益沒有要求權。所以用於計算每股收益的分子必須等於可分配給普通股股東的淨利潤，即從淨利潤中扣除當年宣告或累積的優先股股利。

3. 指標分析的注意事項

（1）指標的本質與應用

①公司過去的收益與未來的預期

每股市價實際上反應了投資者對未來收益的預期。然而，市盈率是基於過去年度的收益。因此，如果投資者預期收益將從當前水準大幅增長，市盈率將會相當高，也許是20倍、30倍或更多。但是，如果投資者預期收益將由當前水準下降，市盈率將會相當低，

如 10 倍或更少。成熟市場上的成熟公司有非常穩定的收益，通常其每股市價為每股收益的 10~12 倍。因此，市盈率反應了投資者對公司未來前景的預期，相當於每股收益的資本化。

②股票投資價值的評估

投資者通常利用該比例值估量某股票的投資價值，或者用該指標在不同公司的股票之間進行比較，作為比較不同價格的股票是否被高估或低估的依據。一般認為，如果一家公司股票的市盈率過高，那麼該股票的價格具有泡沫，價值被高估。然而，當一家公司增長迅速及未來的業績增長非常看好時，股票目前的高市盈率可能恰好準確地估量了該公司的價值。

需要注意的是，利用市盈率比較不同股票的投資價值時，這些股票必須屬於同一行業，因為此時公司的每股收益比較接近，相互比較才有效。

（2）指標與相關因素的綜合分析

①市盈率應與基準利率掛勾

基準利率是人們投資收益率的參照系數，反應了整個社會資金成本的高低。一般來說，如果其他因素不變，基準利率的倒數與股市平均市盈率存在正向關係。

②市盈率應與股本掛勾

平均市盈率與總股本和流通股本都有關，總股本和流通股本越小，平均市盈率就會越高；反之，就會越低。中外莫不如此。

③市盈率應與股本結構掛勾

市盈率和股本結構也有關係，因為這與供求關係相關，如果股份是全流通的，市盈率就會低一些，如果股份不是全流通的，那麼流通股的市盈率就會高一些。目前的中國市場，非流通股占到總股本的三分之二，在它們沒有流通的情況下，流通股的市盈率較高，也是正常的。

④市盈率應與成長性掛勾

同樣是 20 倍市盈率，上市公司平均每年利潤增長 7% 的市場就要遠比上市公司平均每年利潤增長 3% 的市場有投資價值。

（3）衡量股市平均價格的合理應用問題

市盈率指標用於衡量股市平均價格是否合理具有一些內在的不足。

①計算方法本身的缺陷

成分股指數中樣本股的選擇具有隨意性，因為各國市場計算的平均市盈率均與其選取的樣本股有關，樣本進行調整，平均市盈率也隨之變動。即使是綜合指數，也存在虧損股與微利股對市盈率的影響不連續的問題。

②市盈率指標的不穩定性

隨著經濟的週期性波動，上市公司每股收益也會大起大落，這樣算出的平均市盈率就

會大起大落,以此來調控股市,必然會帶來股市的動盪。

(二)市淨率

1. 指標的計算方法

市淨率,也稱為市帳率,是指普通股每股市價與每股淨資產的比率,它反應普通股股東願意為每1元淨資產支付的價格,說明市場對公司資產質量的評價。其中,每股淨資產也稱為每股帳面價值,是指普通股股東權益與流通在外普通股股數的比率,它反應每股普通股享有的淨資產,代表理論上的每股最低價值。其計算公式如下:

市淨率=每股市價÷每股淨資產

每股淨資產=普通股股東權益÷流通在外普通股股數

既有優先股又有普通股的公司,通常只為普通股計算淨資產。在這種情況下,普通股每股淨資產的計算需要分兩步完成。首先,從股東權益總額中減去優先股權益,包括優先股的清算價值及全部拖欠的股利,得出普通股權益。其次,用普通股權益除以流通在外普通股股數,確定普通股每股淨資產。該過程反應了普通股股東是公司剩餘所有者的事實。

假設ABC公司有優先股10萬股,清算價值為每股15元,拖欠股利為每股5元;20×9年12月31日普通股每股市價36元,流通在外普通股股數100萬股。根據ABC公司的財務報表數據:

本年市淨率=36÷5.68≈6.34

本年每股淨資產=[768-(15+5)×10]÷100=5.68(元/股)

在計算市淨率和每股淨資產時,應注意所使用的是資產負債表日流通在外普通股股數,而不是當期流通在外普通股加權平均股數,因為每股淨資產的分子為時點數,分母與其口徑一致,因此應選取同一時點數。

2. 指標分析的注意事項

市淨率可用於投資分析。每股淨資產是股票的帳面價值,它是用成本計量的,而每股市價是這些資產的現在價值,它是證券市場上交易的結果。市價高於帳面價值時企業資產的質量較好,有發展潛力;反之,則資產質量較差,沒有發展前景。優質股票的市價都超出每股淨資產許多,一般市淨率達到3可以樹立較好的公司形象。市價低於每股淨資產的股票,就像售價低於成本的商品一樣,屬於「處理品」。當然,「處理品」也不是沒有購買價值,問題在於該公司今後是否有轉機,或者購入後經過資產重組能否提高獲利能力。

運用市淨率指標,可以對股票的市場前景進行判斷,若投資者對某種股票的發展前景持悲觀態度,股票市價就會低於其帳面價值,即市淨率小於1,表明投資者看淡該公司的發展前景;反之,當投資者對股票的前景表示樂觀時,股票的市價就會高於其帳面價值,市淨率就會大於1。市淨率越大,說明投資者普遍看好該公司,認為該公司有發展前途。

市淨率的指標與市盈率指標不同,市盈率指標主要從股票的獲利性角度進行考慮,而市淨率指標主要是從股票的帳面價值角度進行考慮。當然,與市盈率指標一樣的是,市淨

率指標也必須建立在完善、健全的資本市場基礎上，才能據以對公司做出合理、正確的分析評價。

（三）市銷率

市銷率也稱為收入乘數，是指普通股每股市價與每股銷售收入的比率，它反應普通股股東願意為每 1 元銷售收入支付的價格。其中，每股銷售收入是指銷售收入與流通在外普通股加權平均股數的比率，它反應每只普通股創造的銷售收入。其計算公式如下：

市銷率＝每股市價÷每股銷售收入

每股銷售收入＝銷售收入÷流通在外普通股加權平均股數

假設 20×9 年 12 月 31 日普通股每股市價 36 元，20×8 年流通在外普通股加權平均數 100 萬股。根據 ABC 公司的財務報表數據：

本年市銷率＝36÷24＝1.5

本年每股銷售收入＝2,400÷100＝24（元/股）

六、杜邦財務分析體系

杜邦分析體系，又稱杜邦財務分析體系，簡稱杜邦體系，是利用各主要財務比率之間的內在聯繫，對企業財務狀況和經營成果進行綜合、系統評價的方法。該體系是以權益淨利率為龍頭，以資產淨利率和權益乘數為分支，重點揭示企業獲利能力及槓桿水準對權益淨利率的影響，以及各相關指標間的相互作用關係。因其最初由美國杜邦公司成功應用，所以得名。

（一）傳統杜邦財務分析體系的核心比率

權益淨利率是分析體系的核心比率，具有很好的可比性，可用於不同企業之間的比較，由於資本具有逐利性，總是流向投資報酬率高的行業和企業，因此各企業的權益淨利率會比較接近。如果一個企業的權益淨利率經常高於其他企業，就會引來競爭者，迫使該企業的權益淨利率回到平均水準。如果一個企業的權益淨利率經常低於其他企業，就得不到資金，會被市場驅逐，從而使幸存企業的權益淨利率提升到平均水準。

權益淨利率不僅具有較好的可比性，也具有很強的綜合性。為了提高權益淨利率，管理者可從如下分解指標入手：

$$權益淨利率 = \frac{淨利潤}{股東權益} = \frac{淨利潤}{銷售收入} \times \frac{銷售收入}{總資產} \times \frac{總資產}{股東權益}$$

$$= 銷售淨利率 \times 總資產週轉率 \times 權益乘數$$

（二）傳統杜邦財務分析體系的基本架構

傳統杜邦財務分析體系是一個多層次的財務比率分解體系。各項財務比率，可在每個層次上與本企業歷史或同業財務比率比較，比較之後向下一級分解。逐級向下分解，逐步覆蓋企業經營活動的每個環節，以實現系統、全面評價企業經營成果和財務狀況的目的。

傳統杜邦財務分析體系的基本架構可用圖 6-2 表示。

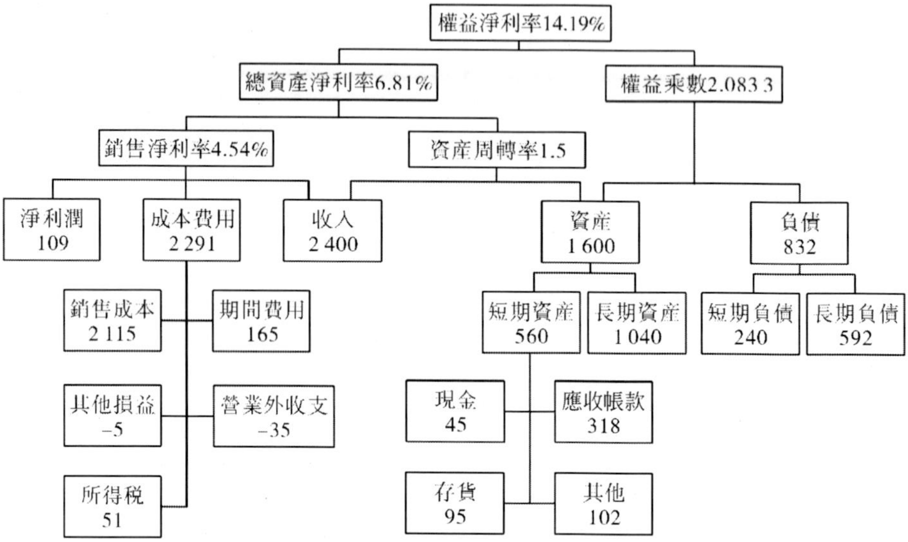

```
                        權益淨利率14.19%
                    ┌──────────┴──────────┐
              總資產淨利率6.81%          權益乘數2.083 3
           ┌────────┴────────┐      ┌────────┴────────┐
       銷售淨利率4.54%    資產周轉率1.5   資產        負債
        ┌────┴────┐      ┌────┴────┐   1 600       832
      淨利潤  成本費用   收入                ┌──┴──┐    ┌──┴──┐
      109    2 291    2 400          短期資產 長期資產 短期負債 長期負債
             ┌────┐                    560   1 040    240    592
          銷售成本 期間費用
          2 115   165                 ┌──┴──┐
                                    現金  應收帳款
          ┌────┐  ┌────┐              45    318
         其他損益 營業外收支
          −5     −35                 ┌──┴──┐
                                    存貨   其他
                所得稅                95    102
                 51
```

圖 6-2　傳統杜邦財務分析體系的基本架構

(1) 權益淨利率是分析體系的核心，其高低取決於總資產淨利率和權益乘數。總資產淨利率反應企業運用資產開展生產經營活動的效率高低，而權益乘數則主要反應企業資金來源結構。這樣分解後，就可以將權益淨利率這一綜合性指標發生升降變化的原因具體化，從而更能說明問題。

(2) 總資產淨利率反應企業經營戰略。總資產淨利率可以反應管理者運用受託資產賺取盈利的業績，是最重要的盈利能力。可將總資產淨利率分解為銷售淨利率和總資產週轉率。總資產週轉率反應總資產的週轉速度，銷售淨利率反應銷售收入的收益水準，這兩者反應了企業的經營戰略。

僅從銷售淨利率的高低並不能看出業績好壞，這是因為總資產週轉次數常常與銷售淨利率呈反方向變動，企業為了提高銷售淨利率，就要增加產品附加值，增加投資導致資產週轉率下降。相反地，企業為了提高資產週轉次數，就會降低價格從而引起銷售淨利率下降。通常，銷售淨利率較高的製造業週轉率都較低，週轉率很高的零售業銷售淨利率很低。採取「高盈利、低週轉」還是「低盈利、高週轉」的方針，是企業根據外部環境和自身資源做出的戰略選擇。因此，總資產淨利率就是綜合性的指標。

(3) 權益乘數反應企業的財務政策。權益乘數表示企業的負債程度，企業資產負債率越高，權益乘數越大，企業財務槓桿越高，風險也越大；相反地，資產負債率低，權益乘數越小，企業財務槓桿越低，相應承擔的風險也越小。

（三）權益淨利率的驅動因素分解

該分析體系要求，在每一個層次上進行財務比率的比較與分解。通過與上年比較可以識別變動的趨勢，通過與同業比較可以識別存在的差距。分解的目的是識別引起變動（或產生差距）的原因，並衡量其重要性，為後續分析指明方向。

下面以 ABC 公司權益淨利率的比較與分解為例，說明其一般方法。

權益淨利率的比較對象，可以是其他企業的同期數據，也可以是本企業的歷史數據，這裡僅以本企業的本年與上年的比較為例。

權益淨利率＝銷售淨利率×總資產週轉率×權益乘數

即：本年權益淨利率＝ 4.54%×1.5×2.083,3 ≈ 14.19%

上年權益淨利率＝ 5.614%×1.696,4×1.909,1 ≈ 18.18%

權益淨利率變動＝－3.99%

與上年相比，股東的報酬率下降了，公司整體業績不如上年。影響權益淨利率變動的不利因素是淨利率和總資產週轉次數下降；有利因素是財務槓桿提高。

利用連環替代法可以定量分析它們對權益淨利率變動的影響程度：

（1）銷售淨利率變動的影響

按本年銷售淨利率計算的上年權益淨利率＝4.54%×1.696,4×1.909,1 ≈ 14.70%

銷售淨利率變動的影響＝14.70%－18.18%＝－3.48%

（2）總資產週轉次數變動的影響

按本年銷售淨利率、總資產週轉次數計算的上年權益淨利率＝4.54%×1.5×1.909,1 ≈ 13%

總資產週轉次數變動的影響＝13%－14.68%＝－1.68%

（3）財務槓桿變動的影響

財務槓桿變動的影響＝14.19%－13%＝1.19%

通過分析可知，最重要的不利因素是銷售淨利率降低，使權益淨利率減少 3.48%；其次是總資產週轉次數降低，使權益淨利率減少 1.68%。有利的因素是權益乘數提高，使權益淨利率增加 1.19%。不利因素超過有利因素，所以權益淨利率減少 3.99%。由此應重點關注銷售淨利率降低的原因。

在分解之後進入下一層次的分析，分別考察銷售淨利率、總資產週轉次數和財務槓桿的變動原因。前面已經對此做過說明，此處不再贅述。

（四）傳統杜邦分析體系的局限性

傳統杜邦分析體系雖然被廣泛使用，但也存在一些局限性。

（1）計算總資產淨利率的「總資產」與「淨利潤」不匹配。總資產為全部資產提供者享有，而淨利潤則專屬於股東，兩者不匹配。由於總資產利潤率的「投入與產出」不匹配，該指標不能反應實際的報酬率。為了改善該比率，要重新調整分子和分母。

為公司提供資產的人包括無息負債的債權人、有息負債的債權人和股東,無息負債的債權人不要求分享收益,要求分享收益的是股東和有息負債的債權人。因此,需要計量股東和有息負債債權人投入的資本,並且計量這些資本產生的收益,兩者相除才是合乎邏輯的總資產淨利率,才能準確反應企業的基本盈利能力。

　　(2) 沒有區分經營活動損益和金融活動損益。傳統杜邦分析體系沒有區分經營活動和金融活動。對於大多數企業來說金融活動是淨籌資,它們在金融市場上主要是籌資,而不是投資。籌資活動不產生淨利潤,而是支出淨費用。這種籌資費用是否屬於經營活動費用,在會計準則制定過程中始終存在很大爭議,各國會計準則對此的處理不盡相同。從財務管理角度看,企業的金融資產是尚未投入實際經營活動的資產,應將其與經營資產相區別。相應地,金融損益也應與經營損益相區別,才能使經營資產和經營損益匹配。因此,正確計量基本盈利能力的前提是區分經營資產和金融資產,區分經營損益和金融損益。

　　(3) 沒有區分金融負債與經營負債。既然要把金融活動分離出來單獨考察,就需要單獨計量籌資活動成本。負債的成本(利息支出)僅僅是金融負債的成本,經營負債是無息負債。因此,必須區分金融負債與經營負債,利息與金融負債相除,才是真正的平均利息率。此外,區分金融負債與經營負債後,金融負債與股東權益相除,可以得到更符合實際的財務槓桿。經營負債沒有固定成本,本來就沒有槓桿作用,將其計入財務槓桿,會歪曲槓桿的實際效應。

復習與思考:

1. 財務比率分析由哪些財務比率組成?請分類別逐一說明。
2. 杜邦財務分析體系為什麼以權益淨利率為核心指標?
3. 杜邦財務分析體系中對權益淨利率進行分解的依據是什麼?各自有何含義?

本項目小結

　　本項目分為兩個任務進行闡述。

　　任務一即財務報表分析總論是進行財務報表分析的基礎,它是在財務報表分析的概念與分析框架後逐一展開的,主要包括三方面的內容:

　　一是財務報表分析的目的。它是通過分析主體和分析維度兩個視角進行提綱挈領式的闡述,揭示不同分析主體運用財務報表分析的側重點和決策的主要依據的不同,以及財務報表分析對企業的戰略、會計、財務和前景的重要應用與重大影響。

　　二是財務報表分析的方法。主要介紹了目前最為常用的比較分析法和因素分析法的概念及適用條件。其中,比較分析法按比較基礎分類有與本企業歷史數據的比較分析(趨勢

分析法）、與同類企業的比較分析和實際與計劃比較分析三種，並在與本企業歷史數據的比較分析中重點介紹了按分析形式分類的定比分析法和環比分析法，以及選用總量、結構百分比、財務比率作為分析數據的計算方法，並通過舉例總結各種方法的注意事項；因素分析法按照因素的選取與處理方式分類有主次因素分析法、因果分析法、平行分析法和連環替代法，並重點講解連環替代法的計算步驟，為後續驅動因素分析奠定堅實的基礎。

　　三是概述了財務報表分析的局限性，為進行高品質的財務報表分析提供調整的思路與依據。

　　任務二即財務比率分析是財務報表分析的重中之重，主要包括六方面的內容：短期償債能力比率、長期償債能力比率、營運能力比率、盈利能力比率、市價比率和杜邦財務分析體系，共35個財務指標。除介紹財務指標的基本計算方法以外，對計算時數據的細節處理以及分析時的注意事項均有指導意義的詳述。在杜邦財務分析體系中不僅介紹了該體系的基本框架與指標分解的含義與作用，還總結了該體系的局限性，為實際應用時的適當調整提供了參考。

項目測試與強化　　　　　　　　　項目測試與強化答案

項目七　投資項目資本預算

學習目標

理解項目投資的含義與特點；
掌握現金流量的構成和淨現金流量的計算；
深刻認識並掌握項目投資的評價方法。

任務一　投資項目的類型和評價程序

一、投資項目的類型

經營性長期資產投資項目可分為以下五種類型：
（1）新產品開發或現有產品的規模擴張項目。通常需要添置新的固定資產，並增加企業的營業現金流入。
（2）設備或廠房的更新項目。通常需要更換固定資產，但不改變企業的營業現金收入。
（3）研究與開發項目。通常不直接產生現實的收入，而是得到一項是否投產新產品的選擇權。
（4）勘探項目。通常使企業得到一些有價值的信息。
（5）其他項目。包括勞動保護設施建設、購置污染控制裝置等。這些決策不直接產生營業現金流入，而使企業在履行社會責任方面的形象得到改善。它們有可能減少未來的現金流出。

二、投資項目的評價程序

任何投資項目的評價都包括以下幾個基本步驟：

（1）提出各種投資方案。新產品方案通常來自研發部門或行銷部門，設備更新的建議通常來自生產部門等。

（2）估計方案的相關現金流量。

（3）計算投資方案的價值指標，如淨現值、內含報酬率等。

（4）比較價值指標與可接受標準。

（5）對已接受的方案進行再評價。這項工作很重要，但只有少數企業對投資項目進行跟蹤審計，從而評價預測的偏差，為改善財務控制提供線索，有助於指導未來決策。

三、項目計算期的構成

項目計算期（記作 n，$n>0$）是進行投資項目決策時使用的一個非常重要的概念，它指投資項目從投資建設開始到最終清理結束整個過程的全部時間，它包括建設期（記作 s，$s \geq 0$）和經營期（記作 p，$p>0$）。其中建設期是指從項目資金正式投入開始到項目建成投產為止所需要的時間，建設期第一年的年初成為建設起點，建設期最後一年的年末稱為投產日。項目從投產日開始到項目最終清理報廢所經歷的時間稱為經營期，經營期一般與主要固定資產的使用壽命相同。項目計算期最後一年的年末成為終結點。

項目計算期、建設期和經營期之間的關係如下：

項目計算期 (n)= 建設期(s)+營運期(p)

復習與思考：

1. 投資項目可分為哪幾類？
2. 項目計算期的構成情況如何？

任務二　投資項目現金流量的估計

一、投資項目現金流量的構成

（一）現金流量的概念

現金流量是指一個投資項目所引起的現金流出和現金流入的增加數量的總稱。這裡的「現金」是廣義的現金，它不僅包括各種貨幣資金，而且包括項目所需投入的企業擁有的非貨幣資源的變現價值，例如一個投資項目需要使用原有的廠房、設備和材料等的變現價值。現金流量是在一個較長時期內表現出來的，受資金時間價值的影響，因此，研究現金流量及其發生的期間對正確評價投資項目的效益有著重要的意義。

現金是計算項目投資決策評價指標的主要依據和重要信息，也是評價項目投資是否可

行的一個基礎性指標。為方便項目投資現金流量的確定，首先需做出以下幾點假設：

1. 財務可行性假設

財務可行性假設即假設項目投資決策從企業投資者的立場出發，只考慮該項目是否具有財務可行性，而不考慮該項目是否具有國民經濟可行性和技術可行性。

2. 全投資假設

全投資假設即假設在確定投資項目的現金流量時，只考慮全部投資的運動情況，而不具體考慮和區分哪些是自有資金，哪些是借入資金，即使是借入資金也將其視為自有資金處理。

3. 建設期間投入全部資金假設

建設期間投入全部資金的假設即假設項目投資的資金都是在建設期投入的，在生產經營期沒有投資。

4. 經營期和折舊年限一致假設

經營期和折舊年限一致假設即假設項目的主要固定資產的折舊年限或使用年限與經營期相同。

5. 時點指標假設

為了便於利用資金時間價值的形式，將項目投資決策所涉及的價值指標都作為時點指標處理。

其中，建設投資在建設期內有關年度的年初或年末發生；流動資金投資則在建設期末發生；經營期內各年的收入、成本、攤銷、稅金等項目均在年末發生；新建項目最終報廢或清理所產生的現金流量均發生在終結點。

(二) 項目現金流量估算的原則

在項目投資決策進行現金流量估算時，需要把握的基本原則是相關性原則。相關性原則意味著只估算增量現金流量，與投資方案無關的現金流量不作為估算的內容。其中，增量現金流量是指與某投資方案存在依存關係的現金流量。如果無論採納或拒絕某投資方案，企業的現金流量都不會因此發生增減變動，則是估算範圍外的無關現金流量。只有採納某投資方案，引起的企業現金收入的實際增加量，才作為相關現金流入予以估算；只有採納某投資方案，引起的企業現金支出的實際增加量，才作為相關現金流出予以估算。將相關的現金流入量減去相關現金流出量，則形成該投資方案項目計算期某年度的現金淨流量。

(三) 項目現金流量的構成

在進行項目投資決策分析時，通常用現金流出量、現金流入量和現金淨流量來反應項目投資的現金流量。現金流出量是指由項目投資引起的企業現金支出的增加額；現金流入量是指由項目投資引起的企業現金收入的增加額；現金淨流量（Net Cash Flow，記作NCF）則是一定時期內現金流入量減去現金流出量的差額。

除了從現金流量的方向分析現金流量的構成外，還可以從現金流量產生的時間來分析現金流量的構成。按照現金流量產生的時間也可以將現金流量劃分成三部分。

1. 初始現金流量

初始現金流量是指項目開始投資建設時發生的現金流量，即建設期產生的現金流量，其數量特徵主要表現為現金淨流出。其內容一般包括以下幾個部分：

（1）長期資產投資——指與形成生產經營能力有關的各種直接支出，包括在固定資產、無形資產、遞延資產等長期資產上的購入、運輸、建造、安裝、試運行等方面所需的現金支出，如購置成本、運輸費、安裝費等。

（2）營運資金墊支——在完整的工業投資項目中，建設投資形成的生產經營能力要投入使用，會引起對流動資金的需求。為保證生產正常進行，企業需要追加一部分流動資金投資。這部分流動資金投資屬於墊支的性質，當投資項目結束時，一般會如數收回。

2. 營業現金流量

營業現金流量即項目投產後，企業在生產經營期間所發生的現金流入量和現金流出量，其數量特徵主要表現為現金淨流入，一般包括以下三部分：

（1）營業收入。營業收入是指項目投產後每年實現的全部銷售收入或業務收入。營業收入是經營期主要的現金流入項目。

（2）付現成本。付現成本又稱經營成本，是指在經營期內為滿足正常生產經營而動用現實貨幣資金支付的成本費用，它是生產經營階段上最主要的現金流出量。項目營運期內的總成本按是否需要支付現金分為付現成本和非付現成本。付現成本包括外購原材料燃料和動力費用、工資費用、修理費等。非付現成本主要指固定資產的折舊費用、資產減值準備、長期資產攤銷費用等。

（3）稅款。分析主要考慮項目投資營運後需依法繳納的所得稅。

營業現金淨流量通常可以表示為：

現金淨流量（NCF）= 營業收入−付現成本−所得稅

= 營業收入−（營業成本−非付現成本）−所得稅

= 營業利潤−所得稅+非付現成本

= 稅後淨利+非付現成本

3. 終結現金流量

終結現金流量也稱回收額，主要包括以下三個方面：

（1）固定資產變價淨收入是固定資產出售或報廢時的出售價款或殘值收入扣除清理費用後的淨額。

（2）固定資產變現淨損益對現金淨流量的影響。用公式表示如下：

固定資產變現淨損益對現金淨流量的影響=（帳面價值−變價淨收入）×所得稅稅率

若(帳面價值−變價淨收入)>0，則意味著發生了變現淨損失，可以抵稅，減少了現金

的流出，增加了現金淨流量。若(帳面價值-變價淨收入)<0，則意味著實現了變現淨收益，需要納稅，增加了現金的流出，減少了現金淨流量。

（3）墊支營運資金的收回。項目開始墊支的營運資金在項目結束時可以收回。

值得注意的是，項目計算期的第 n 期期末，即會產生營業現金淨流量，又會產生終結現金淨流量，一般在計算第 n 期期末現金淨流量時，需將兩部分加總。

二、投資項目現金流量的估計方法

現以新建固定資產項目為例，介紹投資項目現金流量的估計方法：

【例7-1】 某公司因業務發展的需要，準備購入一套設備。現有甲、乙兩個方案可供選擇。甲方案需投資200,000元，使用壽命為5年，採用直線法折舊，5年後設備無殘值，5年中每年營業收入為150,000元，每年的付現成本為80,000元。乙方案需投資180,000元，使用壽命也為5年，5年後有淨殘值收入20,000元，採用直線法折舊，5年中每年的營業收入為140,000元，付現成本第一年為60,000元，以後隨著設備陳舊，逐年將增加修理費8,000元，另需墊支流動資金10,000元，流動資金於設備報廢時收回。假設公司所得稅稅率為25%，兩個方案均不考慮建設期，設備安裝調試後立即投入生產。

要求：計算兩個方案各年的現金淨流量。

甲方案現金淨流量：

$NCF_0 = -200,000$（元）

每年折舊 $= 200,000 \div 5 = 40,000$（元）

$NCF_{1-5} = (150,000 - 80,000 - 40,000) \times (1 - 25\%) + 40,000 = 62,500$（元）

乙方案現金淨流量：

$NCF_0 = -(180,000 + 10,000) = -190,000$（元）

每年折舊 $= (180,000 - 20,000) \div 5 = 32,000$（元）

$NCF_1 = (140,000 - 60,000 - 32,000) \times (1 - 25\%) + 32,000 = 68,000$（元）

$NCF_2 = (140,000 - 68,000 - 32,000) \times (1 - 25\%) + 32,000 = 62,000$（元）

$NCF_3 = (140,000 - 76,000 - 32,000) \times (1 - 25\%) + 32,000 = 56,000$（元）

$NCF_4 = (140,000 - 84,000 - 32,000) \times (1 - 25\%) + 32,000 = 50,000$（元）

$NCF_5 = (140,000 - 92,000 - 32,000) \times (1 - 25\%) + 32,000 + 20,000 + 10,000 = 74,000$（元）

甲、乙方案現金流量的計算過程可分別用表7-1和表7-2列示：

表7-1　　　　　　　　　　　　甲方案現金流量表　　　　　　　　　　　　單位：元

時間（t）	0	1	2	3	4	5
初始現金流量						
固定資產投資	-200,000					

表7-1(續)

時間 (t)	0	1	2	3	4	5
流動資金投資						
初始現金淨流量	-200,000					
營業現金流量						
營業收入		150,000	150,000	150,000	150,000	150,000
付現成本		80,000	80,000	80,000	80,000	80,000
折舊		40,000	40,000	40,000	40,000	40,000
所得稅		7,500	7,500	7,500	7,500	7,500
稅後淨利潤		22,500	22,500	22,500	22,500	22,500
營業現金淨流量		62,500	62,500	62,500	62,500	62,500
終結現金流量						
固定資產殘值						
收回流動資金						
終結現金淨流量						
各年現金淨流量	-200,000	62,500	62,500	62,500	62,500	62,500

表 7-2　　　　　　　　　乙方案現金流量表　　　　　　　　單位：元

時間 (t)	0	1	2	3	4	5
初始現金流量						
固定資產投資	-180,000					
流動資金投資	-10,000					
初始現金淨流量	-190,000					
營業現金流量						
營業收入		140,000	140,000	140,000	140,000	140,000
付現成本		60,000	68,000	76,000	84,000	92,000
折舊		32,000	32,000	32,000	32,000	32,000
所得稅		12,000	10,000	8,000	6,000	4,000
稅後淨利潤		36,000	30,000	24,000	18,000	12,000
營業現金淨流量		68,000	62,000	56,000	50,000	44,000
終結現金流量						
固定資產殘值							20,000
收回流動資金							10,000
終結現金淨流量							30,000
各年現金淨流量	-190,000	68,000	62,000	56,000	50,000	74,000

復習與思考：

原始總投資、建設投資、流動資金投資之間的關係如何？

任務三　投資項目折現率的估計

一、使用企業當前加權平均資本成本作為投資項目的資本成本

使用企業當前的資本成本作為項目的資本成本，應同時具備兩個條件：一是項目的經營風險與企業當前資產的平均風險相同；二是公司繼續採用相同的資本結構為新項目籌資。

用當前的資本成本作為折現率，隱含了一個重要假設，即新項目是企業現有資產的複製品，它們的系統風險相同，要求的報酬率才會相同。這種情況經常會出現，如固定資產更新、現有生產規模的擴張等。如果新項目和現有項目的風險有很大區別，如某鋼鐵公司是個傳統行業企業，風險較小，最近新進入了信息產業，則在評價信息產業項目時，就不能使用目前的資本成本作為折現率了，因為新項目的風險與現有資產的平均風險有顯著差別。

所謂企業的加權平均資本成本，通常是根據當前的數據計算的，包括資本結構因素。如果承認資本市場是不完善的，籌資結構就會改變企業的平均資本成本。如新項目籌資時採用了更多債務籌資，由於負債資本比重上升，股權現金流量的風險增加，所要求的報酬率會迅速上升，引起企業平均資本成本上升；同時擴大了成本較低的債務籌資，會引起企業平均資本成本下降。這兩種因素共同作用，使得企業平均資本成本發生變動。因此，繼續使用當前的平均資本成本折現率就不合適了。

總之，在等風險假設和資本成本結構不變假設明顯不能成立時，不能使用企業當前的平均成本作為新項目的資本成本。

二、運用可比公司法估計投資項目的資本成本

（一）可比公司法的適用範圍

如果目標公司待評估項目經營風險與公司原有經營風險不一致，就不能使用公司當前的加權平均資本成本，而應當估計項目的系統風險，並計算項目的資本成本即投資人對於項目要求的必要報酬率。

（二）調整方法

尋找一個經營業務與待評估項目類似的上市公司，以該上市公司的 β 值替代待評估項

目的β值。

(三) 計算步驟

1. 卸載可比企業財務槓桿

$\beta_{資產}$ = 類比上市公司的$\beta_{權益}$÷[1+(1-類比上市公司適用所得稅稅率)×類比上市公司的產權比率]

2. 加載目標企業財務槓桿

目標公司的$\beta_{權益}$ = $\beta_{資產}$×[1+(1-目標公司適用所得稅稅率)×目標公司的產權比率]

3. 根據目標企業的$\beta_{權益}$計算股東要求的報酬率

股東要求的報酬率 = 無風險報酬率+$\beta_{權益}$×市場風險溢價

4. 計算目標企業的加權平均資本成本

加權平均資本成本 = 負債稅前成本×(1-所得稅稅率)×負債比重+權益成本×權益比重

註：$\beta_{資產}$不含財務風險，$\beta_{權益}$既包含了項目的經營風險，也包含了目標企業的財務風險。

【例7-2】某大型聯合企業甲公司，擬開始進入飛機製造業。甲公司目前的資本結構是負債與權益之比為2∶3，進入飛機製造業後仍維持該目標結構。在該目標資本結構下，債務稅前成本為6%。飛機製造業的代表企業是乙公司，其資本結構是債務與權益之比為7∶10，權益的β值為1.4。已知無風險報酬率為5%，市場風險溢價為8%，兩個公司的所得稅稅率均為30%。

(1) 將乙公司的$\beta_{權益}$轉換為無負債的$\beta_{資產}$

$\beta_{資產}$ = 1.4÷[1+(1-30%)×7/10] ≈ 0.939,6

(2) 將無負債的β值轉換為甲公司含有負債的股東權益β值

$\beta_{權益}$ = 0.939,6×[1+(1-30%)×2/3] ≈ 1.378,1

(3) 根據$\beta_{權益}$計算甲公司的權益成本

權益成本 = 5%+1.378,1×8% ≈ 16.02%

(4) 計算加權平均資本成本

加權平均資本成本 = 6%×(1-30%)×2/5+16.02%×3/5 ≈ 11.29%

復習與思考：

什麼是現金流量？在投資決策中，為什麼採用現金流量而不是會計利潤作為評價的基礎？

任務四　投資項目的評價方法

一、項目投資評價指標的分類

企業進行項目投資決策，必須在事前運用科學的方法進行分析預測，其中對現金流量的分析至關重要。當項目的現金淨流量確定之後，就可以採取一定的方法進行評價。項目投資評價指標的具體分類如下：

（一）按是否考慮資金時間價值分類

評價指標按其是否考慮資金時間價值，可分為貼現評價指標和非貼現評價指標兩大類。非貼現評價指標是指在計算過程中不考慮資金時間價值因素的指標，又稱為靜態指標，包括投資利潤率和靜態投資回收期等。與非貼現評價指標相反，貼現評價指標在計算過程中充分考慮和利用資金時間價值，因此貼現評價指標又稱為動態指標，包括淨現值、淨現值率、現值指數和內含報酬率等指標。

（二）按指標性質不同分類

評價指標按其性質不同，可分為在一定範圍內越大越好的正指標和越小越好的反指標兩大類。投資利潤率、淨現值、淨現值率、現值指數和內含報酬率屬於正指標；靜態投資回收期屬於反指標。

（三）按指標數量特徵分類

評價指標按其數量特徵的不同，可分為絕對量指標和相對量指標。前者包括以時間為計量單位的靜態投資回收期和以價值量為計量單位的淨現值指標；後者包括淨現值率、現值指數、內含報酬率等指標。

（四）按指標重要性分類

評價指標按其在決策中所處地位，可分為主要指標、次要指標和輔助指標。淨現值、內含報酬率、淨現值率、現值指數為主要指標；靜態投資回收期為次要指標；投資利潤率為輔助指標。

（五）按指標計算的難易程度分類

評價指標按其計算的難易程度，可分為簡單指標和複雜指標。投資利潤率、靜態投資回收期、淨現值、淨現值率和現值指數為簡單指標；內含報酬率為複雜指標。

二、非貼現評價指標

（一）投資利潤率

1. 基本原理

投資利潤率又稱投資報酬率（記作 ROI），是指達到正常生產年度利潤或年平均利潤占原始投資額的比率。其計算公式為：

$$\text{ROI} = \frac{\text{年平均淨利潤}}{\text{原始投資額}} \times 100\%$$

2. 決策規則

對於獨立方案，應將該項目投資利潤率與企業設定的基準收益率進行比較。如果項目的投資利潤率大於或等於企業設定的基準收益率，則該方案可行；反之，則該項目不可行。對於互斥方案，如果多個方案都具備財務可行性，那麼投資利潤率最大的方案為最優方案。

3. 指標的優缺點

（1）優點

投資利潤率指標具有簡單、明了、易於掌握的優點，且該指標不受建設期的長短、投資的方式、回收額的有無以及淨現金流量的大小等條件的影響，能夠說明各投資方案的收益水準。

（2）缺點

投資利潤率是非貼現的相對數正指標，該指標沒有考慮貨幣時間價值和風險因素，不能正確反應建設期長短及投資方式對項目的影響；投資利潤率採納的是會計標準下的淨收益數據，無法直接利用淨現金流量信息。投資利潤率通常作為項目投資的輔助評價指標應用。

（二）靜態投資回收期

1. 基本原理

靜態投資回收期，簡稱回收期（記作 PP），是指項目投產後的未折現現金淨流量收回初始投資所需的年限。靜態投資回收期包括「包括建設期的靜態投資回收期」和「不包括建設期的靜態投資回收期」兩種形式。

靜態投資回收期指標的計算有兩種方法：

（1）公式法

當項目投產後經營期若干年現金淨流量相等，且其合計數大於或等於項目的原始投資時，包括建設期的靜態投資回收期可按下式計算：

$$\text{回收期} = \text{建設期} + \frac{\text{原始投資額}}{\text{經營期年現金淨流量}}$$

【例7-3】 已知某項目有甲、乙兩個備選方案。其中，甲、乙方案的現金淨流量如表 7-3 所示：

表 7-3　　　　　　　　某項目甲、乙方案的現金流量表

項目＼年份	0	1	2	3	4	5
甲方案現金淨流量	-10,000	3,000	3,000	3,000	3,000	3,000
乙方案現金淨流量	-10,000	2,000	2,200	2,800	3,500	4,000

回收期（甲）＝ $\dfrac{10,000}{3,000} \approx 3.33$ （年）

（2）列表法

如果經營期每年的現金淨流量不相等，則應通過列表計算的方法。該方法計算出的結果是包括建設期的靜態投資回收期。

為了方便計算，回收期可根據下面公式求解：

回收期 ＝ 最後一項為負值的累計現金淨流量對應的年數 ＋ $\dfrac{|最後一項為負值的累計現金淨流量|}{下一年度現金淨流量}$

承接例 7-3。該項目乙方案的現金流量如表 7-4 所示：

表 7-4　　　　　　　　某項目乙方案現金流量表

年度	每年現金淨流量	累計現金淨流量	年末尚未回收的投資額
0	-10,000	-10,000	10,000
1	2,000	-8,000	8,000
2	2,200	-5,800	5,800
3	2,800	-3,000	3,000
4	3,500	500	—
5	4,000	4,500	—

回收期（乙）＝ $3 + \dfrac{|-3,000|}{3,500} \approx 3.86$ （年）

2. 決策規則

對於獨立方案，應將方案的回收期與企業設定的基準回收期進行比較。如果方案的回收期小於或等於企業設定的基準回收期，則該方案可行；反之，該方案不可行。對於互斥方案，如果多個方案都具備財務可行性，那麼回收期最小的方案為最優方案。

如例 7-3，若假設企業設定的基準回收期為 5 年，則甲方案和乙方案都具備財務可行性，但甲方案的投資回收 3.33 年小於乙方案的投資回收期 3.86 年，因此，應當選擇甲方案。

3. 指標的優缺點

（1）優點

投資回收期指標能夠直觀地反應原始總投資的返本期限，便於計算和易於理解。

（2）缺點

靜態投資回收期是非貼現的絕對數指標，該指標沒有考慮貨幣時間價值，只考慮了回收期內的現金淨流量，沒有考慮回收期滿後現金淨流量，容易排除具有戰略意義的項目投資方案，導致急功近利的錯誤決策。靜態投資回收期通常作為項目投資的次要評價指標應用。

三、貼現評價指標

（一）淨現值

1. 基本原理

淨現值（記作 NPV）是指在項目計算期內，按選定的折現率計算的各年現金淨流量的現值的代數和。其計算公式為：

淨現值 = $\sum$（項目計算期內各年的現金淨流量×複利現值系數）

【例7-4】承上例，假設企業設定的基準折現率為10%，求甲、乙方案的淨現值。

NPV（甲）= -10,000+3,000×(P/A,10%,5)

= -10,000+3,000×3.790,8

= 1,372.40（元）

NPV（乙）= -10,000+2,000×(P/F,10%,1)+2,200×(P/F,10%,2)+2,800×(P/F,10%,3)

+3,500×(P/F,10%,4)+4,000×(P/F,10%,5)

= -10,000+2,000×0.909,1+2,200×0.826,4+2,800×0.751,3+3,500×0.683,0

+4,000×0.620,9

= 614.02（元）

2. 決策規則

對於獨立方案，如果方案的淨現值大於或等於零，則該方案可行；反之，該方案不可行。

對於互斥方案，如果幾個方案的原始投資額相等，且淨現值都是正數，那麼淨現值最大的方案為最優方案；如果幾個投資方案的原始投資額不相等，則不宜採用淨現值指標，而應採用其他評價指標進行分析和評價。

如例7-4，甲、乙方案的原始投資額相等，且淨現值都是正數，甲方案的淨現值1,372.40元大於乙方案的淨現值614.02元，因此，應當選擇甲方案。

3. 指標的優缺點

（1）優點：①考慮了資金的時間價值；②考慮了項目計算期的全部淨現金流量，體現了流動性與收益性的統一；③考慮了投資風險性，因為折現率的大小與風險的高低有關，風險越高，折現率也越高。因而用淨現值指標進行評價的方法是一種較好的方法。

（2）缺點：淨現值是貼現的絕對數正指標，該指標不能揭示各個投資方案本身可能達到的實際投資報酬率；當各個投資方案的投資額不相同，單純看淨現值的絕對值就不能做出正確的評價。因此，應採用其他方法進行評價。

（二）淨現值率

1. 基本原理

淨現值率（記作 NPVR）是指投資項目的淨現值占原始投資現值的百分比。其計算公式為：

$$淨現值率 = \frac{投資項目淨現值}{原始投資現值} \times 100\%$$

承上例：

$$NPVR（甲）= \frac{1,372.40}{10,000} \times 100\% \approx 13.72\%$$

$$NPVR（乙）= \frac{614.02}{10,000} \times 100\% \approx 6.14\%$$

2. 決策規則

對於獨立方案，如果方案的淨現值率大於或等於零，則該方案可行；反之，該方案不可行。

對於互斥方案，如果多個方案都具備財務可行性，那麼淨現值率最大的方案為最優方案。

如上例，甲、乙方案的淨現值率均大於零，甲方案的淨現值率 13.72% 大於乙方案的淨現值率 6.14%，因此，應當選擇甲方案。

3. 指標的優缺點

（1）優點

淨現值率是一個貼現的相對數正指標，該指標考慮了資金的時間價值，可以從動態的角度反應項目投資的資金投入與淨產出之間的關係。

（2）缺點

淨現值率與淨現值指標相似，同樣無法直接反應投資項目的實際收益率；在資本決策過程中可能導致片面追求較高的淨現值率，在企業資本充足的情況下，有降低企業投資利潤總額的可能。

（三）現值指數

1. 基本原理

現值指數又稱獲利指數或現值比率（記作 PI），是指項目投產後各年現金淨流量的現值之和與原始投資現值之比。其計算公式為：

$$現值指數 = \frac{項目投產後各年現金淨流量現值之和}{原始投資現值} \times 100\%$$

$$= \frac{淨現值 + 原始投資現值}{原始投資現值} \times 100\%$$

$$= 1 + NPVR$$

承上例，現值指數(甲) = 1+13.72% ≈ 1.14

現值指數(乙) = 1+6.14% ≈ 1.06

2. 決策規則

對於獨立方案，如果方案的現值指數大於或等於1，則該方案可行；反之，該方案不可行。對於互斥方案，如果多個方案都具備財務可行性，那麼現值指數最大的方案為最優方案。

如上例，甲、乙方案的現值指數均大於1，甲方案現值指數1.14大於乙方案現值指數1.06，因此，應當選擇甲方案。

3. 指標的優缺點

（1）優點

現值指數可以從動態的角度反應項目投資的資金投入與總產出之間的關係，可以彌補淨現值在投資額兩種方案之間不能比較的缺陷，使投資方案之間可直接用現值指數進行對比。

（2）缺點

現值指數無法直接反應投資項目的實際收益率，計算起來比淨現值指標複雜，因此，在實務中通常並不要求直接計算現值指數。如果需要考核這個指標，可以在求得淨現值率的基礎上推算出來。

（四）內含報酬率

1. 基本原理

內含報酬率又稱內部收益率（記作 IRR），是使投資項目的淨現值等於零的折現率。內含報酬率反應了投資項目的實際報酬率，越來越多的企業使用該指標對投資項目進行評價。內含報酬率的計算過程如下：

（1）如果每年的現金淨流量相等，則按下列步驟計算：

第一步，計算年金現值系數。

$$年金現值系數 = \frac{原始投資額}{每年現金淨流量}$$

第二步，查年金現值系數表，在相同的期數內，找出與上述年金現值系數相鄰的較大和較小的折現率。

第三步，根據上述兩個相鄰的折現率和已求得的年金現值系數，採用內插法計算出該投資項目的內含報酬率。

如上例中的甲方案，該方案每年的現金淨流量相等，按上述步驟計算如下：

第一步，計算年金現值系數。

$$(P/A, 5, i) = \frac{10,000}{3,000} \approx 3.33$$

第二步，查表得：$(P/A, 5, 15\%) = 3.352,2$；$(P/A, 5, 16\%) = 3.274,3$

第三步，採用內插法得：

$$\frac{15\% - i}{15\% - 16\%} = \frac{3.352,2 - 3.33}{3.352,2 - 3.274,3}$$

$i = 15.24\%$

（2）如果每年的現金淨流量不相等，則需要按照下列步驟計算：

第一步，測試折現率。先預估一個折現率，並按此折現率計算淨現值。如果計算出的淨現值為正數，則表明預估的折現率小於該投資項目時間內含報酬率，應予提高，再進行測算；如果計算出的淨現值為負數，則表明預估的折現率大於該投資項目時間內含報酬率，應予降低，再進行測算。經過如此反覆測算，找到淨現值由正到負並且比較接近於零的兩個折現率。

第二步，根據上述兩個鄰近的折現率再採用內插法計算出投資項目的實際內含報酬率。

如上例中的乙方案，該方案每年的現金淨流量不相等，按上述步驟計算如下：

第一步，測試折現率，如表7-5：

表7-5　　　　　　　　　乙方案的內含報酬率測試表　　　　　　　　　單位：元

年份	現金淨流量	折現率=12% 複利現值系數	現值	折現率=14% 複利現值系數	現值
1	-10,000	1	-10,000	1	-10,000
1	2,000	0.892,9	1,785.80	0.877,2	1,754.40
2	2,200	0.797,2	1,753.84	0.769,5	1,692.90
3	2,800	0.711,8	1,993.04	0.675,0	1,890.00
4	3,500	0.635,5	2,224.25	0.592,1	2,072.35
5	4,000	0.567,4	2,269.60	0.519,4	2,077.60
淨現值	—	—	26.53	—	-512.75

第二步，採用內插法得：

$$\frac{12\%-i}{12\%-14\%}=\frac{26.53-0}{26.53-(-512.75)}$$

$i=12.10\%$

2. 決策規則

對於獨立方案，應該將所測算的各方案的內含報酬率與企業設定的基準折現率進行對比，如果投資方案的內含報酬率大於或等於企業設定的基準折現率，該方案可行；反之，該方案不可行。對於互斥方案，如果多個方案都具備財務可行性，那麼內含報酬率最大的方案為最優方案。

承上例，假設企業設定的基準折現率為10%，甲、乙方案的內含報酬率都大於10%，但甲方案的內含報酬率15.24%大於乙方案的內含報酬率12.10%，因此，應當選擇甲方案。

3. 指標的優缺點

（1）優點

內含報酬率非常注重資金時間價值，能從動態的角度直接反應投資項目的實際收益率，比較客觀。

（2）缺點

內含報酬率的計算過程比較複雜，特別是每年現金淨流量不相等的項目，一般要經過多次測算才能求出結果。

四、獨立方案的投資決策

獨立方案指一組相互獨立、不存在競爭與排斥關係的投資方案或者單一的投資方案，採納或拒絕某一投資方案對其他方案不產生影響。

獨立方案的決策屬於篩分決策，是評價各方案本身是否可行，即方案本身是否達到某種要求的可行性標準。如果淨現值大於或等於零，或現值指數大於或等於1，或內含報酬率大於或等於投資者要求的最低報酬率，則該項目在經濟上是可行的；反之，項目不可行，應當放棄對該項目的投資。

將各獨立投資方案進行比較時，決策要解決的問題是確定各種可行方案的投資順序，即各獨立方案之間的優先次序。

因此，排序分析時，以各獨立方案的獲利程度作為評價標準，一般採用內含報酬率法進行比較決策。

五、互斥項目的優選問題

互斥方案是指在投資決策時涉及多個相互排斥的不能同時實施的方案。在互斥方案

中，選擇了某一方案必然要捨棄其他方案，各方案不能同時實施。對互斥方案進行分析，主要是在各可行方案的基礎上利用相關決策指標進行方案選優。

如果兩個互斥項目壽命相同，而且投資額相同，在利用淨現值和內含報酬率進行選優時結論是一致的。

如果兩個互斥項目壽命相同，但是投資額不同，利用淨現值和內含報酬率進行選優時結論可能有矛盾，此時應當優先使用淨現值法結論。

當兩個互斥項目的壽命不相同時，有兩種解決方法：一種是共同年限法，另一種是等額年金法。

1. 共同年限法

共同年限法也稱為重置價值鏈法。其原理是：假設投資項目可以在終止時進行重置，通過重置使兩個項目達到相同的年限，然後比較其淨現值。

共同年限法有一個相對困難的問題就是共同比較的時間可能很長，通常選最小公倍壽命為共同年限，最終選擇調整後淨現值最大的方案為優，因此會導致對預計計量未來的數據缺乏信心，尤其是重置的原始投資，實在是難以預計。

【例7-5】假設公司資本成本是10%，有A和B兩個互斥的投資項目，A項目的年限為6年，淨現值為12,441萬元，內含報酬率為19.73%；B項目的年限為3年，淨現值為8,324萬元，內含報酬率為32.67%。兩個項目的現金流量如表7-6所示。要求採用共同年限法對兩個項目選優。

表7-6　　　　　　　　　　　　項目現金流量表

項目		A		B		重置B	
時間	折現系數（10%）	現金流	現值	現金流	現值	現金流	現值
0	1	-40,000	-40,000	-17,800	-17,800	-17,800	-17,800
1	0.909,1	13,000	11,818	7,000	6,364	7,000	6,364
2	0.826,4	8,000	6,612	13,000	10,744	13,000	10,744
3	0.751,3	14,000	10,518	12,000	9,016	-5,800	-4,358
4	0.683,0	12,000	8,196	—	—	7,000	4,781
5	0.620,9	11,000	6,830	—	—	13,000	8,072
6	0.564,5	15,000	8,467	—	—	12,000	6,774
淨現值	—	—	12,441	—	8,324	—	14,577
內含報酬率	—	19.73%		32.67%			

兩個指標的評價結論有矛盾。

項目年限的最小公倍數為6年。

結論：B項目優於A項目。

其他解法：B 重置後的淨現值 = 8,324 + 8,324 × (P/F, 10%, 3) = 14,577（萬元）

2. 等額年金法

等額年金法的計算步驟和決策原則如表 7-7 所示：

表 7-7

計算步驟	決策原則
(1) 計算兩項目的淨現值； (2) 計算淨現值的等額年金額 [= 該方案淨現值/(P/A, i, n)]； (3) 永續淨現值（ = 等額年金額/資本成本 i）。 等額年金法的最後一步即永續淨現值的計算，並非總是必要的。在資本成本相同時，等額年金大的項目永續淨現值肯定大，根據等額年金大小就可以直接判斷項目的優劣。	選擇永續淨現值最大的方案為優。

【例 7-6】假設公司資本成本是 10%，有 A 和 B 兩個互斥的投資項目，A 項目的年限為 6 年，淨現值為 12,441 萬元，內含報酬率為 19.73%；B 項目的年限為 3 年，淨現值為 8,324 萬元，內含報酬率為 32.67%。

要求：利用等額年金法進行優選。

A 項目的淨現值的等額年金 = 12,441/4.355,3 ≈ 2,857（萬元）

A 項目的永續淨現值 = 2,857/10% = 28,570（萬元）

B 項目的淨現值的等額年金 = 8,324/2.486,9 ≈ 3,347（萬元）

B 項目的永續淨現值 = 3,347/10% = 33,470（萬元）

比較永續淨現值，B 項目優於 A 項目。

3. 共同年限法與等額年金法的缺陷

(1) 有的領域技術進步快，不可能原樣複製；

(2) 如果通貨膨脹比較嚴重，必須考慮重置成本的上升，兩種方法均未考慮；

(3) 長期來看，競爭會使項目淨利潤下降，甚至被淘汰，兩種方法均未考慮。

復習與思考：

投資決策用到哪些指標？利用不同的投資決策指標進行決策時為什麼會得出不同的投資結果？

本項目小結

本項目闡述了如下三方面的內容：

(1) 項目投資。投資是指特定經濟主體（包括國家、企業和個人）為了在未來可預

見的時期內獲得收益或使資金增值，在一定時期向一定領域的標的物投放足夠數額的資金或實物等貨幣等價物的經濟行為。從特定企業角度看，投資就是企業為獲取收益而向一定對象投放資金的經濟行為。學習中應瞭解項目投資的特點，項目投資所遵循的從項目提出到可行性分析、項目評價、項目選擇、項目實施和控制等的一系列程序。

（2）現金流量。現金流量也稱現金流動數量，簡稱現金流，在投資決策中是指一個項目引起的企業現金流出和現金流入增加的數量，這裡的現金是廣義的現金，不僅包括各種貨幣資金，還包括項目需要投入的企業現有非貨幣資源的變現價值。現金流量是評價一個投資項目是否可行時必須事先計算的一個基礎性數據。現金流出量是指該項目投資等引起的企業現金支出增加的數量，現金流入量是指該項目投產營運等引起的企業現金收入增加的數量。無論是流出量還是流入量，都強調現金流量的特定性，它是特定項目的現金流量，與別的項目或企業原先的現金流量不可混淆。這裡還強調現金流量的增量性，即項目的現金流量是由採納特定項目引起的現金支出或收入增加的數量。通過本項目的學習，應掌握投資項目的現金流量的計算方法。

（3）項目投資評價方法。評價長期投資方案的方法有兩類：一類是貼現方法，即考慮了時間價值因素的方法，主要包括淨現值法、現值指數法和內含報酬率法；另一類是非貼現方法，即沒有考慮時間價值因素的方法，主要包括投資回收期法、平均報酬率法和會計收益率法。通過本項目的學習，應掌握各種方法的應用。

項目測試與強化　　　　　　　項目測試與強化答案

項目八　資本結構

學習目標

瞭解資本結構的 MM 理論和其他理論；

深刻認識資本結構決策分析的影響因素；

掌握經營槓桿、財務槓桿和聯合槓桿的定義、產生的原因和槓桿系數的計算；理解資本結構的決策方法；

能夠計算槓桿系數並運用於實際；

能夠運用資本成本比較法、每股收益無差別點法和企業價值比較法進行資金結構決策。

任務一　資本結構理論

一、資本結構的 MM 理論

(一) MM 理論

MM 理論是由美國財務學者莫迪利安尼（Modigliani）和米勒（Miller）於 1958 年 6 月份發表的《資本成本、公司財務和投資管理》一文中所闡述的基本思想。MM 理論為資本結構開了先河，標志著現代資本結構理論的建立。

MM 資本理論包括無稅 MM 資本結構理論與有稅 MM 資本結構理論。

(二) 假設條件

(1) 企業的經營風險是可衡量的，有相同經營風險的企業即處於同一風險等級；

(2) 現在和將來的投資者對企業未來的 EBIT 估計完全相同，即投資者對企業未來收益和取得這些收益所面臨風險的預期是一致的；

(3) 證券市場是完善的，沒有交易成本；

（4）投資者可同公司一樣以同等利率獲得借款；

（5）無論借債多少，公司及個人的負債均無風險，故負債利率為無風險利率；

（6）投資者預期的 EBIT 不變，即假設企業的增長率為零，從而所有現金流量都是年金。

（三）無稅 MM 資本結構理論

無稅 MM 資本結構理論認為，在資本市場充分有效且不考慮市場交易費用，也不存在公司所得稅和個人所得稅的情況下，企業價值取決於投資組合和資產的獲利能力，而與資本結構和股息政策無關。

（四）有稅 MM 資本結構理論

有稅 MM 資本結構理論將公司所得稅的影響因素引入模型。該理論認為：由於公司所得稅的影響，儘管股權資金成本會隨負債比率的提高而上升，但上升速度卻慢於負債比率的提高。所以，在所得稅法允許債務利息費用稅前扣除時，負債越多，即資本結構中負債比率越高，資金加權平均成本就越低，企業的收益乃至企業價值就越高。

二、資本結構的其他理論

（一）權衡理論

該理論認為，MM 理論忽略了現代社會中的兩個因素——財務拮據成本和代理成本，而只要運用負債經營，就可能會發生財務拮據成本和代理成本。在考慮以上兩項影響因素後，運用負債企業的價值應按以下公式確定：

運用負債企業價值＝無負債企業價值＋運用負債減稅收益－財務拮據預期成本現值－代理成本預期現值

上式表明，負債可以給企業帶來減稅效應，使企業價值增大；但是，隨著負債減稅收益的增加，兩種成本的現值也會增加。只有在負債減稅利益和負債產生的財務拮據成本及代理成本之間保持平衡時，才能夠確定公司的最佳資本結構，即最佳的資本結構應為減稅收益等於兩種成本現值之和時的負債比例。

（二）代理理論

代理理論認為，企業資本結構會影響經理人員的工作水準和其他行為選擇，從而影響企業未來現金收入和企業市場價值。該理論認為，債權籌資有很強的激勵作用，並將債務視為一種擔保機制。這種機制能夠促使經理多努力工作，少個人享受，並且做出更好的投資決策，從而降低由於兩權分離而產生的代理成本；但是，負債籌資可能導致另一種代理成本，即企業接受債權人監督而產生的成本。均衡的企業所有權結構是由股權代理成本和債權代理成本之間的平衡關係來決定的。

（三）優序融資理論

優序融資理論（Pecking Order Theory）是指放寬 MM 理論完全信息的假定，以不對稱

信息理論為基礎，並考慮交易成本的存在，認為權益融資會傳遞企業經營的負面信息，而且外部融資要多支付各種成本，因而企業融資一般會遵循內源融資、債務融資、權益融資這樣的先後順序。

復習與思考：

1. 瞭解資本結構理論的 MM 理論。
2. 瞭解資本結構理論的其他理論。

任務二　資本結構決策分析

資本結構是指企業各種資本的價值構成及其比例關係，是企業一定時期籌資組合的結果。廣義的資本結構是指企業全部資本的構成及其比例關係；狹義的資本結構是指長期債務與股東權益的構成及比例關係。本書所指的資本結構是狹義的資本結構。資本結構是企業籌資決策的核心問題。如果企業現有資本結構不合理，應通過籌資活動優化調整資本結構，使其趨於科學合理。

一、資本結構的影響因素

(一) 內部因素

1. 企業發展階段

企業所處的發展階段不同，所表現的資本結構也不同。在初創期，企業經營風險較高，應控制負債比例；在成長期，企業債務資本比重開始上升；在成熟期，企業產銷業務量穩定和持續增長，經營風險低，可適當增加負債比例；在衰退期，企業經營風險增大，應降低債務資金比重。

2. 企業經營狀況的穩定性和成長率

企業產銷業務量的穩定程度對資本結構具有重要影響：如果產銷業務穩定，企業可較多地負擔固定的財務費用；如果產銷業務量和盈餘有週期性，則要負擔固定的財務費用，將承擔較大的財務風險。經營發展能力表現為未來產銷業務量的增長率，如果產銷業務量能夠以較高的水準增長，企業可以採用高負債的資本結構，以提升權益資本的報酬。

3. 企業的資本結構

企業的資產結構會以多種方式影響企業的資本結構。一般來說，擁有大量固定資產的企業主要通過長期負債和發行股票籌集資金；擁有較多流動資產的企業，更多地依賴流動負債來籌集資金；資產適於進行抵押貸款的企業一般舉債較多，如房地產企業的抵押貸款就非常多；以技術研究和開發為主的企業，一般負債很少。

4. 企業的財務狀況

如果企業財務狀況良好，企業容易獲得債務資金。相反，如果企業財務狀況較差，企業獲得債務資金的成本就會加大。

5. 管理人員的態度

管理人員的態度包括對企業控制權以及對待風險的態度。企業增加權益資本，有可能稀釋原有股東的權益和分散經營權，從而對企業所有權和經營權的控制造成影響。但過多使用負債，會增加企業的財務負債。因而，穩健型的管理者傾向於選擇低負債比例的資本結構。

(二) 外部因素

1. 行業因素

不同行業的經濟環境、資產構成、行業經營風險等往往有很大的差別，因此不同行業資本結構差異很大。一般而言，高新技術企業經營風險較高。可適度降低債務資金比重，控制財務風險；產品市場穩定的行業，經營風險較低，可適度增加債務資金比重，利用財務槓桿作用。

2. 稅收政策

根據中國稅法規定，企業利息可以抵扣所得稅，而股票的股利不能抵扣。一般而言，所得稅稅率越高，負債籌資的好處就越明顯。

3. 市場利率的變動

如果目前的市場利率較低，預測未來將會上升，則企業發行長期債券籌資比較有利；如果目前的市場利率較高，預測未來將會下降，則企業籌資短期資金比較有利。

4. 投資者的動機

如果投資者非常重視控制權，則盡量避免發行普通股籌資，這樣可以避免股權稀釋、分散控制權；如果企業股權分散，企業則可能更多地採用權益資本籌資以分散企業風險。

5. 貸款人和信用等級評定機構的態度

雖然企業總是希望通過負債籌資來獲取財務槓桿收益，但貸款人與信用等級評定結構的態度是不容忽視的，它在企業負債籌資中往往起著決定性作用。通常企業都會與貸款人共同商討其資本結構，並且對他們提出的意見予以充分重視，如果企業過度利用負債資本，貸款人未必會接受超額貸款的要求，或者只有在相當高的利率下才同意增加貸款。同時，信用等級評定機構的態度也很重要。該機構對企業的等級評定往往在企業擴大融資和選擇融資方式上產生重大的影響。

二、資本結構決策的分析方法

(一) 資本成本比較法

資本成本比較法，是通過計算和比較各種可能的籌資組合方案的平均資本成本，選擇

平均資本成本率最低的方案。即能夠降低平均資本成本的資本結構，就是最佳資本結構。

【例8-1】飛達公司需籌集2,000萬元長期資本，可以從長期借款、發行債券、發行普通股三種方式籌集，現有如下三個籌資方案選擇。

甲方案：長期借款400萬元、債券400萬元、普通股1,200萬元
乙方案：長期借款1,200萬元、債券400萬元、普通股400萬元
丙方案：長期借款800萬元、債券200萬元、普通股1,000萬元

三種籌資方案所對應的資金成本分別為6%、8%、9%。試分析哪種籌資方案最佳。

首先，分別計算三種方案的加權資本成本：

甲方案 $= \dfrac{400}{2,000} \times 6\% + \dfrac{400}{2,000} \times 8\% + \dfrac{1,200}{2,000} \times 9\% = 8.2\%$

乙方案 $= \dfrac{1,200}{2,000} \times 6\% + \dfrac{400}{2,000} \times 8\% + \dfrac{400}{2,000} \times 9\% = 7\%$

丙方案 $= \dfrac{800}{2,000} \times 6\% + \dfrac{200}{2,000} \times 8\% + \dfrac{1,000}{2,000} \times 9\% = 7.7\%$

根據上述計算結果，乙方案的平均資金成本最低，所以應該選擇乙方案為最佳籌資方案。

(二) 每股收益無差別點法

1. 每股收益無差別點法的定義

每股收益無差別點法又稱為EBIT-EPS分析法。可以用每股收益的變化來判斷資本結構是否合理，即能夠提高普通股每股收益的資本結構，就是合理的資本結構。每股收益受到經營利潤水準、債務資本成本水準等因素的影響，分析每股收益與資本結構的關係，可以找到每股收益無差別點。

在每股收益無差別點上，無論是採用債務籌資方案還是股權籌資方案，每股收益都是相等的。當預期息稅前利潤或業務量水準大於每股收益無差別點時，應當選擇財務槓桿效應較大的債務籌資方案；反之選擇股權籌資方案。

2. 每股收益無差別點法的計算

在每股收益無差別點上，不同籌資方案的EPS是相等的，用公式表示如下：

$$\dfrac{(\overline{\text{EBIT}-I_1}) \times (1-T) - D_1}{N_1} = \dfrac{(\overline{\text{EBIT}-I_2}) \times (1-T) - D_2}{N_2}$$

式中：EBIT表示息稅前利潤平衡點，即每股收益無差別點；I_1、I_2表示兩種籌資方式下的債務利息；D_1、D_2表示兩種籌資方式下的優先股股利；N_1、N_2表示兩種籌資方式下普通股股數；T表示所得稅稅率。

【例8-2】飛達公司有資金2,000萬元，其中債務資金800萬元，年利息為80萬元；普通股資本1,200萬元，共200萬股；企業由於有一個較好的投資項目，需要追加籌資

600萬元，籌資後，企業的年息稅前利潤可達到280萬元，該企業適用的所得稅率是25%，有兩種籌資方案可供選擇：

甲方案：增發普通股200萬股，每股3元

乙方案：向銀行取得長期借款600萬元，利息率12%

將上述數據代入計算公式可得：

$$\frac{(\overline{EBIT}-80)\times(1-25\%)}{200+200}=\frac{(\overline{EBIT}-80-600\times12\%)\times(1-25\%)}{200}$$

計算可得 $\overline{EBIT}=224$（萬元），EPS=0.27（元）

這裡 $\overline{EBIT}=224$ 萬元是兩個籌資方案的每股收益無差別點。在此點上，兩個籌資方案的每股收益都是相等的，均為0.27元。當企業的息稅前利潤高於224萬元時，利用長期債務籌資能夠獲得更高的每股收益；反之，當息稅前利潤低於224萬元時，利用權益籌資可以獲得更高的每股收益。在本例中，因為追加籌資後企業的息稅前利潤為280萬元，所以該企業應該採用負債籌資，即乙方案。

（三）企業價值比較法

1. 企業價值比較法的定義

企業價值比較法，是在充分反應企業財務風險的前提下，通過計算和比較各種資本結構下公司的市場總價值來確定最優資本結構的方法。最優資本結構亦即公司市場總價值最大的資本結構。企業價值比較法同時考慮了財務風險和資本成本等因素的影響，以企業價值最大化來確定資本結構，更符合企業價值最大化的財務目標。它適用於資本規模比較大的上市公司資本結構優化分析。

2. 企業價值的計算

$V=S+B$

式中：V 表示公司總價值；S 表示權益資本市場價值；B 表示債務資金市場價值。

為簡化起見，假定債務資金的市場價值等於其面值，權益資本的市場價值等於按股東要求的報酬率折現的企業未來淨收益，企業的息稅前利潤保持不變，股東要求的報酬率保持不變，則權益資本的市場價值為：

$S=(EBIT-I)(1-T)/K_s$

且：$K_s=R_f+\beta\times(R_m-R_f)$

式中：K_s 表示股票資本成本；R_f 表示無風險報酬率；R_m 表示所有股票的市場報酬率；β 表示公司股票的貝塔系數。

3. 企業資本成本的計算

$K_W=K_B\times\dfrac{B}{V}(1-T)+K_S\times\dfrac{S}{V}$

式中：K_W表示加權平均資本成本；K_B表示債務資金稅前資本成本；K_S表示普通股資本成本。

4. 企業最佳資本結構的確定

通過上述原理可以計算企業的總價值的最大值和平均加權資本成本的最小值，從而確定企業最佳的資本結構。

【例8-3】乙公司是一家上市公司，當年息稅前利潤為400萬元，預計未來年度保持不變，資本總額帳面價值為2,000萬元。假設證券市場平均收益率為10%，無風險收益率為6%，適用的企業所得稅稅率為40%。經測算，不同債務水準下的權益資本成本率和債務資本成本率如表8-1所示。

表 8-1　　　　　　　　債務資本成本率和權益資本成本率測算表

債務市場價值(萬元)	稅前債務利息率 K_B(%)	股票 β 系數	權益資本成本率 K_S(%)
0	—	1.5	12.0
200	8.0	1.55	12.2
600	9.0	1.8	13.2
1,000	12.0	2.0	15.2
1,200	15.0	2.7	16.8

在表8-1中，當債務市場價值＝200萬元，$\beta=1.55$，$R_f=6\%$，$R_m=10\%$時，有：
$K_S=6\%+1.55\times(10\%-6\%)=12.2\%$

同理可計算其他權益資本成本。

表 8-2　　　　　　　　公司價值和平均資本成本測算表

債務市場價值	股票市場價值	公司總價值	稅後債務資本成本	普通股資本成本	平均資本成本
0	2,000	2,000	—	12.0	12.0
200	1,888	2,088	6.0	12.2	11.61
600	1,573	2,173	6.75	13.2	11.05
1,000	1,105	2,105	9	15.2	12.25
1,200	786	1,986	11.25	16.8	13.45

在表8-2中，當債務市場價值＝600萬元，$K_B=9\%$，$K_S=13.2\%$，EBIT＝400萬元，時，則有：

$$S=\frac{(400-600\times9\%)\times(1-40\%)}{13.2\%}=1,573 \text{（萬元）}$$

$$K_W=9\%\times(1-40\%)\times\frac{600}{2,173}+13.2\%\times\frac{1,573}{2,173}\approx11.05\%$$

同理可計算其他平均資本成本。

通過表 8-2 可以看出，當債務資本為零時，公司的總價值就是股票的市場價值。隨著公司債務的遞增，財務槓桿開始發揮作用，公司的價值開始上升，平均資本成本開始下降。在債務資本達到 600 萬元時，公司總價值達到最大（2,173 萬元），平均資本成本達到最低（11.05%）。當債務資本超過 600 萬元後，公司的總價值開始下降，平均資本成本開始上升。因此，債務資本為 600 萬元時的資本結構是該公司最優的資本結構。

復習與思考：

1. 資本結構的影響因素有哪些？
2. 掌握資本成本比較法、每股收益無差別點法和企業價值比較法的計算與運用。

任務三　槓桿系數的衡量

槓桿效應是物理學中的概念，財務管理中也存在類似的槓桿效應。這種效應是由特定費用（如固定成本與固定財務費用）的存在導致的——當某一財務變量以較小幅度變動時，另一相關變量會以較大幅度變動。合理運用槓桿原理，有助於企業合理規避風險，提高資金營運效率。

一、經營槓桿系數的衡量

（一）經營槓桿

經營槓桿，是指由固定成本的存在導致息稅前利潤變動率大於產銷量變動率的現象。經營槓桿效應產生的原因是當銷售量增加時，變動成本將同比例增加，銷售收入也同比例增加，但固定成本總額不變，單位固定成本以反比例降低，這就導致單位產品成本降低，每單位產品利潤增加，於是利潤比銷量增加得更快。經營槓桿常被用來衡量經營風險的大小。

（二）經營槓桿系數

只要企業存在固定性經營成本，就存在經營槓桿效應的作用。經營槓桿的大小一般用經營槓桿系數表示，它是企業計算利息和所得稅之前的利潤（簡稱息稅前利潤）變動率與銷售量變動率之間的比率。計算公式為：

$$DOL = \frac{\Delta EBIT/EBIT}{\Delta Q/Q}$$

式中：DOL 表示經營槓桿系數；$\Delta EBIT$ 表示息稅前利潤變動額；EBIT 表示息稅前利潤；ΔQ 表示產銷業務量變動額；Q 表示產銷業務量。其中，息稅前利潤的計算公式為：

$$EBIT = (P-V) \times Q - F = M - F$$

式中：P 表示銷售單價；V 表示單位變動成本；F 表示固定成本總額；M 表示邊際貢獻。

上式經整理，經營槓桿系數的計算公式可以簡化為：

$$DOL = \frac{M}{M-F} = \frac{M}{EBIT} = \frac{EBIT+F}{EBIT}$$

【例8-3】宏泰公司產銷某種服裝，固定成本為800萬元，變動成本率為70%。年產銷額6,000萬元時，變動成本為4,200萬元，固定成本為800萬元，息稅前利潤為1,000萬元。年產銷額8,000萬元時，變動成本為5,600萬元，固定成本仍為800萬元，息稅前利潤為1,600萬元。求經營槓桿系數。

$$DOL = \frac{\Delta EBIT/EBIT}{\Delta Q/Q} = \frac{(1,600-1,000)/1,000}{(8,000-6,000)/6,000} = 1.8$$

$$DOL = \frac{M}{EBIT} = \frac{6,000-4,200}{1,000} = 1.8$$

(三) 經營槓桿與經營風險

經營風險，是指企業因生產經營上的原因而產生的息稅前利潤變動的風險。引起企業經營風險的主要原因是市場需求和成本等因素的不確定性。經營槓桿本身並不是利潤不穩定的根源，也不是經營風險變化的來源，它只是衡量經營風險大小的量化指標。事實上，是銷售和成本水準的變化引起息稅前利潤的變化，經營槓桿系數只不過是放大了息稅前利潤的變化，即擴大了市場和生產等不確定因素對利潤變動的影響，也就是放大了企業的經營風險。經營槓桿系數越大的企業，其經營風險也越高。根據經營槓桿系數的計算公式，有：

$$DOL = \frac{EBIT+F}{EBIT} = 1 + \frac{F}{EBIT}$$

上式表明：只要存在固定性經營成本，經營槓桿效應就存在，即經營槓桿系數大於1；DOL與F同方向變動，即其他因素不變時，固定性經營成本越大，DOL就越大，經營風險就越大；DOL與EBIT反方向變動，即其他因素不變時，息稅前利潤越大，DOL就越小，經營風險就越小。同時，息稅前利潤又受產品的銷售單價、銷售數量、單位變動成本、固定成本總額的影響。

【例8-4】泰安公司生產和銷售A產品。其數量為8萬件，產品單價為100元，銷售總額為800萬元，固定成本總額為160萬元，單位變動成本為60元，變動成本總額為480萬元。則經營槓桿系數為：

$$DOL = \frac{(100-60) \times 8}{(100-60) \times 8 - 160} = 2$$

【例8-5】 泰安公司生產和銷售 A 產品。其數量為 10 萬件，產品單價為 120 元，銷售總額為 1,200 萬元，固定成本總額為 160 萬元，單位變動成本為 60 元，變動成本總額為 600 萬元。則經營槓桿系數為：

$$DOL = \frac{(120-60) \times 10}{(120-60) \times 10 - 160} \approx 1.36$$

【例8-6】 泰安公司生產和銷售 A 產品。其數量為 8 萬件，產品單價為 100 元，銷售總額為 800 萬元，固定成本總額為 200 萬元，單位變動成本為 70 元，變動成本總額為 560 萬元。則經營槓桿系數為：

$$DOL = \frac{(100-70) \times 8}{(100-70) \times 8 - 200} = 6$$

由以上計算可見，在上述因素發生變動時，經營槓桿系數一般也會發生變動，從而產生不同程度的經營槓桿利益和經營風險。以上計算表明，企業一般可以通過增加銷量、提高銷售單價、降低產品單位變動成本、降低固定成本等措施使經營槓桿系數下降，從而降低經營風險。

二、財務槓桿系數的衡量

（一）財務槓桿

財務槓桿，是指由於固定財務費用的存在以致普通股每股收益變動率大於息稅前利潤變動率的現象。當息稅前利潤增大時，每一元盈餘所負擔的固定財務費用（如利息、優先股股息等）就會相應減少，就能給普通股股東帶來更多的收益。反之，當息稅前利潤減少時，每一元盈餘所負擔的固定財務費用就會相應增加，就會減少普通股股東的收益。因此，企業利用財務槓桿可能給普通股股東帶來額外的收益即財務槓桿利益，也可能造成一定的損失即財務風險。

【例8-7】 假定 A、B 兩個公司除資金結構外其他情況均相同。即 A、B 公司資本總額均為 2,000 萬元，息稅前利潤（營業利潤）均為 400 萬元，所得稅稅率為 25%；A 公司所有資本均為股東提供，普通股計 2,000 萬股，每股面值 1 元；B 公司長期負債 1,000 萬元（利率10%），普通股 1,000 萬股，每股面值 1 元。兩個公司的每股收益情況如表 8-3 所示。

表 8-3　　　　　　　　　A、B 公司每股收益情況表

項目	A 公司 （未運用財務槓桿）	B 公司 （運用財務槓桿）
營業利潤（萬元）	400	400
利息（萬元）	0	100
稅前利潤（萬元）	400	300

表8-3(續)

項目	A公司 (未運用財務槓桿)	B公司 (運用財務槓桿)
所得稅（萬元）	100	75
稅後利潤（萬元）	300	225
每股收益（元/股）	0.15	0.225

從上表可以看出，其他條件不變的情況下，運用財務槓桿（適當的負債）的企業每股收益要高於未運用財務槓桿的企業。

(二) 財務槓桿系數

只要企業的籌資方式中存在固定性資本成本，就存在財務槓桿效應。與經營槓桿作用的表示方式類似，財務槓桿作用的大小通常用財務槓桿系數表示。財務槓桿系數，是指普通股每股收益的變動率相當於息稅前利潤變動率的倍數，其計算公式為：

$$DFL = \frac{\Delta EPS/EPS}{\Delta EBIT/EBIT}$$

式中：DFL 表示財務槓桿系數；△EPS 表示普通股每股收益變動額；EPS 表示普通股每股收益；△EBIT 表示息稅前利潤變動額；EBIT 表示息稅前利潤。其中，每股收益的計算公式為：

$$EPS = [(EBIT-I)(1-T)-D]/N$$

式中：I 表示債務年利息；T 表示企業所得稅；D 表示優先股股息；N 表示普通股股數。

如果企業不存在優先股股息，上式經整理，財務槓桿系數可以簡化為：

$$DFL = \frac{EBIT}{EBIT-I}$$

如果企業既存在固定債務利息，也存在優先股股息，則財務槓桿系數的計算公式進一步調整為：

$$DFL = \frac{EBIT}{EBIT-I-\dfrac{D}{1-T}}$$

【例8-8】A公司擁有長期借款200萬元，借款年利率為8%，優先股資本為150萬元，年股息率為10%，公司適用的所得稅稅率是25%，息稅前利潤為300萬元。計算該公司財務槓桿系數。

$$DFL = \frac{300}{300-200\times 8\% - \dfrac{150\times 10\%}{1-25\%}} \approx 1.14$$

通過計算分析可得，A 公司的財務槓桿系數為 1.14。即當 A 公司的息稅前利潤增長 10%，普通股每股收益將增長 11.4%；反之，當 A 公司的息稅前利潤下降 10%時，普通股每股收益將下降 11.4%。

(三) 財務槓桿與財務風險

財務風險也稱籌資風險，是指企業在經營活動過程中與籌資有關的風險，尤其是指在籌資活動中利用財務槓桿可能導致企業股權資本所有者收益下降的風險，甚至可能導致企業破產的風險。

財務槓桿放大了資產報酬對普通股收益的影響，財務槓桿系數越大，財務風險越大。在不存在優先股股息的情況下，根據財務槓桿系數的計算公式，有：

$$DFL = \frac{EBIT}{EBIT-I} = 1 + \frac{I}{EBIT-I}$$

上式表明，只要存在固定性資本成本，財務槓桿效應就存在，即財務槓桿系數大於 1；DFL 與 I 同方向變動，即其他因素不變時，固定性資本成本越大，DFL 就越大，財務風險就越大；DFL 與 EBIT 反方向變動，即其他因素不變時，息稅前利潤越大，DFL 就越小，財務風險就越小。同時，息稅前利潤又受產品的銷售單價、銷售數量、單位變動成本、固定成本總額的影響。

三、聯合槓桿系數的衡量

(一) 聯合槓桿

經營槓桿通過固定性生產經營成本影響息稅前利潤，財務槓桿則通過固定性資本成本影響普通股每股收益。如果兩種固定成本共同存在，即產銷量的變動必然影響息稅前利潤的變動，息稅前利潤的變動最終又會影響普通股每股收益的變動。由此可見，固定性生產經營成本和固定性資本成本的共同存在導致的普通股每股收益變動率大於產銷量變動率的現象稱為聯合槓桿或綜合槓桿、總槓桿。

(二) 聯合槓桿系數

只要企業同時存在固定性生產經營成本和固定性資本成本，就會存在聯合槓桿的作用。對聯合槓桿計量的主要指標是聯合槓桿系數，它是經營槓桿系數和財務槓桿系數的乘積，是指普通股每股收益變動率相當於產銷量變動率的倍數。其計算公式為：

$$DTL = \frac{\Delta EPS/EPS}{\Delta Q/Q}$$

式中：DTL 表示聯合槓桿系數；其他符號含義與前面相同。

在不存在優先股股息的情況下，上式經整理，聯合槓桿系數的計算公式可以簡化為：

$$DTL = DOL \times DTL = \frac{M}{M-F-I}$$

在存在優先股股息的情況下，聯合槓桿系數的計算公式進一步調整為：

$$DTL = DOL \times DTL = \frac{M}{M-F-I-\frac{D}{1-T}}$$

【例8-9】已知甲公司2015年產銷A產品10萬件，單價80元，單位變動成本為60元，固定經營性成本為80萬元。公司負債總額為200萬元，年利率為10%，所得稅率為25%，計算該公司的聯合槓桿系數。

$$DTL = \frac{(80-60) \times 10}{(80-60) \times 10 - 80 - 200 \times 10\%} = 2$$

通過計算分析可得，甲公司的聯合槓桿系數為2。即當甲公司的產銷量增長10%，普通股每股收益將增長20%；反之，當甲公司的產銷量下降10%時，普通股每股收益將下降20%。

（三）聯合槓桿與公司總風險

公司的總風險包括經營風險和財務風險，反應了企業的整體風險。聯合槓桿系數反應了經營槓桿和財務槓桿之間的關係，用以評價企業的整體風險水準。在其他因素不變的情況下，聯合槓桿系數越大，企業總風險越大；聯合槓桿系數越小，企業總風險越小。

在聯合槓桿系數一定的情況下，經營槓桿系數與財務槓桿系數此消彼長。一般來說，固定資產比重較大的資本密集型企業，經營槓桿系數較高，企業籌資主要依靠權益資本，以保持較小的財務槓桿系數；變動成本比重較大的勞動密集型企業，經營槓桿系數較低，企業籌資可以主要依靠債務資金，保持較大的財務槓桿系數。

復習與思考：

1. 掌握經營槓桿的定義、經營槓桿系數的計算公式、經營槓桿與經營風險的關係等。
2. 掌握財務槓桿的定義、財務槓桿系數的計算公式、財務槓桿與財務風險的關係等。
3. 掌握聯合槓桿的定義、聯合槓桿系數的計算公式、聯合槓桿與公司總風險的關係等。

本項目小結

本項目主要闡述了如下問題：
（1）資本結構理論的發展。
（2）資本結構的影響因素。
（3）資本成本比較法、每股收益無差別點法和企業價值比較法的基本原理和計算方

法，以及決策標準上的異同。

（4）經營槓桿的基本原理與計算公式，並且學會分析經營槓桿系數與經營風險的關係。

（5）財務槓桿的基本原理與計算公式，並且學會分析財務槓桿系數與財務風險的關係。

（6）聯合槓桿的基本原理與計算公式，並且學會分析聯合槓桿系數與公司總風險的關係。

項目測試與強化　　　　　　　項目測試與強化答案

項目九　利潤分配管理

學習目標

認識利潤分配的原則；
熟悉利潤分配的一般程序；
掌握股利政策的類型；
理解股利分配、股票分割和股票回購等概念。

任務一　利潤分配的原則和程序

一、利潤分配的原則

　　企業利潤既有利潤總額的形式又有淨利潤的形式。因而利潤分配有廣義的利潤總額的分配與狹義的淨利潤的分配。由於稅法具有強制性和嚴肅性，繳納稅款是企業必須履行的義務，因此企業財務管理中的利潤分配集中在對企業淨利潤的分配上。

　　企業利潤分配，必須遵守國家財政法規，兼顧國家、所有者和企業及職工等各方面的利益，使利潤分配機制發揮利益激勵約束功能以及對生產的調節功能，充分調動各方面的積極性，為企業再生產創造良好條件。因此，企業在分配利潤時，要遵守以下原則：

　　（一）依法分配原則

　　稅後利潤是企業所有者擁有的重大權益，對這部分權益的分配與處置要遵守國家以法律形式統一的政策與辦法，對稅後利潤要按照規定的分配程序與比例進行分配。

　　（二）累積優先原則

　　利潤分配原則上是為了保護投資者的利益在利潤分配上採取的財務約束手段。企業的累積從最終產權歸屬看，仍為企業的投資者所有，因此，企業必須尊重市場競爭規律的要求，為了提高自我發展和抗風險能力進行必要的累積，避免因缺乏抵抗經營風險的能力而

損害投資者的利益。當然，在保證累積的前提下，還要正確處理累積與分配的關係、短期收益與長遠發展的關係。

（三）投資與收益對等原則

企業分配利潤應當體現「誰投資誰受益」的導向，受益大小與投資比例相對應，即投資與收益對等原則，這就要求企業在向投資者分配利潤時，要本著平等一致的原則，按照各方投入資本的多少進行分配，堅持同股同權、同股同利，不得以損害其他投資者的利益為代價來提高部分投資者的收益。

（四）無利不分原則

企業原則上應從累計、盈利中分配利潤，無盈利不得支付股利，即所謂「無利不分」的原則。但若公司用盈餘公積彌補虧損以後，為了維護股票的信譽，經股東大會特別決議，也可用盈餘公積支付股利，但支付股利後留存的法定盈餘公積不得低於註冊資本的25%。

（五）兼顧各方利益原則

要堅持全局觀念，兼顧各方利益。除依法納稅以外，投資者作為資本投入者、企業的所有者，依法享有收益分配權。企業的淨利潤歸投資者所有，是企業的根本制度。在保障投資者利益的前提下，通過適當方式參與淨利潤分配，提取公益金，確保經營者和員工利益。

二、利潤分配的程序

企業的利潤分配必須依據法定程序進行。根據《中華人民共和國公司法》等相關法律法規的規定，企業當年實現的稅前利潤，應首先依法繳納企業所得稅，之後形成的稅後利潤應當按照下列基本程序進行分配。

（一）彌補以前年度虧損

按照中國財稅制度的相關規定，企業發生的年度虧損可以由下一年度的稅前利潤彌補。下一年度稅前利潤還不能彌補的，可以由以後年度的利潤繼續彌補。但用稅前彌補虧損的連續期限不得超過5年。

（二）提職法定公積金

可供分配的利潤大於零是提取法定公積金的必要條件。企業實現的稅後淨利潤，按規定彌補5年內的虧損後，應當按稅後利潤扣除彌補近5年的虧損餘額的10%計提法定盈餘公積金。當計提的法定盈餘公累計額達到註冊資金的50%時，可以不再計提。

（三）提取任意公積金

企業從稅後利潤中提取法定公積金後，經股東會或股東大會決議，還可以從稅後利潤中提取任意公積金。與法定公積金的作用類似，任意公積金是企業用於防範風險、提高經營能力的重要資本來源。從性質上看，法定公積金與任意公積金都是企業從稅後利潤中提取的累積資本，屬於股東權益，可用於彌補虧損、轉增資本金或分配股利。但企業用公積金轉增資本後，所留存的法定公積金的餘額不得低於轉增前註冊資本的25%。

（四）向股東分配股利

企業按照上述程序彌補虧損、提取公積金後所餘稅後利潤，與以前年度的未分配利潤構成可供分配利潤，可以向股東（投資者）分配。如有限責任公司股東按照實繳的出資比例分取紅利、全體股東約定不按出資比例分取紅利的除外；股份有限公司按照股東持有的股份比例分配，但股份有限公司章程規定不按照持股比例分配的除外。

復習與思考：

1. 利潤分配的原則是什麼？
2. 利潤分配的程序是什麼？

任務二　股利理論和股利政策

一、股利理論

股利理論是指企業就股利分配所採取的策略。股利理論所涉及的問題主要是公司對其收益或留存是否用於投資的決策問題。股利分配作為財務管理的一部分，同樣要考慮其對公司價值的影響。圍繞股利分配對公司價值是否影響這一問題，主要有兩類股利理論：股利無關論和股利有關論。

（一）股利無關論

股利無關論認為股利分配對公司的市場價值（或股票價格）不會產生影響。該理論包括下列基本觀點：

1. 投資者並不關心公司股利分配

若公司留存較多的利潤用於再投資，會引起公司股票價格上升；此時儘管股利較低，但需要用現金的投資者可以出售股票換取現金。若公司發放較多的股利，投資者又可以用現金再買入一些股票以擴大投資，因而投資者對股利和資本利得並無偏好。

2. 股利的支付比率不影響公司的價值

股票的價格和公司的價值完全由公司資產的盈利能力決定，與發不發股利或發多少股利無關。公司的其他籌資方式對公司價值的影響恰好抵消了公司支付股利對公司價值的影響。例如一個公司可以通過增發股票，也可通過保留盈餘的方式來滿足對資金的需求。如果既支付了股利，又發行新股票來融通資金，那麼股利支付引起的價格上升，完全被外部融資削弱產權而下降的部分抵消。

無關理論的提出以五個假設條件為前提：①市場完整無缺；②籌措資金無費用；③無個人或公司所得稅；④企業投資政策不變；⑤企業投資回收沒有風險。

(二)股利相關論

股利相關論與股利無關論相反，股利相關論認為，企業的股利政策會影響股票價格和公司的價值。

1.「一鳥在手」理論

「一鳥在手」理論認為用留存收益再投資給投資者帶來的收益具有較大的不確定性，並且投資的風險隨著時間的推移會進一步加大，因此，投資者更偏向確定的股利收益，而不願意將收益留存在企業內部承擔未來的投資風險。

2. 信號傳遞理論

信號傳遞理論認為在信息不對稱的情況下，公司可以通過股利政策向市場傳遞有關公司未來獲利能力的信息，從而影響公司的股價。一般來說，預期未來獲利能力強的公司，願意以較高的股利支付水準吸引更多的投資者。相反，較低的股利支付水準則會導致投資者的數量更少。公司的支付水準如果突然發生變動，股價也會做出相應的反應。

3. 稅差理論

稅差理論認為，由於普遍存在的稅率以及納稅時間的差異，資本利得收入比股利收入更有助於投資者實現收益最大化目標，因此公司應當採用低股利政策。一般來說，對資本利得收入徵收的稅率低於對股利收入徵收的稅率。但如果存在股票交易成本，甚至當資本利得稅與交易成本之和大於股利收益稅時，偏好定期取得股利收益的股東就會偏向於企業採用高現金股利支付率的政策。

4. 代理理論

代理理論認為，股利政策有助於減緩管理者與股東之間的代理衝突。該理論認為：股利的支付減少管理者對現金流量的支配權，以此可以抑制管理者的過度投資；公司發放股利，減少內部籌資，導致公司進入資本市場尋求外部融資，從而可以接收資本市場的有效監督，有效地降低代理成本。因此，高水準的股利政策降低了企業的代理成本，但同時增加了外部融資成本，最優的股利政策是兩種成本之和最小。

二、股利政策

股利政策是指在法律允許的範圍內企業是否發放股利、發放多少股利以及何時發放股利的方針及對策。企業的淨收益可以支付給股東，也可以留存在企業內部，股利政策的關鍵問題是確定分配和留存的比例。股利政策不僅會影響股東的財富，而且會影響企業在資本市場上的形象及企業股票的價格，更會影響企業的長短期利益，因此，合理的股利政策對企業及股東來講都是非常重要的。企業應當確定適當的股利政策，並使其保持連續性，以便股東據以判斷其發展的趨勢。在實際工作中，通常有以下幾種股利發放政策可供選擇。

(一)剩餘股利政策

剩餘股利政策是在公司有著良好的投資機會時，根據一定的目標資本結構，測算出投資所需的權益資本，先從盈餘當中留用，然後將剩餘的盈餘作為股利予以分配。這裡的盈

餘是指公司當年提取了公積金、公益金後的稅後淨利潤。採用剩餘股利政策的根本理由是它可以保持理想的資本結構，使綜合資本成本最低，以實現企業價值的長期最大化。通常剩餘股利政策適用於公司的初創階段。

剩餘股利政策的具體步驟是：①確定最佳的投資預算；②根據目標或最佳的資本結構確定投資預算中所需籌資的股東權益資本額；③最大限度地運用留存收益來滿足投資預算中所需的股東權益資本額；④留存收益在滿足最佳投資預算後仍有剩餘，才可以用剩餘的利潤發放股利。

採用剩餘股利政策的好處在於：在外部融資難度較大的情況下可以滿足公司增長對資金的需求；在負債率比較高、利息負擔及財務風險較大的情況下，滿足投資規模擴大對資金需求增加的需要；剩餘股利政策還有助於保持目標資本結構或最佳資本結構，減少外部融資的交易成本，使加權平均成本達到最低。

採用剩餘股利政策的缺點在於：股利支付額受到公司的投資資本需求和利潤水準的制約，使得股利的多少與盈利水準高低脫節，並且會因股利發放的波動性給投資者造成公司經營狀況不穩定的感覺。此外，在投資需求旺盛的時期，會因股利發放率過低而影響股票價格的上漲，導致公司價值被低估，難以滿足追求穩定收益的股東的要求。

【例9-1】某公司2016年提取法定公積金後的淨利潤為180萬元，2017年新的投資預算所需的資本總額為120萬元，在目標資本結構中，股東權益資本比重為60%。按照目標資本結構的要求，公司在2016年度採用剩餘股利政策，應分配多少股利？

利潤留存 = 120×60% = 72（萬元）

股利分配 = 180−72 = 108（萬元）

由計算結果可知，該公司2017年需要120萬元新資本，其中需要為新投資籌措股東權益資本72萬元、債務資本48萬元。由於該公司2017年預計的可供分配淨利潤為180萬元，因此扣除需要的股東權益資本後，仍有108萬元剩餘利潤可向股東分配。

（二）固定股利政策

固定股利政策是指公司將每年發放的股利金額固定在某一個水準上並在較長的時期內保持不變。其基本特點是：不論經濟情況與企業經營的好壞，不降低股利的發放額，每年的股利支付額均穩定在某一特定水準。只有當確信未來利潤顯著且不可逆轉地提高，才會增加每年度的股利發放額。通常，固定股利政策適用於盈利穩定或處於成長期的企業。

採用固定股利政策的好處在於：固定或穩定增長的股利金額可以表達公司對其未來前景的預期，向市場傳遞公司正常穩定發展的信息，能消除投資者對未來股利的不確定感，有利於樹立企業的良好形象；同時，該股利政策能滿足投資者取得正常穩定收入的需要，給投資者帶來安全感，能在一定程度上降低資本成本並提高公司價值。

採用固定股利的政策的缺點在於：股利的支付與盈利脫節，當盈利較低時仍要支付固定股利，可能會出現資金短缺、財務狀況惡化，影響企業的長遠發展。如果公司處於不穩

定的行業，盈利變動較大，該政策可能掩蓋公司真實的經營與財務狀況，造成投資者的決策失誤。

（三）固定股利支付率政策

固定股利支付率政策是指公司按照一個固定不變的比率發放股利。因此，相應的股利支付率越高則公司的留存收益就會越低。一般來說，股利支付率一經確定，就不得隨意變更。實行該政策的公司認為，只有維持固定的股利支付比率，才能使股利與公司盈利密切結合，體現多盈多分、少盈少分、不盈不分的特點。通常，固定股利支付率政策只適用於穩定發展的公司和公司財務狀況較穩定的階段。

採用固定股利支付率政策的好處在於：股利與公司盈餘緊密地結合，適應企業自身的財務狀況，避免固定股利政策下公司所承受的定額支付壓力。並且，該政策能使投資者通過股利的變化，瞭解公司真實的收益情況，做出恰當的投資決策。

採用固定股利支付率政策的缺點在於：容易給投資者傳遞公司經營不穩定的信息，產生股票價格下跌與股東信心動搖的局面，不利於公司的市場形象維護。

（四）低正常股利加額外股利政策

低正常股利加額外股利政策是介於固定股利政策與固定股利支付率政策之間的一種股利政策。在一般情況下，公司每年發放的是固定的、數額較低的股利；如果公司的業績好，除了按期支付給股東固定的股利外，還要附加額外的股利。該股利政策適用於盈利與現金流量較為波動的企業，通常為大多數企業所採用。其特點是：①這種股利政策可以使公司具備較強的靈活性。如果投資量比較大或者獲利較少，則可以保持較少的正常股利；當盈利較多的時候，在公司財力能夠承擔的情況下，可以適當增加對投資者的股利發放，有助於穩定投資者。②這種股利政策可以使依賴股利收入的股東在各年能得到最基本的收入並且相對穩定，可以增加對投資者的吸引力。③適時地給投資者支付額外的股利，可以保證公司正常、穩定的股利，也可以讓股東分享公司的好處，向市場傳遞公司具有良好業績的信息。

採用低正常股利加額外股利政策的好處在於：它既能保證股利的穩定性，使股東有比較穩定的收入；又能做到股利與盈利較好配合，使公司具備較強的靈活性。

採用低正常股利加額外股利政策的缺點在於：在公司狀況不佳時，仍需支付正常部分股利，也會給公司造成一定的負擔。而當公司持續支付額外股利時，會給投資者造成一種錯覺，認為額外股利也是正常股利的一部分，一旦公司停止支付額外股利，就會引起投資者不滿。

三、股利政策的影響因素

企業利潤的分配涉及各方面的切身利益，受到種種因素的制約，主要包括以下幾個方面：

（一）法律因素

為了保護公司債權人和股東的利益，《中華人民共和國公司法》《中華人民共和國證

券法》等有關法律對公司股利的分配進行了一定的限制，主要包括：

(1) 資本保全。不能因支付股利而減少資本總額，目的在於使公司保留足夠的資本以保護債權人的權益。

(2) 資本累積。稅後淨收益是股利支付的前提，即以前年度的虧損必須足額彌補。公司帳面累計稅後利潤是正數時才可以發放股利。

(3) 債務契約。如果公司已經無力償還債務或發放股利將極大地影響公司償債能力，則不允許發放股利。

(二) 股東因素

股東在穩定收入、稅賦和股權稀釋等方面的要求會對公司股利政策產生影響。

(1) 穩定收入。許多股東投資的目的是獲取高額股利，偏愛定期支付高股利政策。公司增加留存收益引起股利上漲而獲得資本利得是有較大風險的，因此現在分配給股東比未來獲利資本利得的風險小一些。

(2) 規避所得稅。一些高股利收入的股東出於避稅的考慮，往往反對公司發放較多的股利。因為多數國家股利收入的所得稅高於股票交易的資本利得稅。在中國，現金股利收入的稅率為20%，個人投資者從上海、深圳交易所的上市公司取得的股利收入將按50%徵收個稅，即稅率是10%，但股票交易尚未徵收利得稅。

(3) 控制權的稀釋。較高的股利支付率將導致留存收益減少，將來依靠增發股票方式集資的需求增大，而發行新股，特別是普通股意味著企業控制權有旁落的可能性；相反，降低股利發放可避免這種所有權的稀釋，但是股利發放過少，則會引起股東的不滿。

(三) 公司因素

(1) 變現能力。公司現金股利的分配應以不危及企業經營資金的流動性為前提。如企業持有大量流動資產，而且變現能力強，則可採取較高的股利分配率分配股利，否則就應採取低股利率來分配股利。

(2) 舉債能力。如企業籌資能力強，短時間內可籌集到所需的貨幣資金，可按較高的股利率支付股利，否則，就應盡量減少股利的分配金額。

(3) 盈利能力。盈利能力較強的公司，通常採用較高股利政策；相反，盈利能力較弱或不夠穩定的公司通常採取較低股利政策。

(4) 投資機會。公司的股利政策與其所面臨的新的投資機會相關。如果公司有好的投資機會需要大量資金，則適合採用較緊的股利政策；反之，股利政策可以偏鬆。

(5) 資金成本。與發行新股相比，採用留存收益籌資，不需要支付籌資費用，資金成本較低。當公司籌集大量資金時，應選擇經濟的籌資方式，以降低資金成本，在這種情況下，企業會選擇較低股利政策。

(四) 其他因素

除了上述因素以外，還有其他一些因素也會影響公司的股利政策選擇。

（1）股利政策的慣性。一般而言，股利政策的重大調整，會造成投資者的不穩定因素，讓投資者改變投資企業，可能導致股價下跌。此外，由於股利收入是一部分股東生產和消費資本的來源，因此，多數投資者不願意持有股利變動幅度較大的股票。由此，股利政策要保持一定的連續性和穩定性。

（2）通貨膨脹的影響。通貨膨脹是流通中的貨幣數量超過經濟實際需要量而引起的貨幣貶值，表現為物價全面而持續的上漲。通貨膨脹使公司資本的購買力下降，維持現有的經營規模需不斷地追加投入，因此，公司需要將較多的稅後利潤用於內部累積。在通貨膨脹時期公司股利政策往往偏緊。

復習與思考：

1. 股利理論有哪些？
2. 股利分配政策的類型主要包括哪幾類？請分別闡述它們的優缺點。
3. 影響股利政策的因素有哪些？

任務三　股利分配、股票分割和股票回購

一、股利分配

（一）股利支付形式

1. 現金股利

現金股利，即日常所稱「紅利」，是公司直接用現金作為股利派發給股東的一種股利分配方式。發放現金股利俗稱「派現」或「分紅」，是最普通、最常見的股利支付形式。現金股利發放數量與企業的經營業績以及股利政策直接相關，同時企業還需保有足夠用於分配的現金。

2. 股票股利

股票股利，即日常所稱「紅股」，是公司將自己的股票作為股利向股東發放的一種股利分配方式。發放股票股利俗稱「送股」或「送紅股」。這種按一定的比例無償給公司股東送股的政策，表面上增加了股東持有的股票數量，但是送股後的每股權益也相應有所降低。這種股利分配方式實際上並未增加公司的股東權益總額，只是股東權益的結構發生了變化，即將一部分經濟收益從本應列為未分配利潤或盈餘公積而轉為股本。因此，股票股利最大的特點是不會減少公司的現金流量，有利於公司保持相對多的可支配現金，故公司通常會在需要保留現金的情況下選擇採用股票股利的分配方式。

3. 財產股利

財產股利即實物股利，是公司以現金以外的其他資產支付給股東的股利，可以是公司

的固定資產或者持有的有價證券等。

4. 負債股利

負債股利是指公司通過讓渡某些債權、以負債的形式向股東支付股利的一種股利分配方式。常規的做法是將公司的應付票據轉讓給股東，特殊情況下也會通過發行公司債券的方式。負債股利的實質是公司用來延期向股東進行股利分配的一種權宜方式，因此通常是在公司出現資金短缺、資金週轉困難的情況下，才會出現以負債的形式支付股利。

(二) 股利分配的程序

股份有限公司分配股利必須遵循法定的程序，一般是先由公司董事會提出分配預案，然後提交股東大會審議，股東大會決議通過分配預案之後，由董事會向股東宣布發放股利的方案，並確定股權登記日、除息日和股利支付日，最後在規定的股利支付日以約定的支付方式派發。

1. 股利宣告日

股利宣告日，即公司董事會將股東大會通過本年度利潤分配方案的情況以及股利支付情況予以公告的日期。公告中將宣布每股派發股利、股權登記日、除息除權日、股利支付日以及派發對象等事項。

2. 股權登記日

股權登記日，即有權領取本期股利的股東進行資格登記的截止日期。只有在股權登記日這一天登記在冊的股東（即在此日及之前持有或買入股票的股東）才有資格領取本期股利。

3. 除息除權日

除息除權日是指股利所有權與股票本身分離的日期，將股票中含有的股利分配權利予以解除，即在除息日當日及以後買入的股票不再享有本次股利分配的權利。中國上市公司的除息除權日通常是在登記日的下一個交易日。由於在除息除權日之前的股票價格包含了本次派發的股利，而自除息除權日起的股票價格則不包含本次派發的股利，通常通過除權調整上市公司每股股票對應的價值，以便投資者對股價進行對比分析。

4. 股利支付日

股利支付日，又稱股利發放日，是公司按照公布的方案向股權登記日在冊的股東正式發放股利的日期。公司一般通過資金清算系統或其他方式將股利支付給股東。

二、股票分割

股票分割，又稱股票拆分或拆股，是將面值較大的股票拆成若干面值較小的股票。例如，將原來的一股股票拆分成兩股股票。股票分割不屬於某種股利分配的方式，但其所產生的效果與發放股票股利類似。

(一) 股票分割對公司的影響

一般來說，股票的分割只會增加發行在外的股票總數，但不會對公司的資本結構產生

任何影響——既不會改變股東權益各項目的金額，也不會改變股東權益的總額。但股票分割仍對公司具有積極意義：

（1）通過股票分割可以增加股票的數量，降低每股的市價，從而吸引更多的投資者，促進股票的流通和交易。

（2）股票分割一般是成長中公司的行為，可以向投資者傳遞公司發展前景良好的信息，有助於提高投資者對公司的信心，樹立公司在資本市場上的良好形象。

（3）股票分割有助於公司併購政策的實施，增加對被併購方的吸引。

（二）股票分割對股東的影響

雖然股票分割不會直接增加股東的財富，但對股東來說，股票分割也有著重要意義：

（1）股票分割後各股東持有的股數會增加，持股的比例不會發生變化，持股的總價值不會發生變化。但只要股票分割後每股現金股利下降的幅度小於股票分割幅度，則股東實際收到的股利就有可能增加。

（2）股票分割向公眾發出公司的經營業績良好的信息，可能會導致購買該公司股票的人數增加，從而導致股票價格的上漲，增加股東的財富。

三、股票回購

股票回購是指上市公司出資將其發行流通在外的股票以一定價格購回予以註銷或作為庫存股的一種資本運作方式。公司以多餘現金購回股東所持有的股份，使流通在外的股份減少，每股股利增加，從而使股價上升，股東能因此獲得資本利得，這相當於公司支付給股東現金股利。因此，股票回購常被看作一種現金股利的替代方式。

（一）股票回購的動機

除了被認為是現金股利的替代，資本市場上的股票回購往往有著多重動機。

1. 傳遞股價被低估的信號

由於外部投資者與公司管理層之間存在信息不對稱，二者對股票價值的認識可能會存在較大差異。如果公司管理層認為目前的股價被低估，可以通過股票回購向市場傳遞積極信息，從而提升上市公司的股價。

2. 為股東避稅

由於資本利得與現金股利存在顯著的稅率差異，因此股票回購可以為股東帶來避稅效果，已經成為公司為股東分配利潤的一個重要形式。

3. 減少自由現金流量

當公司可支配現金明顯超過投資項目所需現金時，可以用多餘現金進行股票回購，將有助於提升每股股票的盈利水準。

4. 反收購

公司的股票被低估時，就有可能成為被收購的目標，從而對現有股東的控制權造成威脅。為了維護原有股東的控制權，預防或抵制敵意收購，公司可以通過股票回購的方式減

少流通在外的股票數量，提高股票價格。

(二) 股票回購的影響

1. 對股東的影響

股票回購相對於現金股利而言，可以節約個人稅收，因為股票回購後股東所得到的資本利得的稅率低於發放現金股利的股利稅率。但是，股票回購可能導致市盈率、每股市價等各項因素的變化，其結果是否對股東有利難以預料。也就是說，股票回購對股東利益具有不確定的影響。

2. 對公司的影響

對公司而言，股票回購的最終目的在於增加公司的價值。

(1) 公司進行股票回購的目的之一是向市場傳遞股價被低估的信號。如果公司管理層認為公司目前的股價被低估，則可以通過股票回購向市場傳遞積極信息。股票回購的市場反應通常是股價上升，有利於穩定公司股票價格。

(2) 通過股票回購可以避免股利波動帶來的負面影響。當公司剩餘現金流是暫時的或者是不穩定的，沒有把握能夠長期維持高股利政策時，可以在維持一個相對穩定的股利支付率的基礎上通過股票回購發放股利。

(3) 通過股票回購可以發揮財務槓桿的作用。如果公司認為資本結構中權益資本的比例較高，可以通過股票回購提高負債比率，改變公司的資本結構，並有助於降低加權平均資本成本。

(4) 通過股票回購調節所有權結構。公司擁有的庫存股可以用來交換被收購或被兼併公司的股票，也可用來滿足認股權證持有人認購公司股票或可轉換債券持有人轉換公司普通股的需要，還可以在執行管理層與員工股票期權時使用，避免發行新股而稀釋收益。但是，需要注意的是，中國相關法律並不允許公司擁有西方實務中常見的庫存股。

但是，股票回購也會產生一些問題。

(1) 股票回購需要大量資金支付回購的成本，易造成資金緊缺，資產流動性變差，影響公司發展後勁。因此，上市公司進行股票回購必須以有資金實力為前提。

(2) 回購股票可能使公司的發起人股東更注重創業利潤的兌現，而忽視公司長遠的發展，損害公司的根本利益。

(3) 股票回購容易導致內幕操縱股價。公司內部擁有最準確、最及時、最全面的信息，如果允許上市公司回購本公司股票，易導致其利用內幕消息進行炒作，使大批普通投資者蒙受損失。

復習與思考：

1. 股利支付的形式有哪幾種？企業應如何選擇？
2. 股利分配的程序是什麼？
3. 股票分割與股票股利有什麼聯繫與區別？

4. 股利回購的動機是什麼？對股東與公司有什麼影響？

本項目小結

本項目主要闡述了如下問題：

（1）企業的利潤分配必須依據法定程序進行，企業當年實現的稅前利潤，首先依法繳納企業所得稅，然後形成的稅後利潤應按彌補以前年度虧損、提取法定公積金、提取任意公積金、向股東分配股利的順序進行分配。股份有限公司分配股利的方式一般有現金股利、股票股利、財產股利和負債股利四種。

（2）股利理論有兩類：股利無關論和股利相關論。股利無關論認為，股利分配對公司的市場價值不會產生影響。股利相關論認為，企業的股利政策會影響股票價格和公司的價值。股利相關論主要有「一鳥在手」理論、信號傳遞理論、稅差理論、代理理論幾種。

（3）股利政策的核心內容是確定支付股利與留用利潤的比率，即股利發放率。財務管理中常見的股利政策主要有剩餘股利政策、固定股利政策、固定股利支付率政策、低正常股利加額外股利政策。影響股利政策的因素主要有法律因素、公司因素、股東因素以及其他因素。

（4）股票股利是公司以發放的股票作為股利的支付方式。發放股票股利不會對公司的股東權益總額產生影響，只是內部結構各項目的比例發生了變化。股票分割，又稱為股票拆分或拆股，是將面值較大的股票拆成若干面值較小的股票。股票的分割降低了每股的市價，增加了發行在外的股票總數，但不會對公司的資本結構產生任何影響，既不會改變股東權益各項目的金額，也不會改變股東權益的總額。股票回購是指公司出資將其發行流通在外的股票以一定價格購回予以註銷或作為庫存股的一種資本運作方式，常被看作現金股利的替代。

項目測試與強化　　　　　　項目測試與強化答案

項目十　長期籌資

學習目標

瞭解長期籌資的概念、內容與類型；
理解長期籌資的動機與原則；
理解長期籌資的渠道與類型；
理解投入資本籌資的主體、類型和優缺點；
掌握普通股的分類、股票上市決策、股票發行定價的方法，理解普通股籌資的優缺點；
掌握債券的種類、債券發行定價的方法、債券的評級，理解債券籌資的優缺點；
掌握長期借款的種類、銀行借款的信用條件，理解長期借款籌資的優缺點；
掌握租賃的種類，理解租賃籌資的優缺點；
掌握優先股的特徵、發行優先股的動機，理解優先股籌資的優缺點；
掌握可轉換債券的特徵、轉換期限、轉換價格和轉換比率，理解可轉化債券籌資的優缺點。

任務一　籌資管理概述

　　企業籌資，是企業根據其生產經營活動、對外投資活動、調整資金結構和其他需要，通過各種途徑籌措其生存和發展所必需的資金。企業籌資的方向可能來自企業外部有關單位或個人，也可能來自企業內部。資金籌集是企業資金運動的起點，是決定資金運動規模和生產經營發展程度的重要環節。籌資管理是企業財務管理的一項基本內容，籌資管理解決為什麼要籌資、從何種渠道以何種方式籌資、籌集多少資金、如何合理安排籌資結構等問題。

一、企業籌資動機

企業籌資的基本目的，是自身的維持和發展。但每次具體的籌資活動，往往受到特定動機的驅使。企業籌資的具體動機是多種多樣的，歸納起來有以下四類：

1. 新建性籌資動機

資金是企業從事生產經營活動的基本條件。新創建企業，首先必須籌集足夠的資本金，然後才能取得營業執照，才能有資格開展經營活動。新建性籌資動機就是在企業新建時，為籌集正常的生產經營活動所需的鋪底資金而產生的籌資動機。

2. 擴張性籌資動機

擴張性籌資動機是企業因擴大生產經營規模或追加對外投資而產生的籌資動機。具有良好發展前景、處於成長時期的企業，通常會產生擴張性籌資動機。企業要想生存和發展，就必須不斷地，開發新產品，引進新設備並進行技術改造，同時還要合理調整企業的生產經營結構等，而這一切都是以資金的不斷投入為保證的。因此，企業必須不斷地籌集資金。這種擴張性籌資活動會導致企業資產的規模擴大，權益規模也相應擴大，不僅會給企業帶來收益增長的機會，也會給企業帶來更高的風險。

3. 償債性籌資動機

償債性籌資動機是企業為了償還某些債務而形成的借款動機，即借新債還舊債。償債籌資有兩種情況：一種是主動性的籌資策略，也叫作調整性償債籌資，其償債的目的主要是調整原有的資本結構，舉借新債務，從而使資本結構更加合理；另一種是被動性的籌資策略，也叫作惡化性償債籌資，即企業現有的支付能力已不足以償還到期債務，被迫借新債還舊債。

其具體形式有：借新債還舊債、以債轉股、以股抵債。償債籌資的結果並沒有擴大原有的資產總額和權益總額，只是改變了企業的資本結構。

4. 混合性籌資動機

企業既需要為擴大經營而增加長期資金，又需要償還債務的現金或需要改變原有的資本結構，從而形成的籌資動機，稱為混合籌資動機。當企業既需要滿足企業擴大經營規模的資金，又需要償還債務的現金時，就會產生混合籌資動機。混合籌資的結果，既會增大企業資本總額，又能調整資本結構。

二、企業籌資渠道與方式

籌資渠道是指籌集資金的來源和通道，體現著所籌集資金的源泉和性質。認識籌資渠道的種類及每種籌資渠道的特點，有利於企業充分開拓和正確利用籌資渠道。

籌資方式是指企業籌集資金所採取的具體形式，體現著不同的經濟關係（所有權關係或債權關係）。認識籌資方式的種類及每種籌資方式的特點，有利於企業選擇適宜的籌資

方式，有效地進行籌資組合。

企業籌集資金，需要通過一定的渠道、採用一定的方式進行。籌資渠道與籌資方式既有聯繫，又有區別。同一籌資渠道的資金可以採用不同的籌資方式取得，而同一籌資方式又可以籌措到不同籌資渠道的資金。所以，企業應認真分析、研究各種籌資渠道和各種籌資方式的特點及實用性，以確定最優的籌資結構。

1. 籌資渠道

（1）國家財政資金

國家對企業的財政投資是國有企業最主要的資金來源渠道。國有企業的資金來源大部分還是國家以各種方式所進行的投資。政府財政資金具有廣闊的來源和穩固的基礎，而國民經濟命脈也應當由國家掌握。所以，國家投資是大中型企業的重要資金來源，在企業各種資金來源中佔有重要的地位。但隨著中國市場經濟的快速發展，國家對國有企業的投資逐漸減少，國有企業的籌資渠道越來越多樣化；同時國家資金的供應方式可以多種多樣，不一定都採取撥款的方式，更不宜實行無償供應。隨著中央與地方政府兩級國有資產監督管理委員會的成立，獨立的國有資本經營預算制也隨之建立，國資部門資金將成為國有企業的重要資金來源。

（2）銀行信貸資金

銀行對企業的各種貸款也是企業重要的資金來源。銀行一般分為商業性銀行和政策性銀行。前者包括工商銀行、農業銀行、中國銀行、建設銀行等，為各類企業提供商業性貸款，追求貸款的盈利性；後者包括國家開發銀行、進出口信貸銀行、中國農業發展銀行等，為特定企業提供政策性貸款，並不以營利為目的。它們可分別向企業提供各種短期貸款和長期貸款。銀行信貸資金有個人儲蓄、單位存款等經常增長的來源，財力雄厚，貸款方式能靈活適應企業的各種需要，且有利於加強宏觀控制，它是企業資金的主要供應渠道。

（3）非銀行金融機構資金

各級政府主辦的其他金融機構主要有信託投資公司、證券公司、融資租賃公司、保險公司、信用合作社、企業集團的財務公司等。非銀行金融機構除了專門經營存貸款業務、承擔證券的推銷或包銷工作的以外，也有一些機構為了達到一定的目的而聚集資金，還可將一部分並不立即使用的資金以各種方式投資於企業。非銀行金融機構的資金力量比商業銀行要小，只起輔助作用，但這些金融機構的資金供應比較靈活方便，且可提供其他方面的服務，因而這種籌資渠道具有廣闊的發展前途。

（4）其他企業單位資金

企業和某些事業單位在生產經營過程中，往往有部分暫時閒置的資金，甚至可較長時期地騰出部分資金，如準備用於新興產業的資金、已提取而未使用的折舊、未動用的企業公積金等，可在企業之間為了某種目的而相互投資。隨著橫向經濟聯合的開展，企業同企

業之間的資金聯合和資金融通有了廣泛發展。其他企業投入資金包括聯營、入股、購買債券及各種商業信用,既有長期的穩定的聯合,又有短期的臨時的融通。其他企業單位投入資金往往同本企業的生產經營活動有密切聯繫,它有利於促進企業之間的經濟聯繫,開拓本企業的經營業務。

(5) 民間資金

企業職工和城鄉居民的投資,都屬於個人資金渠道。本企業職工入股,可以更好地體現勞動者與生產資料的直接結合;向非本單位職工發行股票、債券,以廣泛地從社會籌集資金。這一資金渠道在動員閒置的消費基金方面將具有重要的作用。企業可以通過合理地調整資金使用上的經濟關係,充分利用這一取之不盡的籌資渠道。

(6) 企業自留資金

企業內部形成的資金,主要指企業利潤所形成的公積金及未分配利潤等形成的資金、計提的折舊。前者累積是企業生產經營資金的重要補充來源。至於在企業內部形成的折舊準備金,它只是資金的一種轉化形態,企業的資金總量並不因此而有所增多,但它能增加企業可以週轉使用的營運資金,可用以滿足生產經營的需要。

(7) 境外資金

境外資金包括境外投資者投入資金和借用外資。中國實行改革開放以後,國外以及中國香港、澳門和臺灣投資者持有的資本,依法可以各種形式進行投資,成為一重要的資金渠道。

2. 籌資方式

籌資方式按照所籌資金使用期限的長短,可分為長期籌資方式和短期籌資方式。一般情況下,長期資金採用長期籌資方式籌集,短期資金用短期籌資方式籌集。長期籌資方式主要有發行股票、發行債券和銀行長期借款、融資租賃、吸收直接投資及企業內部自留資金等;短期資金籌資方式主要有商業信用、銀行短期貸款及應付費用等。這些具體的籌資方式將在以後的內容中學習。

3. 兩者的對應關係

籌資渠道與籌資方式之間存在著緊密的聯繫,兩者的對應關係見表10-1。

表10-1　　　　　　　　籌資渠道與籌資方式的對應關係

籌資方式 籌資渠道	吸收直接投資	發行股票	發行債券	企業內部累積	銀行借款	融資租賃	商業信用
國家財政資金	√	√					
銀行信貸資金					√		
非銀行金融機構資金	√	√	√		√	√	
其他企業單位資金	√	√	√			√	√

表10-1(續)

籌資方式 籌資渠道	吸收直接投資	發行股票	發行債券	企業內部累積	銀行借款	融資租賃	商業信用
民間資金	√	√	√				
企業自留資金	√			√			
境外資金	√	√	√				

三、企業籌資的基本準則

1. 合理確定資金需要量，努力提高籌資效果

不論通過何種渠道、採取什麼方式籌集資金，都必須預先確定資金的需要量——既要確定流動資金的需要量，又要確定固定資金的需要量，掌握一個合理的數量界限。籌集資金固然要廣開財路，但必須有一個合理的界限。要使資金的籌集量與需要量相適應，防止籌資不足而影響生產經營或者籌資過剩而降低籌資效益。資金欠缺，生產經營的正常進行將得不到保證；資金過多，又會降低資金的使用效果。因此，企業在核定資金需用量時，不僅要考慮產品的生產規模，而且要預測產品的銷售趨勢，防止盲目生產從而造成資金積壓。

2. 正確選擇籌資渠道和籌資方式，力求降低資金成本

在市場經濟條件下，企業籌集資金可以採用的渠道和方式多種多樣，不同籌資渠道和方式的籌資難易程度、資本成本和財務風險各不一樣。因此，要綜合考察各種籌資渠道和籌資方式，研究各種資金來源的構成比例關係及其構成情況，研究各種資金來源，把資金來源和資本投向有機地結合起來，全面分析資金成本率和投資收益率，求得最優的籌資組合，以便降低組合的籌資成本，力求以最少的代價實現最大的收益。

3. 合理安排資本結構，保持適當償債能力

企業的資本結構一般是由權益資本和債務資本構成的。企業負債所占的比率要與權益資本多少和償債能力高低相適應。要合理安排資本結構，既防止負債過多，導致財務風險過大，償債能力不足，又要有效地利用負債經營，借以提高權益資本的收益水準。同時要安排長期資本與短期資本的比例以處理好降低資金成本與滿足資金需求的關係。

復習與思考：

1. 企業籌資的動機有哪些？
2. 企業籌資的基本原則有哪些？

任務二　資金需要量預測

　　企業資金需要量是籌資的數量依據，必須科學合理地預測。只有這樣，才能使籌集的資金既能保證滿足生產經營的需要，又不會有太多的閒置。企業資金需要量的預測方法主要有定性預測法、比率預測法和資金習性預測法。

一、定性預測法

　　定性預測法是指利用直觀的資料，依靠個人的經驗和主觀分析、判斷能力，對未來資金需要量做出預測的方法。其預測過程是：首先由熟悉財務情況和生產經營情況的專家，根據過去所累積的經驗進行分析判斷，提出預測的初步意見；然後通過召開座談會或發出各種表格等形式，對上述預測的初步意見進行修正補充。這樣經過一次或幾次論證以後，得出預測的最終結果。

　　定性預測法雖然十分實用，但它不能揭示資金需要量與有關因素之間的數量關係。例如，預測資金需要量應和企業生產經營規模相聯繫。生產規模擴大，銷售數量增加，會引起資金需求增加；反之，則會使資金需求量減少。

二、比率預測法

　　比率預測法是指依據財務比率與資金需要量之間的關係，預測未來資金需要量的方法。能用於資金預測的比率可能會很多，如存貨週轉率、應收帳款週轉率等，但最常用的是資金與銷售額之間的比率。

　　銷售額比率法是指以資金與銷售額的比率為基礎，預測未來資金需要量的方法。應用銷售額比率法預測資金需要量時，是以下列假定為前提的：

(1) 企業的部分資產和負債與銷售額同比例變化；

(2) 企業各項資產、負債與所有者權益結構已達到最優。

銷售額比率法的計算公式為：

對外投資需要量 $= \dfrac{A}{S_1}(\Delta S) - \dfrac{B}{S_1}(\Delta S) - E \cdot P \cdot S_2$

或對外投資需要量 $= \dfrac{\Delta S}{S_1}(A - B) - E \cdot P \cdot S_2$

　　式中：A 為隨銷售變化的資產（變動資產）；B 為隨銷售變化的負債（變動負債）；S_1 為基期銷售額；S_2 為預測期銷售額；ΔS 為銷售的變動額；P 為銷售淨利率；E 為留存收益

比率；$\dfrac{A}{S_1}$ 為變動資產占基期銷售額的百分比；$\dfrac{B}{S_1}$ 為變動負債占基期銷售額的百分比。

使用銷售額比率法預測資金需要量通常需經過以下步驟：
（1）預計銷售額增長率；
（2）確定隨銷售額變動而變動的資產和負債項目；
（3）確定需要增加的資金數額；
（4）根據有關財務指標的約束確定對外籌資數量。

【例10-1】甲公司2001年有關的財務數據如表10-2所列。

表10-2　　　　　　　　　　　銷售額比率表　　　　　　　　　單位：萬元

項　目	金　額	占銷售收入的百分比
流動資產	4,000	100%
長期資產	2,600	無穩定關係
資產合計	6,600	
短期借款	600	無穩定關係
應付帳款	400	10%
長期負債	1,000	無穩定關係
實收資本	3,800	無穩定關係
留存收益	800	無穩定關係
負債及所有者權益合計	6,600	
銷售額	4,000	100%
淨利	200	5%
當年利潤分配額	60	

要求：假設該公司實收資本一直保持不變，計算回答以下互不關聯的兩個問題；①假設2002年計劃銷售收入為5,000萬元，需要補充多少外部融資（保持目前的利潤分配率、銷售淨利率不變）？②若利潤留存率為100%，銷售淨利率提高到6%，目標銷售額為4,500萬元，需要籌集補充多少外部融資（保持其他財務比率不變）？

解：（1）對外籌資需要量為：
$\Delta S \times (A/S_1 - B/S_1) - P \times E \times S_2 = 1,000 \times (100\% - 10\%) - 5\% \times 70\% \times 5,000$
$= 725 \text{（萬元）}$

（2）對外籌資需要量為：
$\Delta S \times (A/S_1 - B/S_1) - P \times E \times S_2 = 500 \times (100\% - 10\%) - 6\% \times 100\% \times 45,00$
$= 180 \text{（萬元）}$

三、資金習性預測法

資金習性預測法是指根據資金習性預測未來資金需要量的方法。這裡所說的資金習

性，是指資金的變動與產銷量變動之間的依存關係。按照資金習性，可以把資金區分為不變資金、變動資金和半變動資金。

不變資金是指在一定的產銷量範圍內，不受產銷量變動影響而保持固定不變的那部分資金。也就是說，產銷量在一定範圍內變動，這部分資金保持不變。這部分資金包括：為維持營業而占用的最低數額的現金，原材料的保險儲備，必要的成品儲備，以及廠房、機器設備等固定資產占用的資金。

變動資金是指隨產銷量的變動而同比例變動的那部分資金。它一般包括直接構成產品實體的原材料、外購件等占用的資金。另外，在最低儲備以外的現金、存貨和應收帳款等也具有變動資金的性質。

半變動資金是指雖然受產銷量變化的影響，但不呈同比例變動的資金，如一些輔助材料所占用的資金。半變動資金可採用一定的方法劃分為不變資金和變動資金兩部分。

資金習性預測法有兩種形式：一種是根據資金占用總額同產銷量的關係來預測資金需要量；另一種是採用先分項後匯總的方式預測資金需要量。

設產銷量為自變量 x，資金占用量為因變量 y，它們之間的關係可用下式表示：

$$y = a + bx$$

式中，a 為不變資金，b 為單位產銷量所需變動資金，其數值可採用高低點法或迴歸直線法求得。

1. 高低點法

資金預測的高低點法是指根據企業一定期間資金占用的歷史資料，按照資金習性原理和直線方程 $y = a + bx$，選用最高收入期和最低收入期的資金占用量之差，同這兩個收入期的銷售額之差進行對比，先求 b 的值，然後再代入原直線方程，求出 a 的值，從而估計推測資金發展趨勢。其計算公式為：

$$b = \frac{最高收入期資金占用量 - 最低收入期資金占用量}{最高銷售收入 - 最低銷售收入}$$

a = 最高收入期資金占用量 $- b \times$ 最高銷售收入

a = 最低收入期資金占用量 $- b \times$ 最低銷售收入

【例 10-2】某企業歷史上現金占用與銷售收入之間的關係如表 10-3 所示。

表 10-3　　　　　　　　　現金占用與銷售收入表

年　度	銷售收入（元）	資金占用（元）
1	120,000	80,000
2	140,000	90,000
3	136,000	88,000
4	160,000	100,300
5	158,000	110,000

要求：①採用高低點法計算不變資金和單位變動資金；②當第六年的銷售收入為 190,000 元時，預測其需要占用的現金數額。

解：

① $b = \dfrac{最高收入期資金占用量 - 最低收入期資金占用量}{最高銷售收入 - 最低銷售收入}$

$= \dfrac{100,300 - 80,000}{160,000 - 120,000} = 0.507,5$

$a = $ 最低收入期資金占用量 $- b \times$ 最低銷售收入

$= 80,000 - 120,000 \times 0.507,5$

$= 19,100$（元）

$y = 19,100 + 0.507,5x$

② 第六年的現金占用數額 $= 19,100 + 0.507,5 \times 190,000 = 115,525$（元）。

2. 迴歸直線法

迴歸直線法是根據若干期業務量和資金占用的歷史資料，運用最小平方方法原理計算不變資金和單位銷售額變動資金的一種資金習性分析方法。其計算公式為：

$$a = \dfrac{\sum x_i^2 \sum y_i - \sum x_i \sum x_i y_i}{n \sum x_i^2 - (\sum x_i)^2}$$

$$b = \dfrac{n \sum x_i y_i - \sum x_i \sum y_i}{n \sum x_i^2 - (\sum x_i)^2}$$

式中：y_i 為第 i 期的資金占用量；x_i 為第 i 期的產銷量。

【例 10-3】某企業歷史上現金占用與銷售收入之間的關係如表 10-4 所列。當 2007 年的銷售量為 150 萬件時，預測其需要占用的現金數額。

表 10-4　　　　　　　　　產銷量與資金變化情況表

年度	銷售量（x_i）（萬件）	資金占用（y_i）（萬元）
2001	120	100
2002	110	95
2003	100	90
2004	120	100
2005	130	105
2006	140	110

（1）將表 10-4 整理得表 10-5。

表 10-5　　　　　　　　　　　資金需要量預測表

年度	銷售量(x_i)（萬件）	資金占用(y_i)（萬元）	$x_i y_i$	x_i^2
2001	120	100	12,000	14,400
2002	110	95	10,450	12,100
2003	100	90	9,000	10,000
2004	120	100	12,000	14,400
2005	130	105	13,650	16,900
2006	140	110	15,400	19,600
合計 $n=6$	$x_i = 720$	$y_i = 600$	$x_i y_i = 72,500$	$x_i^2 = 87,400$

（2）把表的有關資料帶入公式：

$$a = \frac{\sum x_i^2 \sum y_i - \sum x_i \sum x_i y_i}{n \sum x_i^2 - (\sum x_i)^2} = \frac{87,400 \times 600 - 720 \times 72,500}{6 \times 87,400 - 720^2}$$

$= 40$（萬元）

$$b = \frac{\sum y_i - na}{\sum x_i} = \frac{600 - 6 \times 40}{720} = 0.5$$

（3）得到方程：$y = 40 + 0.5x$

（4）把 2007 年預測銷售量 150 萬件帶入迴歸方程，得到 2007 年資金需要量：
$40 + 0.5 \times 150 = 115$（萬元）

復習與思考：

企業資金需要量的預測方法有哪些？

任務三　股權籌資

一、股票的分類、發行與上市

（一）股票分類

股票是股份公司發行的、證明股東所持股份的書面憑證，持有者憑其所持股票分享公司利益，同時承擔公司責任和風險。發行股票是股份公司籌集資本的基本方式。股票的種類很多，從不同角度，可以分為不同種類。常見的股票分類有以下幾種：

1. 按股東權利的差別可分為普通股股票和優先股股票

普通股是公司資本的最基本部分，其持有者依法享有對公司的經營管理權，並根據公

司經營效益的多少分得股利，同時承擔相應的風險。優先股不同於普通股之處主要表現在：持有者獲得的股息是預先固定的，不隨公司經營效益的好壞發生變化；在公司清償時，優先股的清償順序排列在普通股之前，即其風險程度較普通股低。發行普通股籌資是一種風險型融資，該種籌資方式沒有固定的股利率，而且只有當支付了債權人和優先股股東利息和股息之後公司還有剩餘利潤時，普通股股東才能獲得股利。如果公司破產了，普通股股東只有在債權人和優先股股東的權利得到清償之後才能從資產的處置收益中得到清償。由此可以看出，該種形式的投資往往存在著較高的風險，所以普通股股東一般會要求公司提供較高的報酬率。普通股股東在董事會選舉中有選舉權和被選舉權；公司在向債權人和優先股股東支付報酬之後，全部剩餘利潤都歸普通股股東所有，因此普通股所產生的報酬可能是無限的。普通股股東以其對公司的投資數額為限對公司的損失承擔有限責任。

2. 按股票票面是否記名分為記名股票和無記名股票

記名股票是指股票票面上載有股東姓名並將股東姓名記於公司股東名冊的股票。對記名股票要發股東名冊，股東只有同時擁有股票和股東名冊才能領取股利。記名股票在轉讓時須辦理股票的過戶手續，且其行使權利時，須有證明其股東身分的股票及股權手冊。無記名股票是指股票票面上不記載股東姓名或名稱的股票。無記名股票在轉讓時無須辦理股票過戶手續，而只要將股票交給受讓人，就實現了股權的轉移，持有人就可行使股東權利。

無記名股票是指在股票票面上不記載股東姓名，公司也不準備股東名冊，只記載股票數量、編號和發行日期的股票。凡是持有無記名股票的人，自然地成為公司的股東。無記名股票的轉讓、繼承無須辦理過戶手續，買賣雙方辦理交割手續後就可完成股票的轉移。

《中華人民共和國公司法》規定，股份有限公司向發起人、國家授權的機構及法人發行的股票，應當為記名股票；向社會公眾發行的股票，可為記名股票，也可為無記名股票。

3. 按股票票面有無金額分為面值股票和無面值股票

面值股票是在股票的票面上記載每股金額的股票。對於持有這種股票的股東，股票面值的主要功能是確定每股股票在公司所佔有的份額，也表明股東對每股股票所負有限責任的最高限額。無面值股票是指不在股票的票面上標出金額，只載明其占公司股本總額的比例或股份數的股票。無面值股票的價值隨公司財產的增減而變動，股東對公司享有權利和承擔義務的大小直接依據股票票面上標明的比例而定。

《中華人民共和國公司法》規定，股票應標明票面金額，而且股票的發行價格不得低於其票面金額。

4. 按股票發行時間的先後可把股票分為原始股和新股

原始股是指公司在籌措原始資本時發放的股票。新股是指公司擴充資本而增發的股票。一般來說，新股距原始股發放的時間在一年以上，新股與原始股享有同等權利。

5. 按投資主體不同分為國有股、發起人股和社會公眾股

國有股包括國家股和國有法人股。國家股為有權代表國家投資的部門或機構以國有資產向公司投入而形成的股份，它由國務院授權的部門或機構，或者根據國務院的決定由地方人民政府授權的部門或機構持有並委派股權代表。國有法人股是指具有法人資格的國有企業、事業單位及其他單位以其依法占用的法人資產向獨立於自己的股份公司出資或按法定程序取得的股份。發起人股是指股份公司的發起人認購的股份。社會公眾股是指個人或機構以其合法財產投入股份公司而形成的股份。

6. 按發行對象和上市地區分為A股、B股、H股、N股和S股

A股是在中國境內證券交易市場上市流通，且以人民幣標明票面金額並以人民幣認購和交易的股票，只供中國境內的機構、組織和個人認購和交易，不向外國和中國港、澳、臺地區的投資者出售；B股、H股、N股和S股均屬於人民幣特種股票，指以人民幣標明面值，以外幣認購和交易，專供外國和中國港、澳、臺地區的投資者買賣的股票，中國境內的居民和單位不得買賣。B種股票在上海、深圳證券交易所上市，H種股票在香港聯合交易所上市，S種和N種股票分別是在新加坡交易所和紐約交易所掛牌上市的企業股票。

(二) 股票發行與上市

公司上市是指公司經過嚴格的審批，公開向社會公眾發行股票，募集資金，公司股票在公開的股票交易市場上掛牌交易的行為。經批准在證券交易所上市交易的股票，稱為上市股票；其股份有限公司稱為上市公司。

1. 公司股票發行上市的意義

(1) 獲取資金。上市最明顯的優點就在於獲取資金。非上市公司通常資金有限，需要籌資的公司能夠通過上市獲得大量的資金。通過公開發售股票（股權），一家公司能募集到可用於多種目的的資金，包括增長和擴張、清償債務、市場行銷、研究和發展以及公司併購。不僅如此，公司一旦上市還可以通過發行債券、股權再融資或定向增發再次從公開市場募集到更多資金。

(2) 樹立形象和獲得聲望。上市可以幫助公司獲得聲望和國際信任度。公司上市的宣傳效應對於其產品或服務的行銷非常有效。而且，受到更多的關注常常會促進新的商業或戰略聯盟的形成，吸引潛在的合夥人和合併對象，從私人公司向上市公司的轉變還會增進公司的國際形象，並使顧客和供貨商樹立與公司長期合作的信心。

(3) 增強流動性。非上市公司的所有權通常不具備流動性而且很難出售，對小股東而言更是如此。上市為公司的股票創造了一個流動性遠好於私人企業股權的公開市場，投資者、機構、建立者和所有者的股票都獲得了流動性，股權的買賣變得更加方便了。

(4) 完善公司治理。決定上市的公司需要重新審查其管理結構和內部控制，內部規範和程序的建立以及對公司治理標準的堅持最終會使公司管理得更好、更加成功。執行內部控制並堅持嚴格的公司治理標準的公司將獲得更高的估值，並且上市公司可以使用股票和

股票期權等手段來進一步完善公司的治理結構。

（5）價值重估。股市的一個重要功能就是價值發現，上市會使市場對於公司價值有重新的定位。

（6）便於合併及收購。上市公司的股票市場和估值一旦建立，就具備了通過交易股票來收購其他公司的優勢，通過股票收購相對其他的途徑更為方便，上市也使其他公司更容易注意到本公司，並對與本公司的潛在的整合和戰略關係進行評估。

（7）退出戰略和財富轉移。公司股票所處的公開市場也為投資者和所有者提供了流動性和退出戰略。

2. 公司上市的不利因素

（1）專有信息的披露，失去保密性。公司的上市過程包含了對公司和業務歷史的大量的「盡職調查」，這需要對公司的所有商業交易進行徹底的分析，包括私人契約和承諾，以及諸如營業執照、許可和稅務等的規章事務。不僅如此，監管部門現在可能還會要求對公司的歷史和現有法規遵守情況進行復查，上市公司必須不斷地向所在交易所和各種監管部門提交報告，披露公司營運和政策中的專有信息，有可能給競爭者帶來知己知彼的戰略優勢。

（2）贏利壓力和失去控制權的風險。上市公司的股東有權參與管理層的選舉，在特定情況下甚至可以取代公司的建立者；即使不出現這種情況，上市公司也會受制於董事會的監督，而董事會出於股東的利益可能會改變建立者的原定戰略方向或否決其決定。

（3）上市和其他費用。在海外上市花銷巨大，公司將上市籌集所得資金的 12%～15% 用於上市進程的直接費用是很平常的，上市過程佔用了管理層的大量時間並可能會打斷正常的業務進程，而且，上市公司所面臨的樹立良好的公司法人形象的壓力也會越來越大，上述壓力會迫使公司把錢用於履行社會責任和其他公益行為。

（4）管理責任。公司高管、管理層以及相關群體都對上市過程及公告文件中的誤導性陳述或遺漏負有責任。而且，管理層可能還會由於不履行受信責任、自我交易等罪名遭到股東的法律訴訟，無論這些罪名是否成立，正是由於上市公司所受到的種種嚴格限制，所以在成熟的市場上，並非所有的公司都熱衷於上市融資。

（三）股票發行的條件、方式與程序

1. 股票發行的條件

股票發行人必須是具有股票發行資格的股份有限公司。股份公司的股票上市後，股份公司的經營狀況和眾多投資者的利益密切相連，因此，世界各國證券交易所都對股份公司上市做出了嚴格的規定，股份公司上市一般都需經資格審查，符合一定標準，才有資格上市。

（1）股份公司的上市標準

① 資本額。一般規定上市公司的實收資本額不得低於某一數值。

② 符合要求的業績記錄。主要是考察擬上市公司的獲利能力。

③ 償債能力。一般用最近一年的流動資產占流動負債的比率來反應償債能力，這一比率也有規定的數。

④ 股權分散情況。《中華人民共和國公司法》《股票發行與交易管理暫行條例》等法律、行政法規、部門規章對新設立股份有限公司公開發行股票，原有企業改組設立股份有限公司公開發行股票，增資發行股票及定向募集公司公開發行股票的條件分別做出了具體的規定。

(2) 新設立股份有限公司申請公開發行股票應符合的條件

① 股票發行人必須是具有股票發行資格的股份有限公司，包括已經成立的股份有限公司和經批准成立的股份有限公司。

② 公司的生產經營符合國家產業政策。

③ 發行的普通股限於一種；同次發行的股票，每股的發行條件、發行價格相同，同股同權。

④ 發起人認購的股本數額不少於公司擬發行的股本總額的 35%。

⑤ 在公司擬發行的股本總額中，發起人認購的部分不少於人民幣 3,000 萬元，但是國家另有規定的除外；本次發行後，公司的股本總額不少於人民幣 5,000 萬元。

⑥ 持有股票面值人民幣 1,000 元以上的股東不少於 1,000 人，向社會公眾發行的部分不少於公司擬發行的股本總額的 25%，其中公司職工認購的股本數額不得超過擬向社會公眾發行的股本總額的 10%；公司擬發行的股本總額超過人民幣 4 億元的，證監會按照 10% 酌情降低向社會公眾發行部分的比例，但是，最低不少於公司擬發行的股本總額的 10%。

⑦ 發行人在近三年內沒有重大違法行為，財務報表無虛假記載等。

⑧ 證券委規定的其他條件。

(3) 原有企業改組設立股份有限公司公開發行股票的條件

原有企業改組設立的股份有限公司申請發行股票，除了要符合新設立股份有限公司申請公開發行股票的條件外，還要符合下列條件：

① 發行前一年年末，淨資產在總資產中所占比例不低於 30%，無形資產在淨資產中所占比重不高於 20%，但是證券委另有規定的除外。

② 近三年連續贏利。

(4) 增資發行的條件

所謂增資發行是指上市公司以社會公開募集方式增資發行股份的行為，上市公司增資申請公開發行股票，除了需要滿足前面所列的條件外，還要滿足下列條件：

① 上市公司必須與控股股東在人員、資產、財務上分開，保證上市公司的人員獨立、資產完整和財務獨立。

② 前一次發行的股份已募足，所得資金的使用與其招股說明書所述的用途相符，或

變更募集資金用途已履行法定程序，並且資金使用效果良好。

③ 距前一次公開發行股票的時間不少於 12 個月。

④ 公司在最近 3 年內連續贏利並可向股東支付股利，本次發行完成當年的淨資產收益率不低於同期銀行存款利率水準，且預測本次發行當年加權計算的淨資產收益率不低於配股規定的淨資產收益率水準，或與增發前基本相當。

⑤ 公司申報材料無虛假陳述。在最近三年內財務會計無虛假記載，進行了重大資產重組的公司應保證重組後的財務會計資料無假記載。

⑥ 進行重大資產重組的上市公司，重組後一般應營運 12 個月以上。

⑦ 本次發行募集資金用途符合國家產業政策的規定。

⑧ 公司不存在資金、資產被控股股東占用，或有明顯損害公司利益的重大關聯交易。

⑨ 從前一次公開發行股票到本次申請期間沒有重大違法行為。

（5）定向募集公司公開發行股票的條件

定向募集股份有限公司申請公開發行股票除了要符合新設立和改組設立股份有限公司公開發行股票的條件外，還應符合下列條件：

① 定向募集所得資金的使用同招股說明書所述內容相符，並且資金使用效益好。

② 距最近一次定向募集股份的時間不少於 12 個月。

③ 從最後一次定向募集到本次公開發行期間沒有重大違法行為。

④ 內部職工股權證按照規定發放，並且已交國家指定的證券機構集中託管。

⑤ 證券委規定的其他條件。

2. 股票的發行方式和銷售方式

（1）股票的發行方式

① 公開間接發行，指的是公司通過證券仲介機構公開向社會公眾發行股票。中國股份有限公司採用募集設立方式向社會公開發行新股時，須由證券經營機構承銷的做法就屬於股票的公開間接發行。這種發行方式的發行範圍廣、發行對象多，易於足額募集資本；股票的變現性強，流通性好；股票的公開發行還有助於提高發行公司的知名度和擴大其影響力。但這種發行方式也有不足，主要是手續繁雜，發行成本高。

② 不公開直接發行，指的是公司不公開對外發行股票，只向少數特定的對象直接發行，因而不需經仲介機構承銷。中國股份有限公司採用發起設立方式和以不向社會公開募集的方式發新股的做法，即屬於股票的不公開直接發行。這種發行方式彈性較大，發行成本低；但發行範圍小，股票變現性差。

（2）股票的銷售方式

股票的銷售方式有兩類：自銷和委託承銷。

① 自銷，是指發行公司直接將股票出售給投資者，而不經過證券經營機構承銷。自銷方式在企業債券發行上運用較廣，而在股票發行上並不普遍，對尚不具備條件進證交所

上市的股票，企業往往自銷，所售股票的轉讓通過地區交易市場進行。這種銷售方式可由發行公司直接控制發行過程，實現發行意圖，並可以節省發行費用；但往往籌資時間長，發行公司要承擔全部發行風險，並需要發行公司有較高的知名度、信譽和實力。

②委託承銷，是發行公司將股票銷售業務委託給證券承銷機構代理。這種銷售方式是發行股票所普遍採用的。證券承銷機構是指專門從事證券買賣業務的金融仲介機構，在中國主要為證券公司、信託投資公司等，在美國一般是投資銀行。《中華人民共和國公司法》規定股份有限公司向社會公開發行股票，必須與依法設立的證券經營機構簽訂承銷協議，由證券經營機構承銷。

由於股票承銷商在承銷過程中承擔的責任和風險不同，承銷又可分為代銷和包銷兩種形式。代銷指股票發行人委託承擔承銷業務的股票承銷商代為向投資者銷售股票。承銷商按照規定的發行條件，在約定的期限內盡力推銷，到銷售截止日期，股票如果沒有全部售出，那麼未售出部分退還給發行人，承銷商不承擔任何發行風險。

包銷是指發行人與承銷商簽訂合同，由承銷商買下全部或銷售剩餘部分的股票，承擔全部銷售風險。對發行人來說，包銷不必承擔股票銷售不出去的風險，而且可以迅速籌集資金；與代銷相比，包銷的成本相應較高。包銷在實際操作中有全額包銷和餘額包銷之分。全額包銷是指發行人與承銷商簽訂承購合同，由承銷商按一定價格買下全部股票，並按合同規定的時間將價款一次付給發行人。餘額包銷是指發行人委託承銷商在約定期限內發行股票，到銷售截止日期，未售出的餘額由承銷商按協議價格認購。餘額包銷實際上是先代理發行，後全額包銷，是代銷和全額包銷的結合。

包銷可以由一個承銷商獨自負責，完成全部銷售任務並賺取全部發行費用，也可以由一個承銷商牽頭，擔任主承銷商，由若干個承銷商共同組成承銷團銷售，承銷團內的各承銷商按一定比例銷售股票，分享發行費用。中國有關法規規定，擬公開發行股票的面值總額超過人民幣3,000萬元或者預期銷售總金額超過人民幣5,000萬元的，應由承銷團承銷，其中主承銷商由發行人按照公開競爭的原則通過競標或協商的方式確定。

3. 股票發行的程序

股份有限公司申請股票上市，要經過一定的程序。按照《股票發行與交易管理暫行條例》與《中華人民共和國公司法》的規定，股票上市的程序如下。

(1) 設立股份有限公司

中國的法律法規規定發行股票的企業必須是股份有限公司，因此企業要想發行股票必須首先設立股份有限公司。

(2) 聘請仲介機構

這主要是指聘請有證券從業資格的會計師事務所、律師事務所和有主承銷商資格的證券公司。會計師事務所負責出具審計報告，律師事務所負責出具法律意見書，證券公司負責對擬上市企業發行股票的輔導和推薦工作，輔導期為一年。輔導內容主要包括以下九個

方面：
　　① 股份有限公司設立及其歷次演變的合法性、有效性；
　　② 股份有限公司人事、財務、資產及產、供、銷系統的獨立完整性；
　　③ 對公司董事、監事、高級管理人員及持有5%以上（含5%）股份的股東（或其法人代表）進行《中華人民共和國公司法》《中華人民共和國證券法》等有關法律法規的培訓；
　　④ 建立健全股東大會、董事會、監事會等組織機構，並實現規範運行；
　　⑤ 依照股份公司會計制度建立健全公司財務會計制度；
　　⑥ 建立健全公司決策制度和內部控制制度，實現有效運作；
　　⑦ 建立健全符合上市公司要求的信息披露制度；
　　⑧ 規範股份公司和控股股東及其他關聯方的關係；
　　⑨ 公司董事、監事、高級管理人員及持有5%以上（含5%）股份的股東持股變動情況是否合規。
　　輔導期滿6個月應在當地省級日報上公告，如公司所在地不在省會城市，除在省級日報公告外，還需在公司所在市縣日報上公告。
　　在輔導期間主承銷商應對擬發行股票的企業的董事、監事和高級管理人員進行《中華人民共和國公司法》《中華人民共和國證券法》等法律法規的考試。
　　(3) 向中國證監會派出機構報送材料
　　中國證監會派出機構負責轄區內擬上市企業輔導工作的監督管理。
　　輔導工作開始前十個工作日內，輔導機構應當向派出機構提交下列材料：
　　① 輔導機構及輔導人員的資格證明文件（複印件）；
　　② 輔導協議；
　　③ 輔導計劃；
　　④ 擬發行公司基本情況資料表；
　　⑤ 最近兩年經審計的財務報告（資產負債表、損益表、現金流量表等）。
　　輔導期間，中國證監會派出機構可根據輔導報告所發現的問題對輔導情況進行抽查。
　　(4) 改制輔導調查
　　輔導機構對擬上市公司進行輔導的期限滿一年後，經輔導機構申請，中國證監會派出機構對擬上市公司的改制、運行情況及輔導內容、輔導效果進行評估和調查，並出具調查報告。輔導有效期為三年。即輔導期滿後三年內，擬發行公司可以由主承銷機構提出股票發行上市申請；超過三年，則須重新聘請輔導機構進行輔導。
　　(5) 申請股票發行文件
　　擬上市公司和所聘請的證券仲介機構，按照中國證監會制定的《公司公開發行股票申請文件標準格式》製作申請文件，由主承銷商推薦向中國證監會申報，上市委員會應當自

收到申請之日起二十個工作日內做出審批，確定上市時間，審批文件報證監會備案，並抄報證券委。

《中華人民共和國公司法》規定股份有限公司申請其股票上市交易，應當報經國務院或者國務院授權證券管理部門批准，依照有關法律、行政法規的規定報送有關文件。

《中華人民共和國公司法》同時規定國務院或者國務院授權證券管理部門對符合本法規定條件的股票上市交易申請，予以批准；對不符合本法規定條件的，不予批准。

股份公司向交易所的上市委員會提出上市申請時應報送下列文件：
① 申請書；
② 公司登記文件；
③ 股票公開發行的批准文件；
④ 經會計師事務所審計的公司近3年或成立以來的財務報告和由2名以上的註冊會計師及所在事務所簽字、蓋章的審計報告；
⑤ 最近一次招股說明書；
⑥ 其他交易所要求的文件。

（6）訂立上市契約

股份有限公司被批准股票上市後，即成為上市公司。在上市公司股票上市前，還要與證券交易所訂立上市契約，確定上市的具體日期，並向證券交易所繳納上市費。

（7）發表上市公告

根據《中華人民共和國公司法》的規定，股票上市交易申請經批准後，被批准的上市公司必須公告其股票上市報告，並將其申請文件存放在指定地點供公眾查閱。

上市公司的上市公告一般要刊登在證監會指定的全國性的證券報刊上，上市公告的內容，除了應當包括招股說明書的主要內容外，還應當包括下列事項：
① 股票獲准在證券交易所交易的日期和批准文號；
② 股票發行情況、股權結構和最大的10名股東的名單及持股數；
③ 公司創立大會或股東大會同意公司股票在證券交易所交易的決議；
④ 董事、監事、高級管理人員簡歷及持有本公司證券的情況；
⑤ 公司近3年或者開業以來的經營業績和財務狀況以及下一年贏利的預測文件；
⑥ 證券交易所要求載明的其他情況。

（四）股票發行價格

股票是一種有價證券，其價值大小有不同的表現形式，其中印刷在股票票面上的金額和發行時的價格，是股票價值的主要表現形式。股票票面金額代表每一單位股份所代表的公司資本額，發行價格則是公司發行股票時向投資者收取的價格。股票票面上的金額與發行價格往往是不相同的，當股票發行公司計劃發行股票時，就需要根據不同情況確定一個發行價格以推銷股票。一般而言，股票發行價格有以下四種：面值發行、時價發行、中間

價發行和折價發行。

1. 面值發行

面值發行，即按股票的票面金額發行。採用股東分攤的發行方式時一般按平價發行，不受股票市場行情的左右。由於市價往往高於面額，因此以面額為發行價格能夠使認購者得到價格差異帶來的收益，使股東樂於認購，又保證了股票公司順利地實現籌措股金的目的。

2. 時價發行

時價發行，即不是以面額而是以流通市場上的股票價格（即時價）為基礎確定發行價格。這種價格一般都是時價高於票面額，二者的差價稱溢價，溢價帶來的收益歸該股份公司所有。在具體決定價格時，還要考慮股票銷售難易程度、對原有股票價格是否形成衝擊、認購期間價格變動的可能性等因素。因此，一般將發行價格定在低於時價 5%～10% 的水準上是比較合理的。

3. 中間價發行

中間價發行，即股票的發行價格取票面額和市場價格的中間值。這種價格通常在時價高於面額，公司需要增資但又需要照顧原有股東的情況下採用。中間價格發行對象一般為原股東，在時價和面額之間採取一個折中的價格發行，實際上是將差價收益一部分歸原股東所有，一部分歸公司所有，用於擴大經營。因此，在進行股東分攤時要按比例配股，不改變原來的股權構成。

4. 折價發行

折價發行，即發行價格低於票面額。折價發行有兩種情況：一種是優惠性的，通過折價使認購者分享權益。例如，公司為了充分體現對現有股東優惠而採取搭配增資方式時，新股票的發行價格就為票面價格的某一折扣，折價不足票面額的部分由公司的公積金抵補。現有股東所享受的優先購買和價格優惠的權利就叫作優先購股權，若股東自己不享用此權，他可以將優先購股權轉讓出售，這種情況有時又稱作優惠售價。另一種情況是該股票行情不佳，發行有一定困難，發行者與推銷者共同議定一個折扣率，以吸引投資者認購。中國規定，股票發行價格可以等於票面金額，也可以超過票面金額，但是不得低於票面金額。

股票價格確定的方法主要包括定價和競價兩種。中國 A 股市場一般採取定價方式，根據證監會確定的市盈率標準和發行公司的每股贏利水準，制定發行價格。競價是由投資者根據發行公司的財務狀況和贏利狀況進行投標競價，確定發行價格。例如，香港的科技板市場，大都採取競價發行方式，由投資者競價確定股票價格。

在國際股票市場上，在確定一種新股票的發行價格時，一般要考慮其四個方面的數據資料：

① 要參考上市公司上市前最近三年來平均每股稅後純利乘上已上市的類似的其他股

票最近3年來的平均利潤率；

②要參考上市公司上市前最近四年來平均每股所獲股息除以已上市的類似的其他股票最近3年來的平均股息率；

③要參考上市公司上市前最近期的每股資產淨值，這方面的數據占確定最終股票發行價格的二成比重；

④要參考上市公司當年預計的股利除以銀行一年期的定期儲蓄存款利率。

股票上市流通是指已經發行的股票經證券交易所批准後，在交易所公開掛牌交易。根據《中華人民共和國公司法》的規定，股份有限公司申請其公開發行的股票上市必須具備下列條件：

① 其股票經批准已經公開發行；

② 發行後的股本總額不少於人民幣5,000萬元；

③ 持有人民幣1,000元以上的個人股東不少於1,000人。個人持有的股票面值總額不少於人民幣1,000萬元；

④ 社會公眾股不少於總股本的25%；公司總股本超過人民幣4億元的，公眾股的比例不少於15%；

⑤ 公司最近3年財務報告無虛假記載，最近3年無重大違約行為；

⑥ 證券主管部門規定的其他條件。

5. 股票上市的暫停與終止

上市公司在證券上市後，若出現下列情形之一者，由證券交易所呈報主管機關——證券管理委員會核准後，交易所也可暫停某種上市證券上市：

① 上市公司發生重大改組或上市公司的經營範圍有重大變更而不符合上市標準者；

② 上市公司不履行法定公開的義務或財務報告，以及呈報證券交易所的其他文件有不實記載；

③ 上市公司的董事、監事、經紀人員和持有占上市公司實發股本額5%以上股份的股東的行為損害公眾的利益；

④ 上市公司的股票交易在最近一年內其月平均交易量不足100股或最近三個月沒有成交記錄；

⑤ 上市公司的經營狀況欠佳，最近兩年連續虧損或上市公司出現面臨破產的局面；

⑥ 上市公司因其信用問題而被停止與銀行的業務往來；

⑦ 上市公司連續一個季度不繳納上市費；

⑧ 其他原因致使上市公司必須暫停上市。

此外，上市公司的股票在其增發或發放股票、紅利期間，其股票亦將自動暫停上市。

上市公司的問題較為嚴重，或有下列情況之一時，證券交易所報經有關證券主管機關核准後，可對有問題公司做出終止其上市資格的決定：

① 上市公司被暫停上市的所列情況已造成嚴重後果；
② 上市公司在被暫停上市期間未能有效地消除被暫停上市的原因；
③ 上市公司將被解散和進行破產清算；
④ 上市公司因其他原因而必須終止上市。

二、發行普通股籌資

股票是股份證書的簡稱，是代表持有股份公司所有權的一種有價證券。每股股票都代表擁有企業一個基本單位的所有權。股票是股份公司資本的構成部分，可以轉讓、買賣或作價抵押，是資本市場的主要長期信用工具。股票的持有者憑藉股票來證明自己的股東身分，參加股份公司的股東大會，對股份公司的經營發表意見，並參與股份企業的利潤分配。股票種類很多，分類方法也多種多樣。按股東的權利和義務分類，股票可分為普通股股票和優先股股票。

1. 普通股的概念和特點

普通股是股份公司資本構成中最普通、最基本的股份，是股份企業資本的基礎部分。普通股的基本特點是其投資收益（股息和分紅）不是在購買時約定，而是事後根據股票發行公司的經營業績來確定。普通股是股份公司資本構成中最重要、最基本的股份，亦是風險最大的一種股份，但又是股票中最基本、最常見的一種。在中國上交所與深交所上市的股票都是普通股。

持有普通股股份者為普通股股東，依據《中華人民共和國公司法》的規定，普通股股東主要有如下權利：

（1）普通股股東有權參與股東大會，並有建議權、表決權和選舉權，有權就公司重大問題進行發言和投票表決，也可以委託他人代表其行使其股東權利。這是普通股股東參與公司經營管理的基本方式。

（2）股份轉讓權。股東持有的股份可以自由轉讓，但必須符合《中華人民共和國公司法》以及其他法規和公司章程規定的條件和程序。

（3）股利分配請求權。普通股股東有權從公司利潤分配中得到股息。普通股的股息是不固定的，由公司贏利狀況及其分配政策決定。普通股股東必須在公司支付了債息和優先股的股息之後才有權享受股息分配權。

（4）對公司帳目和股東大會決議的審查權和對公司事務的質詢權。

（5）分配公司剩餘財產的權利。當公司因破產或結業而進行清算時，普通股股東有權分得公司剩餘資產，但普通股股東必須在公司的債權人、優先股股東之後才能分得財產。

（6）增發新股時，具有優先認購權。普通股股東一般具有優先認股權，即當公司增發新普通股時，現有股東有權優先（可能還以低價）購買新發行的股票，以保持其對企業所有權的原百分比不變，從而維持其在公司中的權益。

(7) 公司章程規定的其他權利。

同時，普通股股東也對公司負有義務。《中華人民共和國公司法》規定了股東具有遵守公司章程、繳納股款、對公司負有有限責任、不得退股等義務。

由普通股的特點不難看出，普通股的收益與公司的經營前景密切相關，因此，普通股股東當然也就更關心公司的經營狀況和發展前景，而普通股也提供和保證了普通股股東關心和參與公司經營狀況與發展前景的權力和手段。

2. 普通股籌資的優缺點

與其他籌資方式相比，普通股籌措資本具有如下優點：

(1) 發行普通股籌措資本具有永久性，無到期日，不需歸還。這對保證公司對資本的需要、維持公司長期穩定發展極為有益。

(2) 發行普通股籌資沒有固定的股利負擔，股利的支付與否和支付多少，視公司有無贏利和經營需要而定，經營波動給公司帶來的財務負擔相對較小。由於普通股籌資沒有固定的到期還本付息的壓力，所以籌資風險較小。

(3) 發行普通股籌措的資金是公司最基本的資金來源，它反應了公司的實力，可作為其他方式籌資的基礎，尤其可為債權人提供保障，增強公司的舉債經營能力。

(4) 由於普通股的預期收益較高並可一定程度地抵消通貨膨脹的影響（通常在通貨膨脹期間不動產升值時，普通股也隨之升值），因此普通股籌資容易吸收資金。

但是，運用普通股籌措資本也有一些缺點：

(1) 普通股的資本成本較高。首先，從投資者的角度講，投資於普通股風險較高，相應地要求有較高的投資報酬率。其次，對於籌資公司來講，普通股股利從稅後利潤中支付，不像債券利息那樣作為費用從稅前支付，因而不具有抵稅作用。此外，普通股股票的發行費用一般也高於其他證券。

(2) 以普通股籌資會使企業增加新股東，這可能會稀釋原有股東對公司的控制權。而且當被其他企業收購和控股時，可能會改變企業長期經營方針和目標。

(3) 新股東分享公司未發行新股前累積的保留盈餘，會降低普通股的每股淨收益，從而可能引發股價的下跌。

三、企業留存收益籌資

1. 留存收益的內涵

留存收益是公司在經營過程中所創造的由於公司經營發展的需要或由於法定的原因等沒有分配給所有者而留存在公司的贏利。留存收益是指企業從歷年實現的利潤中提取或留存於企業的內部累積，它來源於企業的生產經營活動所實現的淨利潤，包括企業的盈餘公積和未分配利潤兩個部分，各自的含義如下：

(1) 盈餘公積是指公司按照規定從淨利潤中提取的累積資金，包括法定盈餘公積金及

任意盈餘公積金。《中華人民共和國公司法》規定，公司分配當年利潤時，應當提取淨利潤（彌補以前年度虧損）的10%（非公司制企業也可按照超過10%的比例提取）列入公司法定盈餘公積金，法定公積金累計額已達註冊資本的50%時可以不再提取。公司在從稅後利潤中提取法定公積金後，經股東大會決議可以提取任意公積金。公司的法定盈餘公積金和任意盈餘公積金可用於彌補公司的虧損、擴大公司生產經營或者轉增公司資本，資本公積金不得用於彌補公司的虧損，法定公積金轉為資本時，所留存的該項公積金不得少於轉增前公司註冊資本的25%。

（2）未分配利潤是指企業實現的淨利潤經過彌補虧損、提取盈餘公積和向投資者分配利潤後留存在企業的、歷年結存的利潤，是企業所有者權益的組成部分，這裡有兩層含義：一是這部分淨利潤沒有分給公司的股東，二是這部分淨利潤未指定用途。

公司的盈餘公積金無論用於補虧還是用於轉增資本，都不過是在同屬股東權益的不同分類項目中的相互轉換，如盈餘公積金的轉增股本；在減少盈餘公積的同時，也增加了股本。這種相互轉換並不影響股東權益總額的增減。

2. 留存收益籌資的優缺點

留存收益籌資是指企業將留存收益轉化為投資的過程，由於留存收益是企業繳納所得稅後形成的，其所有權屬於股東。股東將這一部分未分配的稅後利潤留給企業，實質上是對企業追加投資。這種方式籌資的優點有以下幾點：

（1）不發生實際的現金支出

不必支付定期的利息，也不必支付股利，同時還免去了與負債、權益籌資相關的手續費、發行費等開支。

（2）保持企業舉債能力

留存收益實質上屬於股東權益的一部分，可以作為企業對外舉債的基礎。先利用這部分資金籌資，減少了企業對外部資金的需求，當企業遇到盈利率很高的項目時，再向外部籌資，就不會因企業的債務已達到較高的水準而難以籌到資金。

（3）企業的控制權不受影響

增發股票，原股東的控制權分散；發行債券或增加負債，債權人可能對企業施加限制性條件。而採用留存收益籌資則不會存在此類問題。

這種方式籌資的缺點有以下幾點：

（1）期間限制

企業必須經過一定時期的累積才可能擁有一定數量的留存收益，從而使企業難以在短期內獲得擴大再生產所需資金。

（2）與股利政策衝突

如果留存收益過高，現金股利過少，則可能影響企業的形象，並給今後進一步的籌資增加困難，利用留存收益籌資要考慮公司的股利政策，不能隨意變動。

復習與思考：

1. 股權籌資方式有哪幾種？
2. 普通股與優先股有什麼不同？

【案例分析】

海濱天花酒店籌資案例

1. 海濱天花酒店簡介

海濱天花酒店有限公司位於北方海濱城市，由李慧櫻女士1995年創立，她擁有90%的股份。李慧櫻女士今年36歲，國外某名牌大學畢業，持有美國綠卡。她在美國的一家大型連鎖酒店當了幾年業務經理之後，返回祖國，投資興建了海濱天花酒店。

李慧櫻之所以選擇這個地方是因為春夏兩季這裡氣候宜人，而且城市非常漂亮，是國內外旅遊熱點。這座酒店可以提供完備的旅遊住宿、餐飲、停車服務，還可為客人提供娛樂服務。這些年來，天花酒店為李慧櫻帶來了很大的利潤。

當地購物、旅遊的優惠條件吸引了大量國內外旅遊者光臨，而且每年的春夏旅遊旺季，當地酒店爆滿，以致許多遊客無法住進非常舒適而且位於城市繁華地段的海濱天花酒店。

2. 天花酒店發展規劃

最近幾年，城市的快速發展為當地的旅遊業帶來了勃勃生機，李慧櫻也時刻注意這些變化，而且當地的許多跨國公司朋友經常建議她應該擴大酒店規模，以應付不斷增加的客流量，同時滿足這些跨國公司商務人員住宿的需要。

於是，李慧櫻產生了在天花酒店毗鄰之地再建一座現代化酒店的想法。她希望這一發展計劃一方面可以通過為當地跨國公司往來的商務人員提供食宿，保證每年穩定的業務；另一方面還可以通過在旅遊季節接納天花酒店接納不下的遊客來獲得業務。

接下來，李慧櫻開始考慮這座現代化酒店的類型和規模，並盡力估算完成這樣一項工程的成本。這塊與天花酒店毗鄰的土地，寬80米，長200米，估價為4,000萬元。向當地一位建築師諮詢後，李慧櫻起草了一份能滿足各種先決條件的工程計劃。她計劃要建16層的建築，包括40套各含兩間屋子的套房、100間帶兩張單人床的雙人間、120間帶雙人床的雙人間、7家小商店和一些其他設施——包括理髮、美容及醫療等在內的服務內容。

然後，李慧櫻試著估計了這一工程的利潤。根據自己以往的經驗，她認為40套套房和那些臥房每天可創收大約400,000元，但前提是所有客房都住滿。在入住率為100%的情況下，她估計出租酒店其他部分每月可收入1,000,000元。租金將根據營業額的某個百分比來收取，預計會隨入住率的變化而變化，其他收入最終將從禮品櫃臺、文件處理、展廳及底層的100米長、20米寬的中央區域獲得，而這個大區域尚未規劃好做何用途。

除去預計的 500 萬元公司開支外，李慧櫻估算了其他營業開支，她是基於 100%入住率計算的（見表 10-6）。

表 10-6　　　　　　　　100%入住率時的年度營業成本表　　　　　　單位：萬元

經營項目	總可變成本	固定成本	總成本
廣告費	—	100	100
客戶用品費	300	—	300
水、電、空調	300	300	600
員工工資	1,400	—	1,400
維修費	200	100	300
管理人員工資	—	400	400
辦公費	—	100	100
折舊費	—	500	500
公司開支	500	—	500
其他費用	—	300	300
合計	2,700	1,800	4,500

　　李慧櫻認為在估算利潤時，年均 75%的入住率是現實可行的，而 50%的入住率是最壞的可能。所有商店與辦公室都按年度來出租。所得稅稅率估計為 33%。

　　建造這樣一座鋼筋混凝土結構的酒店，估算成本為 13,000 萬元。

　　在經過可行性調查之後，李慧櫻將裝修酒店的成本估計為 3,000 萬元。酒店的營運成本為一年 4,500 萬元，具體費用開支見表 10-6。另外，她估計新酒店贏利的潛能會吸引投資進入這個不斷發展的行業，因此，該項目最低資本投資額度可能會提高。

　　於是，李慧櫻會晤了天花酒店幾個合夥人，共同討論新酒店的建設項目。考慮到這類酒店投資的風險程度和當地酒店業的發展趨勢，他們認為新的酒店應該是與天花酒店獨立的法人實體。新的酒店被命名為天花酒店有限公司。

　　李慧櫻出任新酒店董事會的總裁和主席。原先的天花酒店以無形資產出資，無形資產折合 200 萬股優先股（利率為 8%，每股面值為 25 元），加上 600 萬股 5 元面值的普通股。

　　3. 天花酒店的出資計劃

　　李慧櫻預見到了盡快開工以便冬季進行室內施工的好處。為使新建築趕在 2000 年旅遊旺季前完工，又由於籌集必要的資金需相當的時間，她決定從其私人積蓄中提取資金以盡快開工，這筆資金公司將在以後給予補償。必要的安排結束了，新酒店建築也於 1998 年 9 月開工了。

　　在 1998 年 8 月份，規劃操作階段已取得相當的進展，李慧櫻感到注意力必須轉移到提供長期資本上。該項資本原來估算為 24,500 萬元，其中營運資金 4,500 萬元，地價

4,000萬元，建築費13,000萬元，裝修費3,000萬元。

作為融資計劃的第一步，天花酒店同李慧櫻達成一項購買協議——天花酒店將斥資4,000萬元購買修建酒店所需的地皮。根據該協議，支付給天花酒店800萬股普通股。

融資計劃的第二步是融資資助裝修工程。天花酒店貸款者商討了籌借利率暫定為10%的3,000萬元的五年期貸款一事。從第一個會計年度末開始，每年本息合計償付900萬元。

由於尚缺17,500萬元，李慧櫻與合夥人的討論會決定籌措資本的最可行方案。她有意通過公司的地產和房產抵押貸款來解決。此貸款額為17,500萬元，年利率為12%，期限為10年，每年年末償還本息。

但是李慧櫻擔心採取固定利率將面臨巨大風險，何況天花酒店的經營前景未知。

李慧櫻的劉姓合夥人提出了第二個方案，將普通股以10萬股為單元，每股5元的價格出售，這樣每單元總價值為50萬元，合法的發行固定費用預計需500萬元。股票的承銷費用為發行總額的10%。出售的股份數量限在400個單元以內，以避免證券管理者對發行新股的眾多要求。李慧櫻擔心這樣做，她的利潤份額會大大降低。

第三種方案也提出來了，即把利率為8%的優先股以20,000股為一單元，每股25元的價格出售。優先股可以每股26元的價值贖回，股息可以累積。若連續兩年未分配股息，優先股股東對董事會大部分董事均有選舉權。合法的發行固定費用預計需500萬元。股票的承銷商的承銷費用為發行總額的10%。另外，購買者還有權在每購一股優先股時免費認購一股普通股。在研究了最後一個建議後，討論擱淺了。董事們表示，最後的主意還得由李慧櫻來拿。

註：優先股的面值為25元，普通股面值為5元。

請幫助李慧櫻對上述三個投資方案進行分析，並提出你的建議。

任務四　長期債務籌資

長期負債是指期限超過一年的負債。籌借長期負債資金，是指企業通過借款、發行債券和融資租賃等方式籌集的長期債務資本。它可以解決企業長期資金不足問題，如滿足長期性固定資產投資的需要；同時由於長期負債的歸還期長，債務人可對債務的歸還做長期安排，還債壓力或風險相對較小。但長期負債籌資一般成本較高，即長期負債的利率一般會高於短期負債利率；負債的限制較多，即債權人經常會向債務人提出一些限制性的條件，以保證其能夠及時、足額償還債務本金和支付利息，從而形成對債務人的種種約束。目前在中國，長期負債籌資主要有長期借款、發行債券和融資租賃三種長期債務性籌資方式。

一、長期借款

長期借款,是指企業向銀行或其他非銀行金融機構借入的使用期限超過一年的借款,是企業長期債務籌資的一種重要方式。它主要用於構建固定資產和滿足長期流動資金占用的需要。在該借貸活動中,企業解決了長期資金不足問題,如滿足長期性固定資產投資的需要,銀行也可以定期收取貸款利息。

1. 長期借款的種類

長期借款有不同的種類。

(1) 按提供貸款的機構分類。長期借款按提供貸款的機構,可分為政策性銀行貸款、商業銀行貸款和保險公司貸款。

① 政策性貸款,是執行國家政策性貸款業務的銀行(通稱政策性銀行)提供的貸款,通常為長期貸款。

② 商業銀行貸款,包括短期貸款和長期貸款。其中長期貸款的一般特徵為:期限長於1年;企業與銀行之間要簽訂借款合同,含有對借款企業的具體限制條件;有規定的借款利率,可固定,亦可隨基準利率的變動而變動;主要實行分期償還方式,一般每期償還金額相等,也可採用到期一次償還方式。

③ 其他金融機構貸款。其他金融機構對企業的貸款一般較商業銀行貸款的期限更長,要求的利率較高,對借款企業的信用要求和擔保的選擇也比較嚴格。

(2) 按有無抵押品作擔保分類。長期借款按有無抵押品作擔保,分為抵押貸款和信用貸款。

① 抵押貸款是指以特定的抵押品為擔保的貸款。作為貸款擔保的抵押品可以是不動產、機器設備等實物資產,也可以是股票、債券等有價證券。它們必須是能夠變現的資產。貸款到期時借款企業不能或不願償還貸款時,銀行可取消企業對抵押品的贖回權,並有權處理抵押品。抵押貸款有利於降低銀行貸款的風險,提高貸款的安全性。

② 信用貸款是指不以抵押品作擔保的貸款,即僅憑藉款企業的信用或某保證人的信用而發放的貸款。信用貸款通常僅由借款企業出具簽字的文書,一般是貸給那些資信優良的企業。對於這種貸款,由於風險較高,銀行通常要收取較高的利息,並附加一定的條件限制。

(3) 按貸款的用途分類。按貸款的用途,中國銀行長期貸款通常分為基本建設貸款、更新改造貸款、科研開發和新產品試製貸款等。

2. 取得長期借款的條件

金融機構對企業發放貸款的原則是:按計劃發放、擇優扶植、有物資保證和按期歸還。企業申請貸款一般應具備的條件是:

(1) 獨立核算,自負盈虧,有法人資格;

（2）經營方向和業務範圍符合國家產業政策，借款用途屬於銀行貸款辦法規定的範圍；

（3）借款企業具有一定的物資和財產保證，擔保單位具有相應的經濟實力；

（4）具有償還貸款的能力；

（5）財務管理和經濟核算制度健全，資金使用效益及企業經濟效益良好；

（6）在銀行設有帳戶，辦理結算。

具備上述條件的企業欲取得貸款，先要向銀行提出申請，陳述借款原因與金額、用款時間與計劃及還款期限與計劃。銀行根據企業的借款申請，針對企業的財務狀況、信用情況、盈利的穩定性、發展前景及借款投資項目的可行性等進行審查。銀行審查同意貸款後，再與借款企業進一步協商貸款的具體條件。明確貸款的種類、用途、金額、利率、期限、還款的資金來源及方式、保護性條件及違約責任等，並以借款合同的形式將其法律化。借款合同生效後，企業便可取得借款。

3. 長期借款的保護性條款

由於長期借款的期限長、風險大，按照國際慣例，銀行通常對借款企業提出一些有助於保證貸款按時足額償還的條件。將這些條件寫進貸款合同中，就形成了合同的保護性條款。按照國際慣例，銀行借款信用條件，主要有授信額度、週轉授信協議、補償性餘額。

（1）授信額度。授信額度是借款企業與銀行按正式或非正式協議規定的企業借款的最高限額。通常在授信額度內，企業可隨時按需要向銀行申請借款。例如，在正式協議下，約定某企業的授信額度為5,000萬元，該企業已借用3,000萬元且尚未償還，則該企業仍可申請2,000萬元，銀行將予以保證。但在非正式協議下，銀行並不承擔按最高借款限額保證貸款的法律義務。

（2）週轉授信協議。週轉授信協議是一種經常為大公司使用的正式授信額度。與一般授信額度不同，銀行對週轉信用額度負有法律義務，並因此向企業收取一定的承諾費用，一般按企業使用的授信額度的一定比率（2‰左右）計算。

（3）補償性餘額。補償性餘額是銀行要求借款企業保持按貸款限額或實際借款額的10%~20%的平均存款餘額留存銀行。銀行通常都有這種要求，目的是降低銀行貸款風險，提高貸款的有效利率，以補償銀行的損失。例如，如果某企業需借款80,000元以清償到期債務，貸款銀行要求維持20%的補償性餘額，那麼該企業為了獲取80,000元必須借款100,000元。如果名義利率為8%，則實際利率為：$\dfrac{100,000 \times 8\%}{100,000 \times (1-20\%)} = 10\%$。

在銀行附加上述信用條件下，企業取得的借款屬於信用借款。

4. 借款合同的內容

借款合同是規定借貸當事人各方權利和義務的契約。借款企業提出的借款申請經貸款銀行審查認可後，雙方即可在平等協商的基礎上簽訂借款合同。借款合同依法簽訂後，即

具有法律約束力，借貸當事人各方必須遵守合同條款，履行合同約定的義務。

（1）借款合同的基本條款。根據中國有關法規，借款合同應具備下列基本條款：①借款種類；②借款用途；③借款金額；④借款利率；⑤借款期限；⑥還款資金來源及還款方式；⑦保證條款；⑧違約責任。其中，保證條款是規定借款企業申請借款應具有銀行規定比例的自有資本，若有適銷或適用的財產物資作貸款的保證，當借款企業無力償還到期貸款時，貸款銀行有權處理作為貸款保證的財產物資；必要時還可規定保證人，保證人必須具有足夠代償借款的財產，當借款企業不履行合同時，由保證人連帶承擔償付本息的責任。

（2）借款合同的限制條款。由於長期貸款的期限長、風險較高，因此，除合同的基本條款以外，按照國際慣例，銀行對借款企業通常都約定一些限制性條款，主要有如下三類：①一般性限制條款，包括：企業須持有一定限度的現金及其他流動資產以保持其資產的合理流動性及支付能力；限制企業支付現金股利；限制企業資本支出的規模；限制企業借入其他長期資金。②例行性限制條款。多數借款合同都有這類條款，一般包括：企業定期向銀行報送財務報表；不能出售太多的資產；債務到期要及時償付；禁止應收帳款的轉讓。③特殊性限制條款。例如，要求企業主要領導人購買人身保險，規定借款的用途不得改變等。這類限制條款只在特殊情形下才生效。

5. 長期借款的償還方式

長期借款的償還方式不一，其中包括：

（1）定期支付利息、到期一次性償還本金方式。

（2）如同短期借款那樣的定期等額償還方式。

（3）平時逐期償還小額本金和利息、期末償還餘下的大額部分的方式。

6. 長期借款籌資的優缺點

（1）長期借款的優點

①借款籌資速度較快。企業利用長期借款籌資，手續比發行債券簡單得多，一般所需時間較短，程序較為簡單，可以快速獲得現金。而發行股票、債券籌集長期資金，須做好發行前的各種工作，如印製證券等，發行也需一定時間，故耗時較長，程序複雜。

②借款資本成本較低。利用長期借款籌資，其利息可在所得稅前列支，故可減少企業實際負擔的成本，因此比股票籌資的成本要低得多；與債券相比，借款利率一般低於債券利率；此外，由於借款屬於間接籌資，籌資費用也極少。

③借款籌資彈性較大。在借款時，企業與銀行直接商定貸款的時間、數額和利率等；在用款期間，企業如因財務狀況發生某些變化，亦可與銀行再行協商，變更借款數量及還款期限等。因此，對企業而言，長期借款籌資具有較大的靈活性。

④企業利用借款籌資，與債券一樣，可以發揮財務槓桿的作用。

（2）長期借款的缺點
①借款籌資風險較高。借款通常有固定的利息負擔和固定的償付期限，故借款企業的籌資風險較高。
②借款籌資限制條件較多。這可能會影響到企業以後的籌資和投資活動。
③借款籌資數量有限。一般不如股票、債券那樣可以一次籌集到大筆資金。

二、發行債券

1. 債券的種類

債券是債務人為籌集債務資本而發行的用以記載和反應債權債務關係的約定在一定期限內向債權人還本付息的有價證券。這裡所說的債券，指的是期限超過1年的公司債券。發行債券是企業籌集債務資本的重要方式。中國非公司企業發行的債券稱為企業債券。按照《中華人民共和國公司法》和國際慣例，股份有限公司和有限責任公司發行的債券稱為公司債券，有時簡稱公司債。公司發行債券通常是為其大型投資項目一次籌集大筆長期資本。為與可轉換債券相區別，這裡主要講述公司債券的基本問題以及一般的或普通的債券籌資。公司債券有很多形式，大致有如下分類：

（1）按債券上是否記有持券人的姓名或名稱，分為記名債券和無記名債券。這種分類類似記名股票與無記名股票的劃分。在公司債券上記載持券人姓名或名稱的為記名公司債券；反之為無記名公司債券。兩種債券在轉讓上的差別也與記名股票、無記名股票相似。

（2）按能否轉換為公司股票，分為可轉換債券和不可轉換債券。若公司債券能轉換為本公司股票，為可轉換債券，反之為不可轉換債券。一般來講，前種債券的利率要低於後種債券。

（3）按有無特定的財產擔保，分為抵押債券和信用債券。發行公司以特定財產作為抵押品債券為抵押債券；沒有特定財產作為抵押，憑信用發行的債券為信用債券。

（4）按是否參加公司盈餘分配，分為參加公司債券和不參加公司債券。債權人除享有到期向公司請求還本付息的權利外，還有權按規定參加公司盈餘分配的債券，為參加公司債券；反之為不參加公司債券。

（5）按利率是否變動，分為固定利率債券和浮動利率債券。將利率明確記載於債券上，按固定利率向債權人支付利息的債券，為固定利率債券；債券上明確利率，發放利息時利率水準按某一標準的變化而同方向調整的債券，為浮動利率債券。

（6）按能否上市交易，分為上市債券和非上市債券。可在證券交易所掛牌交易的債券為上市債券，反之為非上市債券。上市債券信用度高，價值高，變現速度快，故而容易吸引投資者；但其上市條件嚴格，並要承擔上市費用。

（7）按照償還方式，分為一次到期債券和分期到期債券。發行公司於債券到期日一次集中清償本息的，為一次到期債券；一次發行而分期、分批償還的債券為分期到期債券。

分期到期債券的償還有不同辦法。

（8）按照債券持有人的特定權益，分為收益債券、可轉換債券、附認股權債券和附屬信用債券等。

① 收益債券是指只有當發行公司有稅後收益可供分配時才支付利息的一種公司債券。這種債券對發行公司而言，其不必承擔固定的利息負擔；對投資者而言，風險較高，收益亦可能較高。

② 可轉換債券是指根據發行公司債券募集辦法的規定，債券持有人可將其轉換為發行公司的股票的債券，應規定轉換辦法，並應按轉換辦法向債券持有人換發股票。債券持有人有權選擇是否將其所持債券轉換為股票。發行這種債券，既可為投資者增加靈活的投資機會，又可為發行公司調整資本結構或緩解財務壓力提供便利。

③ 附認股權債券是指所發行的債券附帶允許債券持有人按特定價格認購股票的一種長期選擇權。這種認股權通常隨債券發放，具有與可轉換公司債券相類似的屬性。附認股權公司債券的票面利率，與可轉換債券一樣，通常低於一般的公司債券。

④ 附屬信用債券是當公司清償時，受償權排列順序低於其他債券的債券；為了補償其較低受償順序可能帶來的損失，這種債券的利率高於一般債券。

2. 發行債券的資格與條件

（1）發行債券的資格

《中華人民共和國公司法》規定，股份有限公司、國有獨資公司和兩個以上的國有企業或者其他兩個以上的國有投資主體投資設立的有限責任公司，有資格發行公司債券。

（2）發行債券的條件

《中華人民共和國公司法》規定，有資格發行公司債券的公司，必須具備以下條件：

① 股份有限公司的淨資產額不低於人民幣 3,000 萬元，有限責任公司的淨資產額不低於人民幣 6,000 萬元；

② 累計債券總額不超過公司淨資產額的 40%；

③ 最近 3 年平均可分配利潤足以支付公司債券 1 年的利息；

④ 所籌集的資金的投向符合國家產業政策；

⑤ 債券的利率不得超過國務院限定的水準；

⑥ 國務院規定的其他條件。

另外，發行公司債券所籌集的資金，必須符合審批機關審批的用途，不得用於彌補虧損和非生產性支出，否則會損害債權人的利益。

發行公司凡是有下列情形之一的，不得再次發行公司債券：

① 前一次發行的公司債券尚未募足的；

② 對已發行公司債券或者其債務有違約或延遲支付本息的事實，且仍處於持續狀態的。

根據國務院頒布的《企業債券管理條例》的相關規定，企業申請發行債券，應當向審批機關報送下列文件：

①發行企業債券申請書；

②營業執照；

③發行章程；

④經會計師事務所審計的企業近三年來的財務報表；

⑤審批機關要求提供的其他材料。

3. 公司債券的信用評級

公司公開發行的債券通常需要由信用評級機構評定等級。債券的信用等級表明了債券質量的優劣，反應債券償本付息能力的強弱和債券投資風險的高低。債券的信用等級對發行公司和購買人均有重要影響，它直接影響公司發行債券的效果和投資者的投資選擇。

債券的評級制度最早源於美國。1909年，美國人約翰・穆迪首先採用了債券評級法，從此，債券評級的方法開始推廣。國外流行的債券等級，一般分為3等10級，這是由國際上著名的美國穆迪投資服務公司和標準普爾公司分別採用的等級（表10-7）。

表10-7　　　　　　　　　　　債券信用等級表

標準普爾		穆迪公司		備註
AAA	最高級	Aaa	最高質量	具有極強償付本利的能力
AA	高級	Aa	高質量	有較強的本利償付能力
A	上中級	A	上中質量	償還本利能力強，但易隨環境和經濟狀況的變動發生不利的變動
BBB	中級	Baa	中下質量	具有足夠的能力償還本金和利息
BB	中下級	Ba	具有投機因素	具有顯著的投機性，Ba級和BB級債券的投機度最低，Ca級和CC級債券的投機度最高
B	投機級	B	通常不值得投資	
CCC	完全投機級	Caa	可能違規	
CC	最大投機級	Ca	高級投機級，經常違約	
C	低級	C	低級	規定贏利付息，但是未能付息
D	違約級	D	違約級	無法按時支付利息以及償還本金

中國的債券評級工作已逐步展開，但尚無統一的債券等級標準和系統評級制度。根據中國人民銀行的有關規定，凡是向社會公開發行企業債券，需要經由中國人民銀行及其授權分行所指定的資信評級機構或公證機構進行評信。通常，這些評級機構對發行債券的企業基本概況、企業素質、財務質量、項目狀況、項目前景和償債能力進行評分，以此評定信用級別（表10-8）。

表 10-8　　　　　　　　　　　　債券等級評價指標表

評價指標	具體內容	指標權重
企業素質	領導者素質、企業管理狀況、競爭能力	10%
財務質量	資金實力、資金信用、週轉能力、贏利能力	35%
項目狀況	項目可行性、項目重要性	15%
項目前景	行業地位、市場競爭能力、發展潛力	10%
償債能力	償債資金來源、債務償還能力、債務期限（短期、長期）	30%
綜合評定	—	100%

4. 公司債券的定價

公司債券發行價格是發行公司（或其承銷機構）發行債券時的價格，亦即投資者向發行公司認購其所發行債券時的實際支付價格。決定債券發行價格的因素是：

（1）票面金額——決定債券發行價格的最基本因素；

（2）票面利率——利率越高，發行價格就越高；

（3）市場利率——市場利率越高，發行價格就越低；

（4）債券期限——債券期限越長，發行價格越高。

債券發行價格的形成受諸多因素的影響，其中主要是票面利率與市場利率的一致程度。債券的票面金額、票面利率在債券發行前已經參照市場利率和發行公司的具體情況確定下來，並載明在債券上。但在發行債券時已確定的票面利率不一定與當時的市場利率一致。為了協調債券購銷雙方在債券利息上的利益，就要調整發行價格。即當票面利率高於市場利率時，以溢價發行債券；當票面利率低於市場利率時，以折價發行債券；當票面利率與市場利率一致時，則以平價發行債券。

債券的發行價格計算公式為：

$$債券發行價格 = \frac{票面金額}{(1+市場利率)^n} + \sum_{t=1}^{n} \frac{票面金額 \times 票面利率}{(1+市場利率)^t}$$

債券的價格 P 是由其未來現金流入量的現值決定的。一般來講，債券屬於固定收益證券，其未來現金收入由各期利息收入和到期時債券的變現價值兩部分組成。因此，債券的價格為：

$$P = \frac{I}{(1+r)^1} + \frac{I}{(1+r)^2} + \cdots + \frac{I}{(1+r)^n} + \frac{B}{(1+r)^n}$$

$$= \sum_{t=1}^{n} \frac{I}{(1+r)^n} + \frac{B}{(1+r)^n}$$

式中：r 為市場利率，指債券發行時的市場利率；I 為各期利息收入；B 為債券到期時的變現價值（如果債券投資者一直將債券持有至到期日，則 B 即為債券的面值；如果債

投資者在債券到期前將債券轉讓，則 B 為債券的轉讓價格）。

【例10-4】某公司發行面額為 1,000 元、票面利率為 10%、期限為 10 年的債券，每年年末付息一次。其發行價格可分下列三種情況來分析測算。

（1）如果市場利率為 10%，與票面利率一致，該債券屬於等價發行。其發行價格為：

$$\frac{1,000}{(1+10\%)^{10}} + \sum_{t=1}^{10} \frac{100}{(1+10\%)^t} = 1,000(元)$$

（2）如果市場利率為 8%，低於票面利率，該債券屬於溢價發行。其發行價格為：

$$\frac{1,000}{(1+8\%)^{10}} + \sum_{t=1}^{10} \frac{100}{(1+8\%)^t} = 1,034(元)$$

（3）如果市場利率為 12%，高於票面利率，該債券屬於折價發行。其發行價格為：

$$\frac{1,000}{(1+12\%)^{10}} + \sum_{t=1}^{10} \frac{100}{(1+12\%)^t} = 886(元)$$

由此可見，在債券的票面金額、票面利率和期限一定的情況下，發行價格因市場利率不同而有所不同。

5. 債券籌資的優缺點

（1）債券籌資的優點

①資金成本較低。一方面，發行債券時支付給承銷商的費用一般低於發行股票時支付給承銷商的費用；另一方面，債券的利息費用可在所得稅前列支，使籌資企業能夠享受稅負上的利益。因此，債券資金的成本一般會低於權益資金的成本。

②不分散原股東的控制權。由於債券持有人僅僅擁有按期收回本金和利息的權利，一般不享有投票權，因此不會影響原股東的控制權，原股東可有效地保持其支配地位。

③能產生財務槓桿作用。由於債券的利息固定，當籌資企業的利潤增加時，債券的利息並不隨之增加，故有利於提高普通股的每股收益，使普通股股東享受到更多的利益。

（2）債券籌資的缺點

①增大企業的財務風險。由於債券本息的償付義務都具有固定性，一旦借債企業的現金週轉出現問題，企業就有可能因無法履約而陷入財務困境，甚至可能導致企業瀕於破產清算的境地，風險很大。

②限制條件較多。發行債券的企業不但要滿足有關規定要求具備的條件，而且會受到債券契約中有關限制性條款的制約。債券發行的額度會受到企業淨資產、償債能力等方面的制約，債券籌資後也會在一定程度上約束企業從外部籌資擴展的能力，使企業在籌資方面的靈活性受到限制。

③對普通股股東的利益可能會造成不利影響。如果債券的利率很高，或在債券的有效期內市場利率下降，而企業在負債期間經營利潤很少或無利潤，卻還要支付相對較高的利息費用，那麼必然導致普通股每股收益大幅下降，使股東遭受很大的損失。

三、融資租賃

租賃是指出租人將物件按照約定的期限出租給需要物件的人（承租人）使用，並收取租金的一種特定的經濟行為，是以租賃物的所有權與使用權相分離為特徵的新型信用方式。

1. 租賃的種類

（1）租賃按性質分為經營租賃和融資租賃。

① 經營租賃，是指租賃公司根據租賃市場的需要選購通用性設備，供企業用戶選擇使用。

這種租賃方式的租期較短，主要解決一些企業的臨時需要或季節性需要等。租期一般只有幾個月或幾個星期，短的甚至只有幾個小時，因此租賃設備的安裝、保養和支付保險費等各種專門的技術服務都由租賃公司負責。承租企業採用經營租賃的目的，更多的是獲得設備的短期使用及出租人提供的專門技術服務。

② 融資租賃，又稱財務租賃，是由租賃公司根據承租人的要求出資購買設備，並在雙方簽訂的租賃期內供承租人長期使用設備，承租人則按照租賃合同，按期支付租金的信用性業務。這是現代租賃的主要形式，雙方簽訂的租期較長，相當於設備的絕大部分的有效使用壽命，在租期內雙方無權中止合同，未經出租方同意，承租人不得將設備轉租、抵押或轉讓給第三者使用。合同期內，承租方要負責設備的維修和保養，並按期向出租人支付租金，合同期滿後，承租人可將設備退還、簽訂續租合同或購買手續。

（2）融資租賃按業務特點不同分為直接租賃、售後租回、轉租賃和槓桿租賃。

① 直接租賃。它是融資租賃的典型形式。該種租賃是指出租方（租賃公司或生產廠商）直接向承租人提供租賃資產的租賃形式。直接租賃只涉及出租人和承租人兩方。

② 售後租回。企業急需資金情況下，將其生產經營過程中所需的資產出售給租賃公司，企業作為承租方出現將所出售資產租回使用，並按期向租賃公司支付租金。該方式可使承租企業在租期內繼續使用自己的原設備，不影響生產。同時，企業原有設備折舊的提取和利潤的實現都不受影響，所以對提高企業的資產利用效率有很大作用。

③ 轉租賃。轉租賃是指國內租賃公司先作為承租人從國外租賃公司（或國外廠家）處租進戶所需的設備，再轉租給國內承租企業所用。轉租賃實際上是一個項目兩筆租賃，租賃費用一般要高於直接租賃。

④ 槓桿租賃。槓桿租賃又稱平衡租賃，是指出租人在無力單獨承擔資本密集型項目的巨額投資時，以待購設備作為貸款的抵押品，以轉讓收取租金的權利作為貸款的額外保證，從銀行、保險公司等金融機構獲得購買設備的大部分貸款（一般為 60%～80%），其餘部分由出租人自籌資金解決。出租人購進設備時，再出租給承租人使用，並收取租金償還貸款。這種租賃方式能使出租人以較少的投資享有全部的加速折舊和國家規定的投資減

稅的優惠，不僅能擴大其投資能力，而且取得了較高的投資報酬，故稱為槓桿租賃。

2. 融資租賃的特點

（1）出租的設備或物品及供貨人由承租方選擇決定。一般由承租企業向租賃公司提出正式申請，由租賃公司融資購進設備租給承租企業使用。

（2）融資租賃時間期限較長，相當於固定資產絕大部分有效使用壽命，且租賃期滿可按雙方約定的處理方式進行，一般有退租、續租或留購三種選擇方式，企業可自主做出決策。

（3）租賃合同比較穩定，在租賃期內雙方不得隨意中途解約，有利於維護雙方的權益。

（4）在融資租賃方式下，由承租企業自行承擔租賃設備的維修、保養和保險工作。

3. 融資租賃的程序

融資租賃一般發生在企業更新設備或添置固定資產時。企業在融資租賃時必須具備獨立的法人資格，具有國家有關部門批准的項目投資計劃文件和一定比例的自有資金，還要有較高的經濟效益，並有可靠的繳納租金的來源。

融資租賃的程序有如下幾個方面：

（1）租賃準備階段。企業在完成固定資產投資項目可行性分析的基礎上，經國家有關部門批准立項後，應做好設備來源的選擇和租賃公司的選擇工作。

（2）委託租賃階段。承租企業在選定租賃公司後，即可向租賃公司提出融資租賃的申請，同時遞交相關資料，如國家有關部門批准立項計劃書、項目可行性方案、企業進口設備的許可批件、企業償付外匯的資金來源、有關部門願意履行擔保的擔保函及其他有關資料。

（3）對外談判階段。承租企業根據其選定的產品型號，與供貨廠商進行價格談判，並通過談判瞭解有關設備的技術問題，選擇好租賃設備的規格、型號、數量、性能、技術參數、價格，安排好質量保證、零備件、交貨期、技術培訓和安裝調試等事宜。

（4）簽訂合同階段。辦理融資租賃業務一般要簽購貨合同和租賃合同，它是租賃程序的中心環節。

（5）設備引進階段。

（6）交付租金階段。

4. 租金的確定

租金是指出租人因出租設備（租賃物件）而向承租人收取的補償和收益，出租人通過收取租金既需收回租賃設備的總成本，又要獲得必要的租賃費。

租金包括租賃物的總成本和租賃費兩部分。租賃物的總成本是出租人為購買出租設備而墊付的全部資金，它包括租賃物的價款、運輸費、途中保險費及安裝調試費。租賃費實際上是出租人墊付租賃物總成本（融資金額）而得到的相應利息。

承租企業支付租金時，其每期支付租金的高低主要取決於：租賃設備的購置成本，包括設備的買價、運雜費和途中保險費等；預計租賃設備的殘值；利息；租賃手續費，該費用的高低由承租公司與租賃企業協商確定；租賃期限；租金的支付方式，一般而言，租金支付次數越多，每次的支付額越小。

租金支付的方式很多，大致有：按支付間隔期，分為年付、半年付、季付和月付；按支付的時點可分為期初支付、期末支付；按每次是否等額支付，可分為等額支付和不等額支付。在考慮資金時間價值因素下，租金的計算方法有如下兩種：

（1）後付租金計算。即普通年金。根據年資本回收額的計算公式，可確定後付租金方式下每年年末支付租金數額的計算公式：

$A = PV/(PV/A, i, n)$

【例10-5】某企業採用融資租賃方式於2009年1月1日從一租賃公司租入一設備。設備價款40,000元，租期為8年，到期後設備歸企業所有；為了保證租賃公司彌補融資成本、相關的手續費並有一定的盈利，雙方商定採用18%的折現率。試計算該企業每年年末應支付的等額租金。

$A = 40,000/(PV/A, 18\%, 8)$

$= 40,000/4.077,6$

$\approx 9,809.69$（元）

（2）先付租金的計算。承租企業有時可能會與租賃公司商定，採取先付等額租金的方式支付租金。根據先付年金的現值公式，可得出先付等額年金的計算公式：

$A = PV/[(PV/A, i, n-1) + 1]$

【例10-6】假如上例採用先付等額租金方式，要求計算每年年初應支付的租金額。

$A = 40,000/[(PV/A, 18\%, 7) + 1]$

$= 40,000/(3.811,5 + 1)$

$\approx 8,313.42$（元）

5. 租賃融資的優缺點

租賃融資與其他長期融資方式相比，其主要優缺點表現如下：

（1）租賃融資的優點

①企業以較小的資金規模，迅速獲得所需資產。融資租賃是集融資與融物相結合，可使企業盡快形成生產力。

②租賃融資限制較少。企業採用發行債券、發行股票方式融資受到許多資格的限制，向銀行貸款則受到自身資產負債水準的制約，相比而言，租賃融資受到的限制較少。

③可避免設備過時、陳舊的風險。

④租賃資產支付租金可抵減企業所得稅。

（2）租賃融資的缺點

租賃融資的主要缺點是融資成本較高。當企業面臨財務困境時，固定的租金支付會給企業帶來沉重的負擔，且可能會失去固定資產升值的機會。

復習與思考：

1. 長期債務籌資有哪幾種？
2. 融資租賃有哪幾種形式？

任務五　混合性籌資

前面分別介紹了股權性籌資和債務性籌資，下面講述混合性籌資。混合性籌資通常包括發行優先股籌資、發行可轉換債券籌資和發行認股權證籌資。

一、發行優先股籌資

按照許多國家的公司法，優先股可以在公司設立時發行，也可以在公司增資發行新股時發行。有些國家的法律則規定，優先股只能在特定情況下，如公司增發新股或清償債務時方可發行。優先股是相對普通股而言的，是較普通股具有某些優先權利，同時也受到一定限制的股票。公司發行優先股，在業務規範方面與發行普通股基本相同。這裡主要介紹優先股的特殊方面。優先股的含義主要體現在「優先權利」上，包括優先分配股利和優先分配公司剩餘財產。具體的優先條件須由公司章程予以明確規定。

1. 優先股的特點

優先股是股份公司發行的、在分配紅利和剩餘財產時比普通股具有優先權的股份。優先股與普通股具有某些共性，如優先股亦無到期日，公司運用優先股所籌資本亦屬股權資本。但是，它又具有公司債券的某些特徵。因此，優先股被視為一種混合性證券。

與普通股相比而言，優先股主要具有如下特點：

（1）優先分配固定的股利。優先股股東通常優先於普通股股東分配股利，且其股利一般是固定的，受公司經營狀況和盈利水準的影響較少。所以，優先股類似固定利息的債券。

（2）優先分配公司剩餘財產。當公司因解散、破產等進行清算時，優先股股東將優先於普通股股東分配公司的剩餘財產。

（3）優先股股東一般無表決權。在公司股東大會上，優先股股東一般沒有表決權，通常也無權參與公司的經營管理，僅在涉及優先股股東權益問題時享有表決權。因此，優先股股東不大可能控制整個公司。

（4）優先股可由公司贖回。發行優先股的公司，按照公司章程的有關規定，根據公司的需要，可以一定的方式將所發行的優先股收回，以調整公司的資本結構。

2. 優先股的種類

優先股有多種多樣的分類方式。主要的分類方式有以下幾種：

（1）累積優先股和非累積優先股

累積優先股是指在某個營業年度內，如果公司所獲的贏利不足以分派規定的股利，日後優先股的股東對往年未付給的股息有權要求如數補給。對於非累積的優先股，雖然對於公司當年所獲得的利潤有優先於普通股獲得分派股息的權利，但如果該年公司所獲得的贏利不足以按規定的股利分配時，非累積優先股的股東不能要求公司在以後年度中予以補發。一般來講，對投資者來說，累積優先股比非累積優先股具有更大的優越性。

（2）參與優先股與非參與優先股

當企業利潤增大，除享受既定比率的利息外，還可以跟普通股共同參與利潤分配的優先股，稱為「參與優先股」。除了既定股息外，不再參與利潤分配的優先股，稱為「非參與優先股」。一般來講，參與優先股較非參與優先股對投資者更為有利。

（3）可轉換優先股與不可轉換優先股

可轉換的優先股是指允許優先股持有人在特定條件下把優先股轉換成一定數額的普通股；否則就是不可轉換優先股。可轉換優先股是近年來日益流行的一種優先股。

（4）可收回優先股與不可收回優先股

可收回優先股是指允許發行該類股票的公司按原來的價格再加上若干補償金將已發行的優先股收回。當該公司認為能夠以較低股利的股票來代替已發行的優先股時，就往往行使這種權利。反之，就是不可收回的優先股。

3. 優先股的收回方式

（1）溢價方式：公司在贖回優先股時，雖是按事先規定的價格進行，但由於這往往給投資者帶來不便，因而發行公司常在優先股面值上再加一筆「溢價」。

（2）償債基金贖回方式：公司在發行優先股時，從所獲得的資金中提出一部分款項創立「償債基金」，專用於定期贖回已發出的一部分優先股。

（3）轉換方式：優先股可按規定轉換成普通股。雖然可轉換的優先股本身構成優先股的一個種類，但國外投資界也常把它看成一種實際上的收回優先股方式，只是這種收回的主動權在投資者手裡，對投資者來說，在普通股的市價上升時這樣做是十分有利的。

4. 發行優先股的動機

股份公司發行優先股，籌集股權資本只是其目的之一。由於優先股有其特性，公司發行優先股往往還有其他的動機：

（1）防止公司股權分散化。由於優先股股東一般沒有表決權，發行優先股就可以避免公司股權分散，保障公司的原有控制權。

（2）調劑現金餘缺。公司在需要現金時發行優先股，在現金充足時將可贖回的優先股收回，從而調整現金餘缺。

（3）改善公司資本結構。公司在安排債務資本與股權資本的比例關係時，可較為便利地利用優先股的發行與調換來調整。

（4）維持舉債能力。公司發行優先股，有利於鞏固股權資本的基礎，維持乃至增強公司的借款舉債能力。

5. 優先股籌資的優缺點

公司利用優先股籌集長期資本，與普通股和其他籌資方式相比有其優點，也有一定的缺點。

（1）優先股籌資的優點

①優先股一般沒有固定的到期日，不用償付本金。發行優先股籌集資本，實際上相當於得到一筆無限期的長期貸款，公司不承擔還本義務，也無須再做籌資計劃。對可贖回優先股，公司可在需要時按一定價格收回，這就使得利用這部分資本更具彈性。當財務狀況欠佳時發行優先股，而財務狀況轉好時收回，有利於結合資本需求加以調劑，同時也便於掌握公司的資本結構。

②優先股的股利既有固定性，又有一定的靈活性。一般而言，優先股都採用固定股利，但對固定股利的支付並不構成公司的法定義務。如果公司財務狀況不佳，可以暫時不支付優先股股利，即使如此，優先股持有者也不能像公司債權人那樣迫使公司破產。

③保持普通股股東對公司的控制權。當公司既想向社會增加籌集股權資本，又想保持原有普通股股東的控制權時，利用優先股籌資尤為恰當。

④從法律上講，優先股股本屬於股權資本，發行優先股籌資能夠增強公司的股權資本基礎，提高公司的借款舉債能力。

（2）優先股籌資的缺點

①優先股的資本成本雖低於普通股，但一般高於債券。

②優先股籌資的制約因素較多。例如，為了保證優先股的固定股利，當企業盈利不多時，普通股就可能分不到股利。

③可能形成較重的財務負擔。優先股要求支付固定股利，但不能在稅前扣除，當盈利下降時，優先股的股利可能會成為公司一項較重的財務負擔，有時不得不延期支付，因而影響公司的形象。

二、發行可轉換債券籌資

1. 可轉換債券的特性

可轉換債券有時簡稱為可轉債，是指由公司發行並規定債券持有人在一定期限內按約定的條件可將其轉換為發行公司普通股的債券。

從籌資公司的角度看，發行可轉換債券具有債務與權益籌資的雙重屬性，屬於一種混合性籌資。利用可轉換債券籌資，發行公司賦予可轉換債券的持有人可將其轉換為該公司股票的權利。因而，對發行公司而言，在可轉換債券轉換之前需要定期向持有人支付利息。如果在規定的轉換期限內，持有人未將可轉換債券轉換為股票，發行公司還需要到期償付債券。在這種情形下，可轉換債券籌資與普通債券籌資類似，屬於債權籌資屬性。如果在規定的轉換期限內，持有人將可轉換債券轉換為股票，則發行公司將債券負債轉化為股東權益，從而具有股權籌資的屬性。

2. 可轉換債券的發行資格與條件

根據國家有關規定，上市公司和重點國有企業具有發行可轉換債券的資格，但應經省級政府或者國務院有關企業主管部門推薦，報證監會審批。證監會《上市公司證券發行管理辦法》規定，上市公司發行可轉換債券，除了滿足發行債券的一般條件外，還應符合下列條件：

（1）公司最近一期末經審計的淨資產不低於人民幣 15 億元；

（2）最近 3 個會計年度實現的年均可分配利潤不少於公司債券 1 年的利息；

（3）最近 3 個會計年度經營活動產生的現金流量淨額平均不少於公司債券 1 年的利息；

（4）本次發行後累計公司債券餘額不超過最近一期末淨資產額的 40%，預計所附認股權全部行權後募集的資金總量不超過擬發行公司債券金額。

3. 可轉換債券的轉換

可轉換債券的轉換涉及轉換期限、轉換價格和轉換比率。

（1）可轉換債券的轉換期限。可轉換債券的轉換期限是指按發行公司的約定，持有人可將其轉換為股票的期限。一般而言，可轉換債券的轉換期限的長短與可轉換債券的期限相關。在中國，可轉換債券的期限按規定最短為 3 年，最長為 5 年。按照規定，上市公司發行可轉換債券，在發行結束 6 個月後，持有人可以依據約定的條件隨時將其轉換為股票。重點國有企業發行的可轉換債券，在該企業改制為股份有限公司且其股票上市後，持有人可以依據約定的條件隨時將債券轉換為股票。

可轉換債券轉換為股票後，發行公司股票上市的證券交易所應當安排股票上市流通。

（2）可轉換債券的轉換價格。可轉換債券的轉換價格是指以可轉換債券轉換為股票的每股價格。這種轉換價格通常由發行公司在發行可轉換債券時約定。

按照中國的有關規定，上市公司發行可轉換債券的，以發行可轉換債券前一個月股票的平均價格為基準，上浮一定幅度作為轉換價格。重點國有企業發行可轉換債券的，以擬發行股票的價格為基準，折扣一定比例作為轉換價格。

某上市公司擬發行可轉換債券，發行前一個月該公司股票的平均價格經測算為每股 20 元。預計本股票的未來價格有明顯的上升趨勢，因此確定上浮的幅度為 25%，則該公司可

轉換債券的轉換價格為：

20×(1+25%)＝25（元）

可轉換債券的轉換價格並非固定不變。公司發行可轉換債券並約定轉換價格後，又增發新股、配股及其他原因引起公司股份發生變動的，應當及時調整轉換價格，並向社會公布。

（3）可轉換債券的轉換比率。可轉換債券的轉換比率是以每份可轉換債券所能轉換的股份數，等於可轉換債券的面值乘以轉換價格。

【例10-7】某上市公司發行的可轉換債券每份面值1,000元，轉換價格為每股25元，轉換比率為1,000÷25＝40（股），即每份可轉換債券可以轉換40股股票。

可轉換債券持有人請求轉換時，其所持債券面額有時發生不足以轉換為1股股票的餘額，發行公司應當以現金償付。例如，前例每份可轉換債券的面額1,000元，轉換價格在發行時為25元，發行後根據有關情況變化決定調整為每股27元。某持有人持有10份可轉換債券，總面額10,000元，決定轉換為股票，則其轉換股票股數為370股（即10,000/27），同時可轉換債券總面額尚有不足以轉換為1股股票的餘額10元，在這種情況下，發行公司應對該持有人交付股票370股，另付現金10元。

4. 可轉換債券籌資的優缺點

（1）可轉換債券籌資的優點

發行可轉換債券是一種特殊的籌資方式，其優點主要是：

① 有利於降低資本成本。可轉換債券的利率通常低於普通債券，故在轉換前可轉換債券的資本成本低於普通債券；轉換為股票後，又可節省股票的發行成本，從而降低股票的資本成本。

② 有利於籌集更多資本。可轉換債券的轉換價格通常高於發行時的股票價格，因此，可轉換債券轉換後，其籌資額大於當時發行股票的籌資額。另外也有利於穩定公司的股價。

③ 有利於調整資本結構。可轉換債券是一種債權籌資和股權籌資雙重性質的籌資方式。可轉換債券在轉換前屬於發行公司的一種債務，若發行公司希望可轉換債券持有人轉股，還可以借助誘導，促其轉換，借以調整資本結構。

④ 有利於避免籌資損失。當公司的股票價格在一段時期內連續低於轉換價格超過某一幅度時，發行公司可按事先約定的價格贖回未轉換的可轉換債券，從而避免籌資上的損失。

（2）可轉換債券籌資的缺點

可轉換債券籌資也有不足，主要是：

① 轉股後可轉換債券籌資將失去利率較低的好處。

② 若確需股票籌資，但股價並未上升，可轉換債券持有人不願轉股時，發行公司將承受償債壓力。

③ 若可轉換債券轉股時股價高於轉換價格，則發行遭受籌資損失。

④ 回售條款的規定可能使發行公司遭受損失。當公司的股票價格在一段時期內連續低於轉換價格並達到一定幅度時，可轉換債券持有人可按事先約定的價格將所持債券回售公司，從而致發行公司受損。

三、發行認股權證籌資

發行認股權證是上市公司的一種特殊籌資手段，其主要功能是輔助公司的籌資股權性籌資，並可直接籌措現金。

1. 認股權證的特點

認股權證是由股份有限公司發行的可認購其股票的一種買入期權。它賦予持有者在一定期限內以事先約定的價格購買發行公司一定股份的權利。

對於籌資公司而言，發行認股權證是一種特殊的籌資手段。認股權證本身含有期權條款，其持有者在認購股份之前，對發行公司既不擁有債權也不擁有股權，而只是擁有股票認購權。儘管如此，發行公司可以通過發行認股權證籌得現金，還可用於公司成立時對承銷商的一種補償。

2. 認股權證的作用

在公司的籌資實務中，認股權證的運用十分靈活，對發行公司具有一定的作用。

（1）為公司籌集額外的現金。認股權證不論是單獨發行還是附帶發行，大多都為發行公司籌集一筆額外現金，增強公司的資本實力和營運能力。

（2）促進其他籌資方式的運用。單獨發行的認股權證有利於將來發售股票。附帶發行的認股權證可促進其所依附證券發行的效率。例如，認股權證依附於債券發行，用以促進債券的發售。

3. 認股權證的種類

在國內外的公司籌資實務中，認股權證的形式多種多樣，可分為不同種類。

（1）長期與短期的認股權證。認股權證按允許認股的期限可分為長期認股權證和短期認股權證。長期認股權證的認股期限通常持續幾年，有的是永久性的。短期認股權證的認股期限比較短，一般在90天以內。

（2）單獨發行與附帶發行的認股權證。認股權證按發行方式可分為單獨發行的認股權證和附帶發行的認股權證。單獨發行的認股權證是指不依附於其他證券而獨立發行的認股權證。附帶發行的認股權證是指依附於債券、優先股、普通股或短期票據發行的認股權證。

（3）備兌認股權證與配股權證。備兌認股權證是每份備兌證按一定比例含有幾家公司的若干股份。配股權是確認股東配股權的證書，它按股東的持股比例定向派發，賦予股東以優惠的價格認購發行公司一定份數的新股。

復習與思考：

1. 優先股的種類有哪些？
2. 可轉換債券有什麼發行條件？
3. 認股權證的種類有哪些？

本項目小結

本項目主要闡述了企業籌資方面的基本理論和有關業務方法，在結構安排上分為兩大部分。

第一大部分為籌資管理概論。闡述了籌資管理的基本概念，以及企業籌資的動機、籌資渠道、籌資方式和基本原則。在籌資數量預測方面，要掌握籌資預測的定性預測法、比率預測法、資金習性預測法。

第二大部分為長期籌集方式。其中，股權籌資方式主要是吸收投入資本、發行普通股票；債權籌資方式主要是銀行借款、發行債券、融資租賃；還有兼具股權與債權性質的混合融資方式，主要是發行優先股籌資、發行可轉換債券籌資、發行認股權證籌資。對每一種籌資方式，原則上都要研究其種類、籌資程序、有關指標的計算、優缺點等。

項目測試與強化　　　　　　　項目測試與強化答案

項目十一　營運資本管理

學習目標

瞭解營運資本的概念；

掌握短期資產的概念、分類及其與營運資本的關係；

認識現金及有價證券持有動機、管理的意義，掌握現金預算和最佳現金持有量決策的基本方法，熟悉現金管理日常控制；

熟悉應收帳款功能、成本及其管理目標，掌握信用政策和管理方法。

掌握存貨的功能與成本，熟悉存貨規劃及控制方法，掌握經濟批量、再訂貨點、保險儲備的計算。

任務一　營運資本管理

營運資本是財務管理中一個重要的概念，涉及的範圍很廣，牽扯到企業生產的各個方面，它的投入和收回過程是不斷循環進行的。只有營運資本不斷處於良好的管理和運轉下，才能保證企業供、產、銷各階段順利有效地銜接，企業才能良性循環發展。營運資本在企業總資產中佔有很大比重，平均在50%以上。

一、營運資本的定義

營運資本有廣義和狹義之分。廣義的營運資本也稱總營運資本，一般指企業的流動資產，即企業墊支於流動資產上的資本，具體包括現金、有價證券、應收帳款、存貨等占用的資金；狹義的營運資本是指淨營運資本（Net Working Capital），是指流動資產減流動負債的差額。

二、營運資本管理的原則

對營運資本進行管理，既要保證有足夠的資金滿足企業生產經營需要，又要保證企業能按時按量地償還各種到期債務。在營運資本管理過程中，企業要遵循以下原則：

1. 認真分析生產經營狀況，合理確定營運資本的需要數量

企業營運資本的需要量取決於生產經營規模和營運資本的週轉速度，同時也受到市場及產、供、銷情況的影響。企業應綜合考慮各種因素，合理確定營運資本的需要量。

2. 在保證生產經營需要的前提下，節約使用資金

營運資本具有流動性強的特點，但是流動性越強的資產其收益性越差。例如，如果企業的資產全部都是現金，則不能帶來任何投資收益（將現金存入銀行而獲得的利息收入對於企業而言算不上真正的投資收益）。企業的營運資本如果持有過多，會降低企業的收益。因此，企業在保證生產經營需要的前提下，要控制流動資金的占用，使其納入計劃預算的良性範圍，既要滿足經營需要，又不能安排過量而造成浪費。

3. 加速營運資本的週轉，提高資金的利用效率

當企業的生產經營規模一定時，短期資產的週轉速度與流動資金的需要量呈反向變化。適度加快存貨的週轉，縮短應收帳款的收款期，延長應付帳款的付款期，可以減少營運資本的需求量，從而提高資金的利用效率。

4. 合理安排短期資產與短期負債的比例關係，保障企業有足夠的短期償債能力

企業的短期負債主要是用短期資產來償付。當企業的短期資產相對短期負債過少時，一旦短期負債到期，而企業又無法通過其他途徑籌措到短期資金，就容易出現到期無法償債的情況。因此，企業要安排好二者的比例關係，從而保證有足夠的資金償還短期負債。

三、短期資產的定義

短期資產，又稱為流動資產，是指可以在1年以內或超過1年的一個營業週期內變現或運用的資產。短期資產具有占用時間短、週轉快、易變現等特點，是企業資產的重要組成部分，貨幣表現為流動資金，所以企業擁有較多的短期資產，可在一定程度上降低財務風險。

四、短期資產的特徵和分類

（一）短期資產的特徵

與長期投資、固定資產、無形資產、遞延資產等各種長期資產相比，短期資產具有以下幾個突出的特點。

1. 週轉速度快

企業投資於短期資產上的資金週轉一次所需的時間較短，通常會在 1 年或一個營業週期內收回；而固定資產等長期資產的價值則需要經過多次轉移才能逐步收回或得到補償。

2. 變現能力強

短期資產中的現金、銀行存款項目本身就可以隨時用於支付、償債等經濟業務，其他的短期金融資產、存貨、應收帳款等也能在較短時間內變現。

3. 財務風險小

公司擁有較多的短期資產，由於週轉快、變現快，可在一定程度上降低財務風險。

短期資產過多，會增加企業的財務負擔，影響企業的利潤；相反，短期資產不足，則表明企業資金週轉不靈，會影響企業的經營。因此，合理配置短期資產需要量在財務管理中具有重要地位。企業在一定的生產週期內所需的比較合理的短期資產佔用量，應是既能保證生產經營的正常需要，又無積壓和浪費的佔用量。

（二）短期資產的分類

按照不同的標準，可以將短期資產劃分為不同的類別。我們這裡將短期資產按照實物形態分為貨幣資金、短期金融資產、應收及預付款項和存貨。

（1）貨幣資金，是指企業在再生產過程中由於各種原因而暫時持有、停留在貨幣形態的資金，包括庫存現金和各種銀行存款。與其相近的概念——現金，是指可以立即用來購買物品、支付各項費用或用來償還債務的交換媒介或支付手段，主要包括庫存現金和銀行活期存款，有時也將即期或到期的票據看作現金。現金是短期資產中流動性最強的資產，可直接支用，也可以立即投入流通。擁有大量現金的企業具有較強的償債能力和承擔風險的能力。但因為現金不會帶來收益或只有極低的收益，所以財務管理比較健全的企業並不會持有過多的現金。

（2）短期金融資產，是指各種準備隨時變現的有價證券以及不超過 1 年的其他投資，其中主要是指有價證券投資。企業通過持有適量的短期金融資產，一方面能獲得較好的收益，另一方面又能增強企業整體資產的流動性，降低企業的財務風險。因此，適當持有短期金融資產是一種較好的財務策略。

（3）應收及預付款項，是指企業在生產經營過程中所形成的應收而未收的或預先支付的款項，包括應收帳款、應收票據、其他應收款和預付貨款。在商品經濟條件下，為了加強市場競爭能力，企業擁有一定數量的應收及預付款項是不可避免的，企業應力求加速帳款的回收，減少壞帳損失。

（4）存貨，是指企業在生產經營過程中為銷售或者耗用而儲存的各種資產，包括商品、產成品、半成品、在產品、原材料、輔助材料、低值易耗品、包裝物等。存貨在短期資產中佔的比重較大。加強存貨的管理與控制，使存貨保持在最優水準上，便成為財務管理的一項重要內容。

復習與思考：

1. 什麼是營運資本？
2. 營運資本管理的原則有哪些？
3. 存貨的作用有哪些？
4. 什麼是短期資產？分類有哪些？

任務二　現金與有價證券管理

現金是可以立即投入流動的交換媒介。它的首要特點是普遍的可接受性，即可以立即用來購買商品、貨物、勞務或償還債務。因此，現金是企業中流動性最強的資產。屬於現金內容的項目包括：企業的庫存現金、各種形式的銀行存款和銀行本票、銀行匯票。有價證券是企業現金的一種轉換形式。有價證券變現能力強，可以隨時兌換成現金。當企業有多餘現金時，常將現金兌換成有價證券；當現金流出量大於流入量而需要補充現金時，再出讓有價證券換回現金。在這種情況下，有價證券就成了現金的替代品，獲取收益是持有有價證券的誘因。這裡討論的有價證券被視為現金的替代品，是現金的一部分。

一、現金管理的目標與成本

1. 企業置存現金的原因，主要是滿足交易性需要、預防性需要和投機性需要

（1）交易性需要

交易性需要是指滿足日常業務的現金支付需要。企業為了組織日常生產經營活動，必須保持一定數額的現金餘額，用於購買原材料、支付工資、繳納稅款、償付到期債務、派發現金股利等。企業每天的現金流入量與現金流出量在時間上、數額上通常存在一定程度的差異，收入與支出不可能同步同量。為滿足日常支付的需要，企業持有一定數量的現金餘額是十分必要的，維持適當的現金餘額，才能使業務活動正常進行下去。企業所持有的現金餘額主要取決於企業銷售水準。企業銷售額增加，有關支付業務所需現金餘額隨之增加。

（2）預防性需要

預防性需要是指企業為應付意外情況而需要保持必要的現金支付能力。現金流量的不確定性越大，預防性現金的數額也應越大；反之，若企業現金流量的可預測性強，預防性現金數額則可小些。企業為應付意外情況所必需的現金數額主要取決於以下三個因素：一是企業願意承擔風險的程度，二是企業臨時舉債能力的強弱，三是企業預測現金流量的可靠程度。

(3) 投機性需要

投機性需要是指企業為了抓住稍縱即逝的投資機會，獲取較大的利益而需要保持適當的現金支付能力。比如遇有廉價原材料或其他資產供應的機會，便可用手頭現金大量購入；再比如在適當時機購入價格有利的股票和其他有價證券，以期在價格反彈時賣出證券獲取高額資本利得（價差收入）等。一般來說，除了金融和投資公司外，其他企業專為投機性需要而特別置存的現金不多，投資動機只是企業確定現金餘額時所需考慮的次要因素之一，並且以不影響正常生產經營需要為前提，證券持有量的大小往往與企業在金融市場上的投資機會及企業對待風險的態度有關。

(4) 補償動機

銀行為企業提供服務時，往往需要企業在銀行中保留存款餘額來補償服務費用。同時，銀行貸給企業款項也需要企業在銀行中有存款以保證銀行的資金安全。這種出於銀行要求而保留在企業銀行帳戶中的存款就是補償動機要求的現金持有。

企業在確定現金餘額時，一般應綜合考慮各方面的持有動機。由於各種動機所需的現金可以相互調節，因此，企業持有的現金總額並不等於各種動機所需現金的簡單相加。另外，上述各種動機所需持有的現金，既可以是貨幣資金，也可以是能夠隨時變現的有價證券或隨時能夠在資本市場上籌得現金的各種機會（如可隨時借入的銀行信貸資金）。

2. 現金持有成本

任何資產的佔有和使用都要消耗一定的資源並形成成本，持有現金也不例外。現金的成本通常由以下四個部分組成：

(1) 管理成本，是指企業因持有一定數量的現金而發生的各項管理費用，如出納人員的工資及必要的安全措施費，這部分費用在一定範圍內與現金持有數量的多少關係不大，一般屬於固定成本。

(2) 機會成本，是指企業因持有一定數量的現金而喪失的再投資收益。由於現金屬於非盈利性資產，保留現金必然喪失再投資的機會及相應的投資收益，從而形成持有現金的機會成本。比如，企業欲持有 5 萬元現金，在企業平均收益率為 10% 的情況下，則放棄的投資收益為 5,000 元。可見，放棄的再投資收益屬於變動成本，它與現金持有量的多少密切相關。即現金持有量越大，機會成本越高；反之就越小。

(3) 轉換成本，是指企業用現金購入有價證券以及轉讓有價證券換取現金時付出的交易費用，如委託買賣佣金、委託手續費、證券過戶費、交割手續費等。轉換成本與證券變現次數呈線性關係，即轉換成本總額＝證券變現次數×每次的轉換成本。證券轉換成本與現金持有量的關係是：在現金需要量既定的前提下，現金持有量越少，進行證券變現的次數越多，相應的轉換成本就越大；反之，現金持有量越多，證券變現的次數就越少，需要的轉換成本也就越小。因此，現金持有量的不同必然通過證券變現次數多少而對轉換成本產生影響。

(4) 短缺成本，是指現金持有量不足又無法及時通過有價證券變現加以補充而給企業造成的損失，包括直接損失與間接損失。現金的短缺成本隨現金持有量的增加而下降，隨現金持有量的減少而上升，即與現金持有量呈負相關關係。

二、現金的日常控制

1. 現金管理的有關規定

按照現行制度，國家有關部門對企業使用現金有如下規定：

(1) 規定了現金的使用範圍。這裡的現金是指人民幣現鈔，即企業用現鈔從事交易，只能在一定範圍內進行。該範圍包括：支付職工工資、津貼；支付個人勞務報酬；根據國家規定頒發給個人的科學技術、文化藝術、體育等各種獎金，支付各種勞保、福利費用及國家規定的對個人的其他支出；向個人收購農副產品和其他物資的價款；出差人員必須隨身攜帶的旅費；結算起點（1,000元）以下的零星支出及中國人民銀行確定需要支付現金的其他支出。

(2) 規定了庫存現金限額。企業庫存現金，由其開戶銀行根據企業的實際需要按規定限額，一般以3~5天的零星開支額為限。

(3) 不得坐支現金。即企業不得從本單位的人民幣現金收入中直接支付交易款。現金收入應於當日終了時送存開戶銀行。

(4) 不得出租、出借銀行帳戶。

(5) 不得簽發空頭支票和遠期支票。

(6) 不得套用銀行信用。

(7) 不得保存帳外公款，包括不得將公款以個人名義存入銀行和保存帳外現金等各種形式的帳外公款。

2. 現金收支管理

現金收支管理的目的在於提高現金使用效率，為達到這一目的，應當做好以下幾方面的工作：

(1) 力爭現金流量同步。如果企業能盡量使它的現金流入與現金流出發生的時間趨於一致，就可以使其所持有的交易性現金餘額降到最低水準。這就是所謂現金流量同步。

(2) 使用現金浮遊量。從企業開出支票到收票人收到支票並存入銀行，再到銀行將款項劃出企業帳戶的過程需要一段時間。現金在這段時間的占用稱為現金浮遊量。在這段時間裡，儘管企業已開出了支票，卻仍可動用在活期存款帳戶上的這筆資金。不過，在使用現金浮遊量時，一定要控制好使用的時間，否則會發生銀行存款的透支。

(3) 加速收款。這主要指縮短應收帳款的時間。發生應收款會增加企業資金的占用，但它又是必要的，因為它可以擴大銷售規模，增加銷售收入。問題在於如何既利用應收款吸引顧客，又縮短收款時間。這要在兩者之間找到平衡點，並需實施妥善的收帳策略。

（4）推遲應付款的支付。這是指企業在不影響自己信譽的前提下，盡可能地推遲應付款的支付期，並充分運用供貨方所提供的信用優惠。如遇企業急需現金，甚至可以放棄供貨方的折扣優惠，在信用期的最後一天支付款項。當然，這要權衡折扣優惠與急需現金之間的利弊得失而定。

三、最佳現金持有量的確定

對現金的管理除了做好日常收支和加速現金流轉速度外，還需控制好現金持有規模，即確定適當的現金持有量。下面是幾種確定最佳現金持有量的方法：

1. 成本分析模式

成本分析模式是根據持有現金有關成本，分析預測其總成本最低時現金持有量的一種方法。企業持有現金資產需要負擔一定的成本。概括起來有三種成本。

（1）機會成本，是指企業因保留一定的現金餘額而增加的管理費用及喪失的投資收益。這種投資收益是企業不能用該現金進行其他投資獲得的收益，與現金持有量呈正比例關係：

機會成本＝現金持有量×有價證券利率

（2）管理成本。企業擁有現金會發生管理費用，如管理人員工資、安全措施費等。這些費用是現金的管理成本。管理成本是一種固定成本，與現金持有量之間有明顯的比例關係。

（3）短缺成本，是指在現金持有量不足且又無法及時將其他資產變現而給企業造成的損失，包括直接損失和間接損失。現金的短缺成本與現金持有量呈反比例變動關係。

成本分析模型的計算步驟是：

（1）根據不同現金持有量測算各備選方案的有關成本數值；

（2）按照不同現金持有量及其有關部門成本資料，計算各方案的持有成本和短缺成本之和，即總成本，並編製最佳現金持有量測算表；

（3）在測算表中找出相關總成本最低時的現金持有量，即最佳現金持有量。

【例11-1】某公司現有 A，B，C，D 四種現金持有方案，有關成本資料如表 11-1 所示。

表 11-1　　　　　　　　　　公司的備選現金持有方案

方　　案	A	B	C	D
現金持有量（萬元）	1,000	2,000	3,000	4,000
機會成本	10%	10%	10%	10%
管理成本（萬元）	180	180	180	180
短缺成本（萬元）	430	320	90	0

根據表 11-1 計算的現金最佳持有量測算表如表 11-2 所示。

表 11-2　　　　　　　　　　　現金最佳持有量測算　　　　　　　　　　單位：萬元

方　案	A	B	C	D
現金持有量	1,000	2,000	3,000	4,000
機會成本	100	200	300	400
管理成本	180	180	180	180
短缺成本	430	320	90	0
總成本	710	700	570	580

根據分析，應該選擇成本最低的 C 方案。

2. 存貨模式

存貨模式來源於存貨的經濟批量模型，它認為公司現金持有量在許多方面與存貨相似，存貨經濟批量模型可用於確定目標現金持有量。存貨模式的著眼點也是現金的有關成本最低。在現金持有成本中，管理成本因其相對穩定並同現金持有量的多少關係不大，所以，存貨模式將其視為無關成本而不予考慮。由於現金是否會發生短缺、短缺多少、各種短缺情形發生時可能的損失如何等都存在很大的不確定性並且不易計量，因而，存貨模式對短缺成本也不予考慮。在存貨模式中，只考慮機會成本和轉換成本。由於機會成本和轉換成本隨著現金持有量的變動而呈現出相反的變動趨向，這就要求企業必須對現金與有價證券的分割比例進行合理安排，從而使機會成本與轉換成本保持最佳組合。也就是說，凡是能夠使現金管理的機會成本與轉換成本之和保持最低的現金持有量，即為最佳現金持有量。

假設，T 為一定期間的現金總需求量；F 為每次轉換有價證券的固定成本（即轉換成本）；Q 為最佳現金持有量（每次證券變現的數量）；K 為有價證券利息率（機會成本）；TC 為現金管理總成本。

現金管理總成本 = 機會成本 + 轉換成本

即　　$RC = (Q/2) \times K + (T/Q) \times F$ 　　　　　　　　　　　　　　　　　　　(1)

現金管理總成本與持有機會成本、轉換成本的關係如圖 11-1 所示：

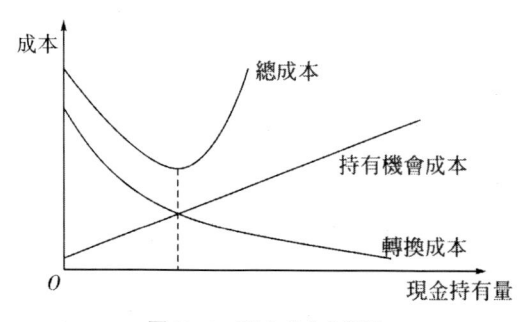

圖 11-1　現金成本分析圖

從圖 11-1 可以看出，現金管理總成本與現金持有量呈凹形曲線關係。持有現金的機會成本與證券變現的交易成本相等時，現金管理的總成本最低，此時的現金持有量為最佳現金持有量：

$$Q = \sqrt{2T \cdot F / K} \tag{2}$$

將公式（2）代入公式（1），得：

$$TC = \sqrt{2T \cdot F \cdot K}$$

【例 11-2】A 企業預計全年（按 360 天計算）需要現金 400,000 元，現金與有價證券的轉換成本為每次 50 元，有價證券的年利率為 10%，則：

最佳現金持有量（Q）= $\sqrt{2 \times 400,000 \times 50 \div 10\%}$ = 20,000（元）

最低現金管理成本（TC）= $\sqrt{2 \times 400,000 \times 50 \times 10\%}$ = 2,000（元）

3. 現金週轉模式

現金週轉模式是從現金週轉的角度出發，根據現金的週轉速度來確定最佳現金持有量的一種方法。利用這一模式確定最佳現金持有量，包括以下三個步驟：

第一，計算現金週轉期。現金週轉期是指企業從購買材料支付現金到銷售商品收回現金的時間。

現金週轉期＝應收帳款週轉期－應付帳款週轉期＋存貨週轉期

（1）應收帳款週轉期是指從應收帳款形成到收回現金所需的時間。

（2）應付帳款週轉期是指從購買材料形成應付帳款開始到以現金償還應付帳款為止所需的時間。

（3）存貨週轉期是指從以現金支付購買材料款開始直到銷售產品為止所需的時間。

第二，計算現金週轉率。現金週轉率是指一年中現金的週轉次數，其計算公式為：

$$現金週轉率 = \frac{日曆天數（360）}{現金週轉天數}$$

第三，計算最佳現金持有量。其計算公式為：

最佳現金持有量＝年現金需求額÷現金週轉率

【例 11-3】某公司計劃年度預計存貨週轉期為 90 天，應收帳款週轉期為 40 天，應付帳款週轉期為 30 天，每年現金需求額為 720 萬元，則最佳現金持有量計算如下：

現金週轉期＝90＋40－30＝100（天）

現金週轉率＝360÷100＝3.6（次）

最佳現金持有量＝720÷3.6＝200（萬元）

也就是說，如果年初企業持有 200 萬元現金，它將有足夠的現金滿足其各種支出的需要。

4. 因素分析模式

因素分析模式是根據上年現金占用額和有關因素的變動情況來確定最佳現金持有量的

一種方法。其計算公式如下：

最佳現金持有量＝（上年現金平均占用額－不合理占用額）×
（1±預計銷售收入變化的百分比）

【例11-4】某企業2004年平均占用現金為100萬元，經分析其中有8萬元的不合理占用額，2005年銷售收入預計較2004年增長10%，則2005年

最佳現金持有量為(100-8)×(1+10%)＝101.2（萬元）。

5. 隨機模式

隨機模式是在企業未來的流量不規則波動、無法準確預測的情況下採用的確定最佳現金持有量的一種方法。這種方法的基本原理是確定一個現金控制區域，定出上限和下限。上限代表現金持有量的最高點，下限代表最低點。當現金持有量達到上限時則將現金轉換成有價證券，當現金持有量下降到下限時則將有價證券轉換成現金，從而使現金持有量經常性處在兩個極限之間。

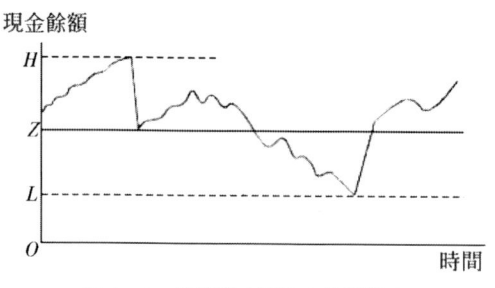

圖11-2　隨機模式下現金控制原理

在圖11-2中，H為上限，L為下限，Z為目標控制線。當現金持有量升至H時，則購進（$H-Z$）金額的有價證券，使現金持有量回落到Z線上；當現金持有量降至L時，就需出售（$Z-L$）金額的有價證券，使現金持有量恢復到Z的最佳水準上。目標現金持有量Z線的確定，仍可按現金持有總成本最低，即持有現金的機會成本和轉換有價證券的固定成本之和最低的原理來確定，並把現金持有量可能波動的幅度同時考慮在內。其計算公式如下：

$$Z = \sqrt[3]{(3FQ^2/4K)} + L, \ H = 3Z - 2L$$

式中，Z——目標現金餘額；

H——現金持有量的上限；

L——現金持有量的下限；

F——轉換有價證券的固定成本；

Q^2——日現金淨流量的方差；

K——持有現金的日機會成本（證券日利率）。

【例 11-5】某企業每次轉換有價證券的固定成本為 100 元，有價證券的年利率為 9%，日現金淨流量的標準差為 900 元，現金持有量下限為 2,000 元。若一年以 360 天計算，則該企業的最佳現金持有量和上限值分別為

$$Z = \sqrt[3]{[(3\times100\times900^2)\div(4\times0.09/360)]} + 2,000 = 8,240（元）$$

$$H = 3\times8,240 - 2\times2,000 = 20,720（元）$$

由上例可見，該企業現金最佳持有量為 8,240 元。當現金持有量升到 20,720 元時，則可購進 12,480 元的有價證券（20,720-8,240=12,480）；而當現金持有量下降到 2,000 元時，則可售出 6,240 元的有價證券（8,240-2,000=6,240）。

四、現金收支計劃的編製

現金收支計劃是預計未來一定時期企業現金的收支狀況並進行現金平衡的計劃，是企業財務管理的一個重要工具。現金收支計劃的編製方法很多，現以現金全額收支法為例，說明現金計劃的編製。在現金全額收支法下，現金計劃包括以下幾個部分：

1. 現金收入

現金收入包括營業現金收入和其他現金收入兩部分。

營業現金收入的主體部分是產品銷售收入，其數字可從銷售計劃中取得。財務人員根據銷售計劃資料編製現金計劃時，應注意以下兩點：①必須把現銷和賒銷分開，並單獨分析賒銷的收款時間和金額；②必須考慮企業收帳中可能出現的有關因素，如現金折扣、銷貨退回、壞帳損失等。

其他現金收入通常有設備租賃收入、證券投資的利息收入、股利收入等。

2. 現金支出

現金支出主要包括營業現金支出和其他現金支出。

營業現金支出主要有材料採購支出、工資支出和其他支出。在確定材料採購支出時，必須注意以下幾點：

（1）要確定材料採購付款的金額和時間與銷售收入的關係。材料採購的現金支出與銷售量存在一定聯繫，但在不同企業、不同條件下這種關係並不相同，財務人員必須認真分析兩者關係的規律性，以合理確定採購資金支出的數量和時間。

（2）要分清現購和賒購，並單獨分析賒購的付款時間和金額。

（3）設法預測外界的影響，如價格變動、材料供應緊張程度等。

（4）估計採購商品物資中可能發生的退貨、可能享受的折扣等，以合理確定現金的支出數額。

直接人工的工資有可能隨銷售量和生產量的增長而增長。在計時工資制下，工資的變動相對穩定，當生產稍有上升時，可能並不馬上增加人員，只有當產銷量大幅度變動或工

資調整時，才會引起工資數額的大幅度變動。如果採用計件工資制，工資的數量將隨生產同比例地變化。

另外，對銷售費用和管理費用也必須做合理的預測和估計。

3. 其他現金支出

其他現金支出主要包括固定資產投資支出、償還債務的本金和利息支出、所得稅支出、股利支出或上繳利潤等。固定資產投資支出一般都要事先規劃，可從有關規劃中獲得這方面的數據。債務的本金和利息的支付情況可從有關籌資計劃中獲得。所得稅的數量應以當年預計的利潤為基礎進行估算。股利支出或上繳利潤數額可根據企業利潤分配政策進行測算。

4. 淨現金流量

淨現金流量是指現金收入與現金支出的差額。可按下式計算：

淨現金流量＝現金收入－現金支出

＝(營業現金收入＋其他現金收入)－(營業現金支出＋其他現金支出)

5. 現金餘缺

現金餘缺是指計劃期期末現金餘額與最佳現金餘額（又稱理想現金餘額）間的差額。現金餘缺額的計算公式為：

現金餘缺額＝期末現金餘額－最佳現金餘額

＝(期初現金餘額＋現金收入－現金支出)－最佳現金餘額

＝期初現金餘額±淨現金流量－最佳現金餘額

現金餘缺調整的方式有兩種：一是利用借款調整現金餘缺，二是利用有價證券調整現金餘缺。如果期末現金餘額大於最佳現金餘額，說明現金有多餘，應設法進行投資或歸還債務；如果期末現金餘額小於最佳現金餘額，則說明現金短缺，應進行籌資予以補足。現金收支計劃的基本格式見表11-3。

表11-3　　　　　　　　　　現金收支計劃　　　　　　　　　　單位：萬元

序號	現金收支項目	本月計劃
1	（一）期初現金餘額	50
2	（二）現金收入	
3	1. 營業現金收入	
4	現銷和當月應收帳款的收回	150
5	以前月份應收帳款的收回	70
6	營業現金收入合計	220
7	2. 其他現金收入	
8	固定資產變價收入	8
9	利息收入	25
10	租金收入	15
11	股利收入	55
12	其他現金收入合計	103
13	（三）本期可用現金＝（1）＋（6）＋（12）	373

表11-3(續)

序號	現金收支項目	本月計劃
14	（四）營業現金支出	
15	材料採購支出	96
16	當月支付的採購材料支出	60
17	本月付款的以前月份採購材料支出	36
18	工資支出	40
19	管理費用支出	30
20	銷售費用支出	15
21	財務費用支出	28
22	營業現金支出合計	209
23	（五）其他現金支出	
24	廠房、設備投資支出	85
25	稅款支出	24
26	利息支出	15
27	歸還債務	58
28	股利支出	52
29	證券投資	90
30	其他現金支出合計	324
31	（六）現金支出合計=（23）+（31）	533
32	（七）淨現金流量	
33	現金收入減現金支出=（13）-（32）	-160
34	餘缺調整	-190
35	取得借款	190
36	歸還借款	
37	出售證券	
38	購買證券	
39	（八）期末現金餘額=（34）-（35）	30

從表11-3中可以看出，該公司最佳現金餘額為30萬元。該企業期末現金短缺190萬元，可以通過取得借款進行籌資予以補足。

復習與思考：

1. 企業持有現金的動機與成本有哪些？
2. 現金最佳持有量應如何確定？
3. 如何進行現金日常控制和管理？

任務三　應收帳款管理

應收帳款是企業短期資產的一個重要項目，是企業因對外銷售商品、提供勞務等應向購買貨物或接受勞務的單位收取的款項，包括應收銷售款、其他應收款和應收票據等。應收帳款形成企業之間的商業信用，是商品銷售及勞務提供過程中的貨與錢在時間上分離的結果。商品賒銷和勞務賒供，一方面增加銷售收入，另一方面又因形成應收帳款而增加經營風險。

一、應收帳款的作用及管理目標

（一）應收帳款的作用

1. 增加銷售

在市場競爭比較激烈的情況下，賒銷是促進銷售的一種重要方式。進行賒銷的企業，實際上是向顧客提供了兩項交易：

（1）向顧客銷售產品。競爭機制的作用迫使企業以各種手段擴大銷售，除了依靠產品質量、價格、售後服務和廣告等外，賒銷也是擴大銷售的手段之一。對於同等的產品價格、類似的質量水準和一樣的售後服務，實行賒銷的產品或商品的銷售額將大於現金銷售的產品或商品的銷售額，這是因為顧客將從賒銷中得到好處。出於擴大銷售的競爭需要，企業不得不以賒銷或其他優惠方式招攬顧客，於是就產生了應收帳款。由競爭引起的應收帳款，是一種商業信用。

（2）在一個有限的時期內向顧客提供資金。雖然賒銷僅僅是影響銷售量的因素之一，但在銀根緊縮、市場疲軟、資金匱乏的情況下，賒銷的促銷作用是十分明顯的，特別是在企業銷售新產品、開拓新市場時，賒銷更具有重要的意義。

2. 減少存貨

企業持有產成品存貨，要追加管理費、倉儲費和保險費等支出；相反，企業持有應收帳款，就不需要上述支出。因此，無論是季節性生產企業還是非季節性生產企業，當產成品存貨較多時，一般都可採用較為優惠的信用條件進行賒銷，把存貨轉化為應收帳款，減少產成品存貨，節約各種支出。

（二）應收帳款的管理目標

企業發生應收帳款的主要原因是擴大銷售和增強競爭力，那麼其管理的目標就是求得利潤。應收帳款是企業的一項資金投放，是為了擴大銷售和盈利而進行的投資。而投資肯定要發生成本，這就需要在應收帳款信用政策所增加的盈利和這種政策的成本之間做出權衡。只有當應收帳款所增加的盈利超過所增加的成本時，才應當實施應收帳款賒銷。如果

應收帳款賒銷有著良好的盈利前景，就應當放寬信用條件增加賒銷量。

總之，應收帳款管理的基本目標是：通過應收帳款管理發揮其強化競爭、擴大銷售的功能，同時，盡可能降低應收帳款投資的機會成本、壞帳損失與管理成本，最大限度地提高應收帳款投資的效益。

二、應收帳款的成本

應收帳款是企業的一項資金投放，是為了盈利和擴大銷售而進行的一項投資，而投資一定要發生成本。應收帳款的成本就是企業因持有應收帳款而付出的代價，一般而言，應收帳款的成本主要由以下三方面構成：

（一）應收帳款的機會成本

企業資金如果不投放於應收帳款，便可用於其他投資並獲得收益，如投資於有價證券便會有利息收入。這種因投放於應收帳款而放棄的其他收入，即為應收帳款的機會成本。應收帳款的機會成本並不是實際發生的成本，而主要作為一種觀念上的成本來看待的。它可以用有價證券的利息率來計算，也可以用企業的平均資金成本或預期的收益率來計算。

為了正確衡量這種應收帳款的機會成本，首先必須正確計算應收帳款的餘額。在正常情況下，企業應收帳款餘額的多少取決於以下兩個因素：一是信用銷售的數量；二是自售出至收款之間的平均間隔時間，即平均收款期。經營比較穩定的企業可採用下列公式計算應收帳款的平均餘額：

應收帳款平均餘額＝每日信用銷售數額×平均收款期

應收帳款的機會成本是指因資金投放在應收帳款上而喪失的其他收入，一般以應收帳款佔用資金的應計利息來衡量。其計算公式如下：

應收帳款機會成本＝維持賒銷業務所需的資金×資金成本率

式中：資金成本率一般可按有價證券利息率來計算；維持賒銷業務所需的資金按下式計算：

維持賒銷業務所需的資金＝應收帳款平均餘額×變動成本率

應收帳款平均餘額＝日賒銷額×平均收現期

一般一年以 360 天計算，則有：

應收帳款機會成本＝年賒銷額/360×平均收現期×變動成本率×資金成本率

從上述公式可以看出，在企業的變動成本率和資金成本率保持相對穩定的情況下，年賒銷額越大，平均收現期越長，應收帳款的機會成本就越大；相反，年賒銷額越小，平均收現期越短，應收帳款的機會成本就越小。

【例 11-6】某企業某年度的賒銷額為 600 萬元，應收帳款的平均收現天數為 30 天，變動成本率為 60%，有價證券的利息率為 5%，則應收帳款的機會成本可計算如下：

應收帳款機會成本＝600/360×30×60%×5%＝1.5（萬元）

（二）應收帳款的管理成本

應收帳款的管理成本，是指企業對應收帳款進行管理而開支的費用，主要包括：①調查顧客信用情況的費用；②收集各種信息的費用；③帳簿的記錄費用；④收帳費用；⑤其他費用。

（三）應收帳款的壞帳成本

應收帳款的壞帳成本，是指企業應收帳款無法收回造成的壞帳損失。應收帳款是基於商業信用而產生的，存在無法收回的可能性。為避免發生壞帳損失而給企業生產經營活動的穩定性造成不利影響，企業應按照中國會計法律法規的規定，提取壞帳準備金。此項成本一般與應收帳款的數量成正比。

三、應收帳款政策的制定與選擇

應收帳款政策又稱信用政策，是企業財務政策的一個重要組成部分。企業要管好用好應收帳款，必須事先制定合理的信用政策。該政策是企業根據自身營運情況制定的有關應收帳款的政策，因此，信用政策也叫應收帳款政策，主要包括信用標準、信用條件和收帳政策三部分。

（一）信用標準

信用標準是指企業為客戶提供商業信用時，對客戶所提出的要求其在資信程度方面必須具備的最低標準。如果客戶在資信程度方面達到了企業要求的最低標準，便可以獲得企業所提供的商業信用，從而可以以較優惠的條件向企業購貨；相反，如果客戶在資信程度方面達不到企業要求的最低標準，就不能獲得企業提供的商業信用，從而只能在較苛刻的條件下向企業購貨。信用標準一般用預計的壞帳損失率來表示。信用標準的作用在於控制應收帳款投資的質量，進而為控制應收帳款投資的風險提供標準和依據。如果企業的信用標準較嚴，只對信譽好、壞帳損失率低的客戶提供賒銷，則不利於企業銷售量的擴大，甚至會導致銷售量的下降，但是同時造成的應收帳款占用降低，應收帳款的機會成本也相應降低，壞帳損失也減少。反之，如果企業採用較為寬鬆的信用標準，雖然銷售量有可能會增加，但是也同時會增加機會成本與壞帳成本。因此，企業應該根據具體情況權衡信用標準的變化對企業銷售量和成本之間帶來的影響。

對客戶的資信程度的評價可以通過「5C」系統來進行。所謂「5C」系統，是評估顧客信用品質的五個方面，即品質（Character）、能力（Capacity）、資本（Capital）、抵押（Collateral）和條件（Conditions）。

1. 品質

品質是指顧客的信譽，即履行償債義務的可能性。企業必須設法瞭解客戶過去的履約付款記錄，看其過去是否具有按期足額付款的一貫做法，以及與其他供貨單位的關係是否良好。這是決定是否給予客戶信用的首要因素。

2. 能力

能力是指顧客的償債能力，即其流動資產的數量和質量及其與流動負債的比例關係。客戶的流動資產數量越多，流動比率越大，其償付債務的物質保證越強。客戶資產的流動性越強，變現能力越大，資產的質量越高，其償債能力越強。如果客戶的存貨在流動資產中的比例過大，也會使其償債能力下降。

3. 資本

資本是指客戶的經濟實力和財務狀況，是客戶償付債務的最終保證。

4. 抵押

抵押也稱為抵押品，是指客戶提供的可作為資信安全保證的資產。當客戶拒付款項或無力支付到期款項時，企業可以用抵押品進行補償。因此，對於不知底細或信用狀況有爭議的客戶，只要能夠提供足夠的高質量的抵押品，就可以向他們提供相應的商業信用。

5. 條件

條件也稱為經濟狀況，是指不利經濟環境對客戶償債能力的影響，以及客戶是否具有較強的應變能力，如經濟出現不景氣對客戶的付款能力產生的影響、客戶是否有能力應對不利環境的影響等。企業如果把信用標準定得過高，將會使許多客戶因達不到信用標準而被拒之門外，這樣雖然可以降低違約風險及收帳費用，但是不利於提高企業的市場競爭力和擴大銷售；相反，如果信用標準定得過低，雖然有利於企業擴大銷售，提高市場競爭力和市場佔有率，但是也會使企業壞帳損失風險加大和收帳費用增加。因此，企業在確定信用標準時應權衡利弊，綜合考慮所得和所失。在改變信用標準時，信用標準改變給企業帶來的收益大於增加的費用和損失，這種標準對企業才是有利的。

（二）信用條件

信用條件是指企業為客戶提供商業信用時對客戶提出的要求其支付所欠款項的條件，包括信用期限、折扣期限和現金折扣。信用期限是企業為顧客規定的最長付款時間，折扣期限是為顧客規定的可享受現金折扣的付款時間，現金折扣是在顧客提前付款時給予的優惠。例如，帳單中的「$2/10, n/30$」就是一項信用條件，它規定如果在發票開出後10天內付款，可享受2%的現金折扣；如果不想取得折扣，這筆貨款必須在30天內付清。在這裡，30天為信用期限；10天為折扣期限；2%為現金折扣。

信用條件的作用在於控制應收帳款投資的數量，進而為優化應收帳款投資的收益與成本關係提供標準和依據。與信用條件類似，如果企業給客戶提供比較優惠的信用條件，則可以增加企業的銷售量，但同時也會帶來機會成本、壞帳成本和現金折扣成本的增加。

（三）收帳政策

收帳政策是指當客戶違反企業所提出的信用條件，出現拖欠甚至拒付時，企業為催收逾期款所採取的程序、策略與方法，故也稱為催收政策。在正常情況下，客戶一般都能按照信用條件的規定到期及時付款，履行其購貨時承諾的責任。但是，由於種種原因，有些

客戶在期滿仍不能付清欠款。此時，企業根據收帳政策採取措施就是非常必要的了。客戶拖欠的時間越長，對企業資金週轉所產生的不利影響越大，應收帳款的機會成本越大，其轉變為壞帳損失的可能性也越大。

收帳政策的作用在於採取收回逾期款項的措施，進而為化解應收帳款投資風險提供標準和依據。企業如果採用較積極的收帳政策，可能會減少應收帳款投資，減少壞帳損失，但會增加收帳成本。如果採用較消極的收帳政策，則可能會增加應收帳款投資，增加壞帳損失，但會減少收帳費用。在實際工作中，可參照測算信用標準、信用條件的方法來制定信用政策。

一般而言，收帳費用支出越多，壞帳損失越少，但這兩者並不一定存在線性關係。通常情況是：①開始花費一些收帳費用，應收帳款和壞帳損失有小部分降低；②收帳費用繼續增加，應收帳款和壞帳損失明顯減少；③收帳費用達到某一限度後，應收帳款和壞帳損失的減少就不再明顯了，這個限度稱為飽和點。

信用標準的低與高、信用條件的寬與嚴和收帳政策的鬆與緊，都會從不同角度對應收帳款投資的收益、成本和風險產生不同範圍、不同性質與不同程度的影響。實際上，信用政策的制定過程就是信用標準、信用條件和收帳政策的優化與選擇過程。其中以信用條件的優化與選擇最為重要。因為，信用條件會通過應收帳款投資規模對投資收益、投資成本和投資風險產生全面的影響。從而，選擇和尋求優化的信用條件，就成了信用政策制定乃至應收帳款投資管理的關鍵性環節。

前面分析的是單項信用政策，但要制定最優的信用政策，應把信用標準、信用條件、收帳政策結合起來，考慮信用標準、信用條件、收帳政策的綜合變化對銷售額、應收帳款機會成本、壞帳成本和收帳成本的影響，決策的原則仍是賒銷的總收益應大於賒銷帶來的總成本。綜合決策的計算相當複雜，計算中的幾個變量都是預計的，有相當大的不確定性。因此，信用政策的制定並不能僅靠數量分析，在很大程度上要由管理經驗來判斷決定。制定綜合信用政策時應考慮的基本模式，如表 11-4 所示。

表 11-4　　　　　　　　綜合信用政策的基本模式

信用標準：預計壞帳損失率（%）	信用條件	收帳政策
0～0.5 0.5～1	從寬信用條件 （60 天付款）	消極收帳政策 （拖欠 20 天不催收）
1～2 2～5	一般信用條件 （45 天付款）	一般收帳政策 （拖欠 10 天不催收）
5～10 10～20	從嚴信用條件 （30 天付款）	積極收帳政策 （拖欠立即催收）
20 以上	不予賒銷	—

企業信用政策確定後，便可根據信用政策和預計的銷售收入等指標來計算確定應收帳款占用資金的數額。

【例11-7】新宇公司2009年計劃銷售收入為8,000萬元，預計有75%為賒銷，應收帳款的平均收現期為45天，則2009年度該公司應收帳款平均占用資金的數額為：

8,000×75%×45÷360＝750（萬元）

企業應根據應收帳款占用資金的情況，合理安排資金來源，保證生產經營對資金的需求。

四、應收帳款的收帳管理

應收帳款發生後，企業應採取各種措施，盡量爭取按期收回款項，否則會因拖欠時間過長而發生壞帳，使企業蒙受損失。這些措施包括對應收帳款回收情況的監督、對壞帳損失的事先準備和制定適當的收帳政策。

（一）企業的信用調查

對顧客的信用進行評價是應收帳款日常管理的重要內容。只有正確地評價顧客的信用狀況，才能合理地執行企業的信用政策。要合理地評價顧客的信用，必須對顧客信用進行調查，收集有關的信息資料。信用調查有兩類：

1. 直接調查

直接調查是指調查人員直接與被調查單位接觸，通過當面採訪、詢問、觀看、記錄等方式獲取信用資料的一種方法。直接調查能保證收集資料的準確性和及時性，但若不能得到被調查單位的合作，則會使調查資料不完整。

2. 間接調查

間接調查是以被調查單位以及其他單位保存的有關原始記錄和核算資料為基礎，通過加工整理獲得被調查單位信用資料的一種方法。這些資料主要來自：

（1）財務報表。有關單位的財務報表是信用資料的重要來源。通過財務報表分析，基本上能掌握一個企業的財務狀況和盈利狀況。

（2）信用評估機構。許多國家都有信用評估的專門機構，定期發布有關企業的信用等級報告，如鄧白氏（Dun & Bradstreet）就是美國一家著名的信用評估機構。

中國的信用評估機構目前有三種形式：①獨立的社會評估機構，它們只根據自身的業務吸收有關專家參加，不受行政干預和集團利益的牽制，獨立自主地開展信用評估業務；②政策性銀行負責組織的評估機構，一般由銀行有關人員和各部門專家進行評估；③由商業銀行組織的評估機構，由商業銀行組織專家對其客戶進行評估。

在評估等級方面，目前主要有兩種：①採用三類九級制，即把企業的信用情況分為AAA，AA，A，BBB，BB，B，CCC，CC，C九等，AAA為最優等級，C為最差等級；②採用三級制，即分成AAA，AA，A三級。專門的信用評估部門通常其評估方法先進，

評估調查細緻，評估程序合理，可信度較高。

（3）銀行。銀行是信用資料的一個重要來源，許多銀行都設有信用部為其顧客提供服務。但銀行對其資料一般僅願在同業之間交流，而不願向其他單位提供。因此，如外地有一筆較大的買賣，需要瞭解顧客的信用狀況，最好通過當地開戶銀行，向其徵詢有關信用資料。

（4）其他。如財稅部門、消費者協會、工商管理部門、企業的上級主管部門、證券交易部門等。另外，書籍、報紙、雜誌等也可提供有關顧客的信用情況。

（二）企業的信用評估

收集好信用資料後，要對這些資料進行分析，並對顧客信用狀況進行評估。信用評估的方法很多，這裡介紹兩種常見的方法：5C 評估法和信用評分法。

1. 5C 評估法

所謂 5C 評估法，是指重點分析影響信用的五個方面的一種方法。五個方面是品德（Character）、能力（Capacity）、資本（Capital）、抵押品（Collateral）和情況（Condition），其英文的第一字母都是 C，故稱之為 5C 評估法。

（1）品德——顧客願意履行其付款義務的可能性。顧客是否願意盡自己最大努力來歸還貨款，直接決定著帳款的回收速度和數量。品德因素在信用評估中是最重要的因素。

（2）能力——顧客償還貨款的能力。這主要根據顧客的經營規模和經營狀況來判斷。

（3）資本——一個企業的財務狀況。這主要根據有關的財務比率進行判斷。

（4）抵押品——顧客能否為獲取商業信用提供擔保資產。如有擔保資產，則對順利收回貨款比較有利。

（5）情況——一般的經濟情況對企業的影響，或某一地區的一些特殊情況對顧客償還能力的影響。

通過以上五個方面的分析，便基本上可以判斷顧客的信用狀況，為最後決定是否向顧客提供商業信用做好準備。

2. 信用評分法

信用評分法是先對一系列財務比率和信用情況指標進行評分，然後進行加權平均，得出顧客綜合的信用分數，並以此進行信用評估的一種方法。

（三）監控應收帳款

由於投資規模相當大，應收帳款的監控相當重要。如果應收帳款質量極高或極低，就會產生幾個相關的問題：公司的信用標準太高還是太低？總的經濟狀況的變化是否影響了顧客的信譽？評估制度是否發生了根本性錯誤？

在任何情況下，對有關應收帳款惡化的提早警告，可以促使企業採取行動以阻止進一步惡化。相反，有關應收帳款質量提高的提早暗示，則可能激勵企業在應收帳款政策上更富有進取性。

企業控制應收帳款的最好方法是拒絕向具有潛在風險的客戶賒銷商品，或在某些情況下，特別是對耐用消費品的銷售，可將賒銷的商品作為附屬擔保品進行有擔保銷售。對於已發生的應收帳款，則必須加強收帳工作的管理，及時瞭解帳款回收情況，根據客戶償付貨款的不同情況做出反應，這主要通過帳齡分析、觀察應收帳款平均帳齡等來實現。

1. 帳齡分析表

帳齡分析表是在把所有的應收帳款按帳齡分為幾類後，顯示每一類的總數額和所占比例的表格，它展示了沒有收回的應收帳款的質量。這種表格通常將應收帳款按帳齡分為0～30天、30～60天、60～90天和90天以上等幾個層次分別列示。

【例11-8】2008年12月31日，恒遠公司將第四季度所有尚未收到貨款的銷售發票進行了匯總，如表11-5所示。現根據表11-5編製恒遠公司的帳齡分析表。

表11-5　　　　　　恒遠公司2008年第四季度的應收帳款明細列表

10月		11月		12月	
銷售日期	金額（元）	銷售日期	金額（元）	銷售日期	金額（元）
10月15日	2,100	11月2日	500	12月4日	1,500
10月23日	2,300	11月12日	1,000	12月5日	2,100
10月29日	1,000	11月19日	1,500	12月6日	1,900
10月30日	900	11月21日	900	12月9日	500
		11月22日	1,100	12月11日	1,200
		11月26日	1,200	12月14日	700
		11月27日	1,800	12月15日	600
		11月28日	600	12月19日	900
				12月25日	1,000
				12月27日	500
				12月28日	1,200
合計	6,300	合計	8,600	合計	12,100

12月發生的應收帳款帳齡為0～30天，11月發生的應收帳款帳齡為30～60天，10月發生的應收帳款帳齡為60～90天，因此，恒遠公司的應收帳款帳齡分析表如11-6所示。

表11-6　　　　　　　　　公司的帳齡分析表

帳齡（天）	金額（元）	百分比（%）
0～30	12,100	44.82
30～60	8,600	31.85
60～90	6,300	23.33
90天以上	0	0
合計	27,000	100

帳齡分析表能夠反應出企業所提供的信用條件、顧客的付款習慣以及最近的銷售趨勢。如果企業改變其信用條件，如延長顧客的信用期限，帳齡分析表則會對這一變化做出反應。如果顧客的付款速度加快，則時間最近的那一類應收帳款的百分比會增加，而時間較遠的應收帳款的百分比會下降。同樣，企業銷售收入的變化也會影響帳齡分析表。如果當月的銷售收入增加，帳齡為0~30天的應收帳款的比例將增加；相反，當月的銷售收入下降有可能減少帳齡為0~30天的應收帳款的比例。

2. 應收帳款平均帳齡

除了帳齡分析表外，財務經理常常計算應收帳款平均帳齡，即該企業的所有未得到清償的應收帳款的平均帳齡。對應收帳款平均帳齡的計算有兩種普遍採用的方法。

第一種方法是計算所有個別的沒有清償的發票的加權平均帳齡。使用的權數是個別的發票占應收帳款總額的比例。

另一種簡化的方法是利用帳齡分析表。假設帳齡在0~30天的所有應收帳款帳齡為15天（0天和30天的中點），帳齡為30~60天的應收帳款帳齡為45天，而帳齡為60~90天的所有應收帳款帳齡為75天。這樣，通過採用15，45和75的加權平均數，能夠計算出平均帳齡，權數是帳齡為0~30天、30~60天、60~90天的應收帳款占全部應收帳款的比例。

【例11-9】根據表11-6，計算公司應收帳款的平均帳齡。

應收帳款平均帳齡=15×44.82%+45×31.85%+75×23.33%≈38.6（天）

（四）催收拖欠款項

企業對不同過期帳款的收款方式，包括準備為此付出的代價，構成其收帳政策，這是信用管理中重要的一個方面。一般的方式是：對過期較短的客戶，不宜過多打擾，以免以後失去市場；對過期稍長的客戶，可寫信催收；對過期很長的顧客，則頻繁催款，且措辭嚴厲。

由於收取帳款的各個步驟都要發生費用，因而收帳政策還要在收帳費用和所減少的壞帳損失間權衡，這一點在很大程度上要依靠企業管理人員的經驗，也可根據應收帳款總成本最小化的原理，通過各收帳方案成本大小的比較，確定收帳方式。

企業在收款過程中所遵循的一系列特定步驟，取決於帳款過期多久、負債的大小和其他因素。典型的收款過程包括以下步驟：

1. 信件

當帳款過期幾天時，可以向對方發送「溫馨提示」。如果仍然沒有收到付款，可以發出1~2封甚至更多的郵件，措辭可以更為嚴厲和迫切。

2. 電話

在送出最初的幾封信後，給顧客打電話。如果顧客有財務上的困難，可以找出折中的辦法。收回一部分貨款要比完全收不回來好。

3. 個人拜訪

促成這筆銷售的銷售人員可以拜訪顧客，請求付款。除銷售人員外，還可以派出其他的特別收款員。

4. 收款機構

可以把應收帳款交由專門催收過期帳款的收款機構負責。收款機構一般要收費，比如所收回帳款的一半，並且它們所收回的僅是它們所追討的帳款的一部分。因此，企業的應收帳款可能遭受較大比例的損失。

5. 訴訟程序

如果帳款數額相當大可通過法律途徑來解決。

對應收帳款的催收要遵循幾個原則：收款努力的順序應該是從成本最低的手段開始，只有在前面的方法失敗後才繼續採用成本較高的方法；早期的收款接觸方式要友好，語氣也應弱一些，後來的聯繫則可以逐漸嚴厲；收款決策遵循成本收益原則，一旦繼續收款的努力所產生的現金流量小於繼續收款所追加的成本，停止向顧客追討就是正確的決策。

復習與思考：

1. 應收帳款有什麼功能？成本有哪幾種？
2. 應收帳款的信用政策內容包括哪些？應如何進行決策？
3. 如何進行應收帳款的日常管理？

任務四　存貨管理

企業存貨占短期資產的比重較大，一般為40%～60%。存貨利用程度的好壞，對企業財務狀況的影響極大。因此，加強存貨的規劃與控制，使存貨保持在最優水準，便成為財務管理的一項重要內容。

一、存貨的概念與作用

進行存貨管理的主要目的，是要控制存貨水準，在充分發揮存貨功能的基礎上，降低存貨成本。

1. 存貨的概念

存貨是指企業在生產經營過程中為銷售或耗用而儲備的物資。存貨通常包括：原材料、在產品、半成品、產成品、週轉材料和商品等。存貨可以分為三大類：原材料存貨、在產品存貨和產成品存貨。在製造企業，存貨管理的任務在於恰當地控制存貨水準，在保證銷售和耗用正常進行的情況下，盡可能地節約資金，降低存貨成本。

2. 存貨的作用

實際上，企業很少能做到隨時購入生產或銷售所需的各種物資，即使是市場供應量充足的物資也如此。這不僅因為不時會出現某種材料的市場斷檔，還因為企業距供貨點較遠而需要必要的途中運輸以及可能出現運輸故障。一旦生產或銷售所需物資短缺，生產經營將被迫停頓，造成損失。為了避免或減少出現停工待料、停業待貨等事故，企業需要儲存存貨。

存貨的作用具體包括：

(1) 儲存必要的原材料和在產品，可以保證生產正常進行。生產過程中所需的原材料，是生產中必需的物質資料。為了保證生產順利進行，必須適當地儲備一些材料。儘管有些企業自動化程度很高，並借助電腦加強管理，提出了零存貨管理的目標，但要完全達到這一目標並非易事。存貨在生產不均衡和商品供求波動時，可起到緩和矛盾的作用。即使生產能按事先規定好的程序來進行，但要每天都採購材料也不現實，經濟上也不一定劃算。所以，為了保證生產正常進行，儲存適當的原材料是必需的。在產品也因同樣原因需要保持一定的儲備。

另外，適當儲存原材料和產成品，便於組織均衡生產，降低產品成本。有的企業生產的產品屬於季節性產品，有的企業產品需求很不穩定。如果根據需求狀況時高時低地進行生產，有時生產能力可能得不到充分發揮，有時又會出現超負荷生產，這些情況都會使生產成本提高。為了降低生產成本，實行均衡生產，就要儲備一定的產成品存貨，也要相應地保持一定的原材料存貨。

(2) 儲備必要的產成品，有利於銷售。企業的產品，一般不是生產一件出售一件，而是要組織成批生產、成批銷售才合算。這是因為：一方面，顧客為節約採購成本和其他費用，一般要成批採購；另一方面，為了達到運輸上所需的最低批量也應組織成批發運。此外，為了應付市場上突然到來的需求，也應適當儲存一些產成品。

(3) 留有各種存貨的保險儲備，可以防止意外事件造成的損失。採購、運輸、生產和銷售過程中，都可能發生意外事故，保持必要的存貨保險儲備，可避免或減少損失。

二、儲備存貨的有關成本

持有一定數量的存貨，必定會導致企業的一些支出，這就是存貨成本。企業持有存貨有以下幾項成本：

1. 取得成本

取得成本指為取得某種存貨而支出的成本，包括：

(1) 採購成本。採購成本由買價、運雜費等構成。採購成本一般與採購數量呈正比例變化關係。為降低採購成本，企業應研究材料的供應情況。由於單位採購成本一般不隨採購數量的變動而變動，因此，在採購批量決策中，存貨的採購成本通常屬於無關成本。但

當供應商為擴大銷售而採用數量折扣等優惠方法時，採購成本就成為與決策相關的成本了。

（2）訂貨成本。訂貨成本是指為訂購貨物而發生的各種成本，包括採購人員的工資、採購部門的一般性費用（如辦公費、水電費、折舊費、取暖費等）和採購業務費（如差旅費、郵電費、檢驗費等）。訂貨成本可以分為兩部分：一是固定訂貨成本，即為維持一定的採購能力而發生的各期金額比較穩定的成本（如折舊費、水電費、辦公費等）。二是變動訂貨成本，即隨訂貨次數的變動而正比例變動的成本（如差旅費、檢驗費等）。

2. 儲存成本

儲存成本是指為儲存存貨而發生的各種費用。其通常包括兩類：一是付現成本，包括支付給儲運公司的倉儲費、按存貨價值計算的保險費、報廢設備損失、年度檢查費用以及企業自設倉庫發生的所有費用（如倉庫保管人員的工資、折舊費、維修費、辦公費、水電費、空調費等）、占用資金支付的利息費等；二是資本成本，即投資於存貨而不投資於其他可盈利方面所形成的機會成本。儲存成本也可分為兩部分：一是固定儲存成本，即總額穩定、與儲存存貨數量的多少及儲存時間長短無關的成本；二是變動儲存成本，即總額大小取決於存貨數量的多少及儲存時間長短的成本。

3. 缺貨成本

缺貨成本指由存貨供應中斷造成的損失，包括材料供應中斷造成的停工損失、產成品庫存缺貨造成的拖欠發貨損失和喪失銷售機會的損失，還應包括需要主觀估計的商譽損失。例如，因停工待料而發生的損失（如無法按期交貨而支付的罰款、停工期間的固定成本等），因商品存貨不足而失去的創利額，因採取應急措施補足存貨而發生的超額費用等。缺貨成本大多屬於機會成本。

單位缺貨成本往往大於單位儲存成本，因此，儘管其計算比較困難，還是應採用一定的方法估算單位缺貨成本（短缺一個單位存貨一次給企業帶來的平均損失），以供決策之用。

三、存貨規劃

存貨規劃所要解決的主要問題是企業應怎樣採購存貨。這包括兩個方面的內容：一是應當訂購多少，二是應當何時開始訂貨。進行有效的存貨規劃對於維持正常生產經營、合理控制資金占用水準、降低營運成本具有重要意義。

（一）經濟批量

經濟批量（Economic Order Quantity，EOQ），又稱經濟訂貨量，是指一定時期儲存成本和訂貨成本總和最低的採購量。

1. 經濟訂貨量基本模型需要設立的假設條件

（1）企業一定時期的訂貨總量可以確定，且為常量；

（2）存貨均勻地耗用或銷售；

（3）存貨的價格穩定，且不存在數量折扣；

（4）企業能夠及時補充存貨，且能集中到貨，即需要訂貨時便可立即取得存貨，當存貨量下降為零時，瞬間補充到最大庫存；

（5）倉儲條件不受限制；

（6）企業現金充足，不會因現金短缺而影響進貨；

（7）不允許缺貨，即無缺貨成本；

（8）沒有固定訂貨成本和固定儲存成本；

（9）所需存貨市場供應充足，不會出現買不到所需存貨的情況。

在上述假設的基礎上，令 A 表示全年需求量，Q 表示每批訂貨量，F 表示每批訂貨成本，C 表示每件存貨的年儲存成本。則有：

$$訂購批數 = \frac{A}{Q}$$

$$平均庫存量 = \frac{Q}{2}$$

$$訂貨成本 = F \times \frac{A}{Q}$$

$$儲存成本 = C \times \frac{Q}{2}$$

$$總成本（T）= F \times \frac{A}{Q} + C \times \frac{Q}{2}$$

由上式的一階條件

$$T'\left(F \times \frac{A}{Q} + C \times \frac{Q}{2}\right) = \frac{C}{2} - \frac{AF}{Q^2} = 0$$

可得

$$經濟批量（Q）= \sqrt{\frac{2AF}{C}}$$

$$經濟批數\left(\frac{A}{Q}\right) = \sqrt{\frac{AC}{2F}}$$

$$總成本（T）= \sqrt{2AFC}$$

【例11-10】某企業每年耗用某種材料3,600千克，單位存儲成本為2元，一次訂貨成本為25元。

① 經濟訂貨批量為：

$$Q = \sqrt{\frac{2AF}{C}} = \sqrt{\frac{2 \times 3,600 \times 25}{2}} = 300 \text{（千克）}$$

② 每年最佳訂貨次數為：

經濟批數 $\left(\dfrac{A}{Q}\right) = \dfrac{3,600}{300} = 12$（次）

③ 與批量相關的存貨總成本為：

總成本 $(T) = \sqrt{2AFC} = \sqrt{2 \times 25 \times 3,600 \times 2} = 600$（元）

④ 最佳訂貨週期為：

$t = \dfrac{Q}{A} = \dfrac{1}{12}$（年）= 1（月）

2. 存在數量折扣的經濟訂貨批量模型

在實際工作中，企業為了促進銷售，往往對大批量購買的客戶給予一定的數量折扣（也稱商業折扣或價格折扣），而且一次購買數量越多，所給的價格優惠越大。在存在數量折扣的情況下，經濟訂貨批量的確定，除考慮訂貨成本和儲存成本外，還應考慮存貨的購置成本。也就是說，在其他假設條件與經濟訂貨批量基本模型都相同的前提下，存在數量折扣的存貨的相關總成本為訂貨變動成本、儲存變動成本和存貨的購置成本之和。用公式表示如下：

存貨相關總成本＝訂貨變動成本＋儲存變動成本＋購置成本

存在數量折扣的經濟訂貨批量按以下具體步驟確定：

（1）按照經濟訂貨批量基本模型確定經濟訂貨批量；

（2）計算按經濟批量訂貨時的存貨相關總成本；

（3）計算按給予數量折扣的訂貨批量進貨時的存貨相關總成本；

（4）比較不同進貨批量的存貨相關總成本，存貨相關總成本最低的訂貨批量，即為存在數量折扣的最佳經濟訂貨批量。

【例11-11】某企業甲材料的年需要量為16,000千克，每千克標準價為20元。銷售企業規定：客戶每批購買量不足1,000千克的，按照標準價格計算；每批購買量1,000千克以上，2,000千克以下的，價格優惠2%；每批購買量2,000千克以上的，價格優惠3%。已知每批進貨費用為600元，單位材料的年儲存成本為30元。

則按經濟進貨批量基本模型確定的經濟進貨批量為：

$$Q = \sqrt{2 \times 16,000 \times \frac{600}{30}} = 800 \text{（千克）}$$

每次進貨800千克時的存貨相關總成本為：

16,000×20＋16,000/800×600＋800/2×30＝344,000（元）

每次進貨1,000千克時的存貨相關總成本為：
16,000×20×(1-2%)+16,000/1,000×600+1,000/2×30=338,200（元）
每次進貨2,000千克時的存貨相關總成本為：
16,000×20×(1-3%)+16,000/2,000×600+2,000/2×30=345,200（元）
通過比較發現，每次進貨為1,000千克時的存貨相關總成本最低，所以此時最佳經濟進貨批量為1,000千克。

3. 允許缺貨時的經濟進貨模型

在允許缺貨的情況下，企業對經濟進貨批量的確定，就不僅要考慮進貨費用與儲存費用，而且還必須對可能的缺貨成本加以考慮，即能夠使三項成本總和最低的批量便是經濟進貨批量。

設缺貨量為S，單位缺貨成本為R，其他符號同上。則有：

$$Q=\sqrt{\frac{2AF}{C}\times\frac{C+R}{R}}$$

$$S=\frac{Q\times C}{C+R}$$

式中，缺貨成本可以根據存貨中斷的概率和相應的存貨中斷造成的損失進行計算。

【例11-12】某企業甲材料年需要量為32,000千克，每次進貨費用為60元，單位儲存成本為4元，單位缺貨成本為8元。那麼，允許缺貨時的經濟進貨批量和平均缺貨量是多少？

允許缺貨情況下的經濟進貨批量和平均缺貨量分別為：

$$Q=\sqrt{\frac{2AF}{C}\times\frac{C+R}{R}}=\sqrt{\frac{2\times32,000\times60}{4}\times\frac{4+8}{8}}=1,200（千克）$$

$$S=\frac{Q\times C}{C+R}=\frac{1,200\times4}{4+8}=400（千克）$$

（二）再訂貨點、訂貨提前期和保險儲備

為了保證生產和銷售正常進行，企業必須在材料用完之前訂貨，這就是再訂貨點的控制和訂貨提前期的確定問題。此外，企業在生產經營過程中經常要面對很多不確定的情況，很難做到均勻使用原料和各訂貨批次之間的完美銜接。為了保證企業生產經營正常進行，企業需要安排一個保險儲備，以應對耗用量突然增加或交貨延期等意外情況。

1. 再訂貨點

為了保證生產和銷售正常進行，工業企業必須在材料用完之前訂貨，商品流通企業必須在商品售完之前訂貨。那麼，究竟在上一批購入的存貨還有多少時訂購下一批貨物呢？這就是再訂貨點的控制問題。

要確定訂貨點，必須考慮如下因素：①平均每天的耗用量，以n表示；②從發出訂單

到貨物驗收完畢所用的時間，以 f 來表示。

再訂貨點 R 可用下式計算：

$R = nf$

【例 11-13】某企業生產週期為一年，甲種原材料年需要量為 500,000 千克，訂購原材料的在途時間為 2 天，則該企業的再訂貨點為：

$R = nf = \dfrac{500,000}{360} \times 2 \approx 2,778$（千克）

也就是說，當該企業的庫存原材料數量降低到 2,778 千克時，就需要發出訂購指令。當原材料庫存降低到 2,778 千克時，發出訂貨指令；當庫存降低到零時，所訂原材料到達，剛好形成一個完整的生產過程。

2. 訂貨提前期

訂貨提前期是指從發出訂單到貨物驗收完畢所用的時間。訂貨提前期的計算公式為：

訂貨提前期＝預計交貨期內原材料的使用量÷原材料使用率

【例 11-14】某企業預計交貨期內原材料的用量為 100 千克，原材料使用率為 10 千克/天，無延期交貨情況。則該企業的訂貨提前期為：

$T = 100 \div 10 = 10$（天）

也就是說，當該企業的庫存原材料數量還差 10 天用完時，就需要發出訂購指令。

3. 保險儲備

保險儲備（Safety Stock），又稱安全儲備，是指為防止存貨使用量突然增加或者交貨期延誤等不確定情況所持有的存貨儲備，用 S 來表示。

保險儲備的水準由企業預計的最大日消耗量和最長收貨時間確定，可能的日消耗量越大、收貨時間越長，企業應當持有的保險儲備水準就越大。保險儲備 S 的計算公式為：

$S = \dfrac{1}{2}(mr - nt)$

式中，m 表示預計的最大日消耗量；r 表示預計最長收貨時間。

保險儲備的存在不會影響經濟訂貨批量的計算，但會影響再訂貨點的確定。考慮保險儲備情況下的再訂貨點計算公式為：

$R = nt + S$

$= nt + \dfrac{1}{2}(mr - nt) = \dfrac{1}{2}(mr + nt)$

【例 11-15】某企業平均每天正常耗用甲材料 10 千克，訂貨提前期為 10 天，預計每天的最大耗用量為 12 千克，預計最長訂貨提前期為 15 天，則保險儲備量為：

保險儲備量 $= \dfrac{1}{2} \times (12 \times 15 - 10 \times 10) = 40$(千克)

企業在再訂貨點發出訂貨指令，但在所訂原材料到達之前有一段交貨期，這時如果沒有保險儲備，企業將不得不中止生產，造成的損失通常稱為「缺貨成本」，而保險儲備的存在則避免了這種情況。企業面臨的不確定性越大，需要的保險儲備量就越多。但從另一個方面看，保險儲備雖然保證了企業在不確定條件下的正常生產，但保險儲備的存在需要企業支付更多的儲存成本。所以，管理人員必須在缺貨成本和保持保險儲備耗費的成本之間做出權衡。

保險儲備的存在不會影響經濟訂貨批量的計算，但會影響再訂貨點的確定。

根據上例資料，該公司考慮保險儲備情況下的再訂貨點為：

再訂貨點 = 10×10+40 = 140（千克）

保險儲備的存在雖然可以減少缺貨成本，但增加了儲存成本，最優的存貨政策就是要在這些成本之間權衡，選擇使總成本最低的再訂貨點和保險儲備量。

（三）考慮不確定性的存貨成本

由於企業的生產經營中往往存在一定的不確定性，企業的年度存貨成本除了訂貨成本和儲存成本外，還要包括缺貨成本，這樣，企業的總存貨成本就等於以上三種成本之和，即

總成本 = 訂貨成本 + 儲存成本 + 缺貨成本

缺貨成本可以根據存貨中斷的概率和相應的存貨中斷造成的損失計算。保險儲備的存在雖然可以減少缺貨成本，但增加了儲存成本，最優的存貨政策就要在這些成本之間權衡，選擇使總成本最低的再訂貨點和保險儲備量。

【例11-16】新宇公司每年需要某零配件10,000件，訂貨成本為每次200元，儲存成本為每件25元。公司在交貨期內的平均需求量是40件。為避免可能的缺貨成本，公司準備持有0~30件保險儲備，並對不同保險儲備量下的缺貨成本進行了估算（如表11-7所示）。計算新宇公司的最優保險儲備量和再訂貨點。

（1）計算訂貨成本。

經濟批量 $(Q) = \sqrt{\dfrac{2AC}{C}} = \sqrt{\dfrac{2 \times 10,000 \times 200}{25}} = 400$（件）

訂貨次數 $= \dfrac{A}{Q} = \dfrac{10,000}{400} = 25$（次）

訂貨成本 $= \dfrac{A}{Q} \times F = 25 \times 200 = 5,000$（元）

（2）計算儲存成本。

平均存貨 $= S + \dfrac{1}{2}Q = S + 200$（件）

儲存成本 $= (S + \dfrac{1}{2}Q) \times C = 25 \times (S + 200)$（元）

（3）計算總成本。根據公司估算情況和上述計算結果，可以將公司不同保險儲備水準下的存貨成本列示成表 11-7 所示的形式。

表 11-7　　　　　　　　　　　公司再訂貨點和保險儲備的計算

保險儲備 a（件）	再訂貨點 b（件）	平均存貨 c（件）	訂貨成本 d（元）	儲存成本 e（元）	缺貨成本 f（元）	總成本 g（元）
0	40	200	5,000	5,000	2,500	12,500
5	45	205	5,000	5,125	1,250	11,375
10	50	210	5,000	5,250	600	10,850
15	55	215	5,000	5,375	250	10,625
20*	60*	220	5,000	5,500	120	10,620*
25	65	225	5,000	5,625	50	10,675
30	70	230	5,000	5,750	0	10,750

註：a. 保險儲備分別在 0~30 之間。
　　b. 再訂貨點＝交貨期需求＋保險儲備＝40＋保險儲備。
　　c. 平均存貨＝1/2×經濟批量＋保險儲備＝200＋保險儲備。
　　d. 訂貨成本＝經濟批數×單位訂貨成本＝25×200＝5,000（元）。
　　e. 儲存成本＝平均存貨×單位儲存成本＝平均存貨×25。
　　f. 缺貨成本由公司根據相關資料估算。
　　g. 總成本＝訂貨成本＋儲存成本＋缺貨成本。
　　＊表示總成本最小的保險儲備、再訂貨點和總成本。

從表 11-7 可以看出，當保險儲備為 0 時，預計缺貨成本很高，但隨著保險儲備的增加迅速變小並當保險儲備增加所帶來的缺貨成本下降的幅度大於儲存成本上升的幅度時，增加保險儲備是有利的，可以降低總成本。但超過一定限度後，保險儲備的增加所帶來的儲存成本增加要大於缺貨成本的減少，此時會對總成本產生不利影響。通過逐步測算發現，新宇公司的最小總成本為 10,620 元，最優保險儲備為 20 件，最佳再訂貨點為 60 件。

四、存貨控制

（一）ABC 控制法

ABC 控制法是義大利經濟學家巴雷特於 19 世紀首創的，以後經不斷發展和完善，現已廣泛用於存貨管理、成本管理和生產管理。對於一個大型企業來說，常有成千上萬種存貨項目。在這些項目中，有的價格昂貴，有的不值幾文；有的數量龐大，有的寥寥無幾。如果不分主次，面面俱到，對每一種存貨都進行周密的規劃、嚴格的控制，就會抓不住重點，不能有效地控制主要存貨資金。ABC 控制法正是針對這一問題而提出來的重點管理方法。運用 ABC 法控制存貨資金，一般分如下幾個步驟：

（1）計算每一種存貨在一定時間內（一般為一年）的資金占用額。

（2）計算每一種存貨資金占用額占全部資金占用額的百分比，並按大小順序排列，編成表格。

（3）根據事先測定好的標準，把最重要的存貨劃為 A 類，把一般存貨劃為 B 類，把不重要的存貨劃為 C 類，並畫圖表示出來。

（4）對 A 類存貨進行重點規劃和控制，對 B 類存貨進行次重點管理，對 C 類存貨只進行一般管理。

【例11-17】公司共有 20 種材料，共占用資金 100,000 元，按占用資金多少的順序排列後，根據上述原則劃分成 A、B、C 三類，詳見表 11-8。

表 11-8　　　　　　　　　　　材料資金的分類情況

材料品種（用編號代替）	占用資金數額（元）	類別	各類存貨所占的 種數（種）	各類存貨所占的 比重（%）	各類存貨占用資金的 數量（元）	各類存貨占用資金的 比重（%）
1 2	50,000 25,000	A	2	10	75,000	75
3 4 5 6 7	10,000 5,000 2,500 1,500 1,000	B	5	25	20,000	20
8 9 10 11 12 13 14 15 16 17 18 19 20	900 800 700 600 500 400 300 200 190 180 170 50 10	C	13	65	5,000	5
合計	100,000		20	100	100,000	100

把存貨劃分成 A、B、C 三大類，目的是對存貨占用資金進行有效的管理。A 類存貨種類雖少，但占用的資金多，應集中主要力量管理，對其經濟批量要進行認真規劃，對收入、發出要進行嚴格控制。C 類存貨雖然種類繁多，但占用的資金不多，這類存貨的經濟批量可憑經驗確定，不必花費大量時間和精力去進行規劃和控制。B 類存貨介於 A 類和 C 類之間，也應給予相當的重視，但不必像 A 類那樣進行非常嚴格的控制。

（二）零庫存管理

1. 存貨對企業經營的負面影響

傳統存貨管理方法提倡持有一定水準的存貨，以達到成本最低的目的。但是存貨的存在對企業經營存在負面影響：

（1）企業持有存貨，必然占用流動資金，從而發生機會成本。

（2）企業持有存貨，必然會發生倉儲成本。

（3）企業持有存貨，可能掩蓋生產質量問題，掩蓋了生產的低效率。

2. 零庫存管理的基本思想

零庫存管理認為，按需要組織生產和銷售同樣能使生產準備成本和儲存成本最小化。但傳統方法是在接受了生產準備成本或訂貨成本存在合理性的前提下，得出企業成本最低的條件，即變動訂貨成本與變動儲存成本相等，生產準備成本與變動儲存成本相等。而零庫存管理的前提是不接受生產準備成本或是訂貨成本，試圖使這些成本趨於零。其措施是縮減生產準備的時間和與供貨商簽訂長期合同。通過和少數指定的供貨商簽訂外供材料的長期合同，隨時在需要時向指定供貨商要求將生產材料直接運送至生產場所，定期結算，顯然可以減少訂貨的數量及相應的訂貨成本。縮減生產準備時間，要求公司為生產準備尋找更新、更有效率的方法。經驗已經證明，生產準備時間是可以大幅度縮減的。生產準備時間的下降必然導致生產準備成本大大降低。如果生產準備成本和訂貨成本能夠降低至一個不重要的水準，那麼唯一需要最小化的成本就是儲存成本，而該成本隨著存貨的下降也會下降到不重要的水準。顯然，零庫存管理系統下的企業成本會大大低於傳統庫存管理系統下的企業成本。

3. 零庫存管理的實施

要想順利實施庫存管理，達到理想的管理效果，必須先解決兩個問題：一是如何能夠實現很低的存貨水準，甚至是零存貨；二是在存貨水準很低甚至是零存貨的情況下如何保持生產的連續性。如果在生產需要時不能保證供應足夠的原材料、在製品，或不能按銷售合同規定的時間交付合格的產成品，將使企業處於很不利的境地，企業實施零庫存管理就會得不償失。因此，既能降低存貨水準，又不影響企業生產的均衡進行，是零庫存管理實施的關鍵。為此，可以採取以下措施：

（1）在產品市場狀況表現為供過於求（或供求相等）時，採用拉動式的生產系統，以銷定產；而如果產品市場狀況表現為供小於求時，則可採用推動式的生產系統，以產促銷。

（2）改變材料採購策略。在適時制下，既要求企業持有盡可能少的存貨，只在需要的時間購進需要的材料，又不允許企業因原材料供應的中斷影響到生產正常進行，這就對企業的採購部門提出了很高的要求：一是材料供應的及時性。即必須能夠在生產部門有原材料需求時，將所需原材料迅速、準時地採購並運至企業，否則就會引起停工待料現象的發

生。二是採購的原材料在質量上必須有保證。為了解決這一問題，適時制為企業和供貨商之間建立了一種全新的「利益夥伴」關係。建立這種關係的原則為：① 在原材料採購上，只與有限數量的比較瞭解的供應商發展長期合作關係。這樣，採購部門就不必為尋找和選擇供貨商浪費時間，從而縮短材料訂貨時間，節約訂貨成本。②在選擇供貨商時既要考慮其供貨的價格，又要考慮其服務質量（如供貨的及時性）和材料質量。③建立生產員工直接向經批准的供貨商訂購生產所需原材料的流程。④將供貨商的供貨直接送至生產場所。⑤製造企業和供貨商必須相互信任，供需雙方要有團隊精神。供貨商的經濟利益是與購貨商的經濟利益密切相關的，供需雙方緊密的長期合作關係對兩方都是有利的。美國施樂（Xerox）公司在實行適時制採購以後，取得了成效。該公司從 5,000 個供貨商中挑選出其中的 260 家，經過幾年的努力，到 1985 年該公司已取消了 3A 級指定供貨商所提供原材料的檢驗，這些免檢的原材料涉及公司 90% 的產品。同年，該公司選擇了 25 個質量合格且距公司不遠的供應商作為適時制採購試點。公司每天用卡車從這 25 家供貨商處運來一天所需的原材料，取消了檢驗環節，卡車直接把原材料運至生產場所，消除了收貨、入庫等環節，減少了倉庫占用。公司以盛裝原材料的塑料容器代替看板，當容器送達供貨商，就起到了訂單的作用，簡化了訂貨程序。該公司實行上述措施後，原材料庫存大幅下降，進貨價格也下降了 40%～50%。

(3) 建立無庫存生產的製造單元。為了減少庫存，提高工作效率，需要對車間進行重新布置，建立製造單元，製造單元是按產品對象布置的。一個製造單位配備有各種不同的機床，可以完成一組相似零件的加工。製造單元有兩個明顯的特徵：一是在該製造單元內，工人隨著零件走，從零件進入單元到加工完畢離開單元，由一個工人操作。二是無庫存生產的製造單元具有很大的柔性，它可以通過製造單元內的工人數量使單元的生產率與整個系統保持一致。

(4) 減少不增加價值成本，縮短生產週期。企業的經營活動從總體上可分為兩種：一種在生產過程中使物料實體發生改變，增加了產品價值。如製造加工和包裝，與這種經營活動相對應的成本即為增加價值成本。另一種不改變物料的實體，只是使物料的地理位置等發生改變，不增加產品的價值。如檢驗和倉儲，與這種經營活動相對應的成本是不增加價值成本，因而是一種浪費，企業應致力於不斷減少和消除這種成本所對應的經營活動的發生。適時制肯定增加價值成本，因為它增加產品價值。因此，它所對應的經營活動是合理的。

(5) 快速滿足客戶需求。快速滿足客戶需求依賴於適時制的生產效率。企業如在材料採購、生產上採用一系列措施，有效地縮短訂購原材料時間、等候時間、檢驗時間、搬運時間等，進而有效地縮短週期時間，即從接到訂貨到交貨的時間，就可以保證在接到客戶訂單之後很短的時間內生產出所需的產成品。

(6) 保證生產順利進行，實施全面質量管理。質量是實行適時制的基本保證。全面質

量管理強調事前預防不合格品的產生，要從操作者、機器、工具、材料和工藝過程等方面保證不出現不合格品。其原則是：開始就把必要的工作做正確，強調從根源上保證質量。

(三) 運用適時制加強存貨管理應注意的問題

適時制在其本質上可以說是一種思想，而非數量模型。我們應學習的是適時制下努力降低存貨、提高質量、不斷改進的精髓，將這種先進的管理思想與企業的實際情況結合起來，達到提高經濟效益的目的。不顧企業管理水準和企業外部環境，生搬硬套「零存貨」是很危險的。在實際中究竟應將企業的存貨保持在多少為最優，需要視企業經營外部環境和企業的内部管理水準而定。

從理論上講，存貨的存在是一種資源的浪費；從現實來看，存貨的存在又是不可避免的，甚至是有利於生產經營活動正常進行的。因此，一方面人們應該不斷改善經營管理，爭取實現零存貨；另一方面又應該面對現實，使庫存維持在某一特定水準，做到讓浪費最少而又能保證生產經營正常進行，應是企業存貨管理的較高境界。

復習與思考：

1. 存貨的作用與成本有哪些？
2. 存貨規劃需要考慮的問題有哪些？
3. 存貨經濟批量應如何界定？
4. 如何進行存貨的日常管理和控制？

任務五　短期債務管理

短期資金是指企業借入的期限在一年以内或者超過一年的一個營業週期以内的各種資金。短期籌資具有籌資風險較高、籌資富有彈性、籌資成本較低、籌資速度快、容易取得的特點。就短期資金的來源來說，其主要包括銀行短期借款、商業信用、商業票據、短期債券等。此外，還有其他一些短期資金來源，如各種應計項目（應付工資、應付福利費、應交稅費、應付股利等），下面分別加以闡述。

一、短期借款籌資

短期借款是指企業向銀行和其他非銀行金融機構借入的期限在 1 年以内的借款。

(一) 短期借款的種類

中國目前的短期借款按照目的和用途分為若干種，主要有生產週轉借款、臨時借款和結算借款等。按照國際通行做法，短期借款還可依償還方式的不同，分為一次性償還借款和分期償還借款；依利息支付方法的不同，可分為收款法借款、貼現法借款和加息法借

款；依有無擔保，可分為抵押借款和信用借款等。

企業在申請借款時，應根據各種借款的條件和需要加以選擇。

（二）短期借款的取得

企業舉借短期借款，首先必須提出申請，經審查同意後借貸雙方簽訂借款合同，註明借款的用途、金額、利率、期限、還款方式及違約責任等，然後根據借款合同辦理借款手續。借款手續完畢，企業便可取得借款。

（三）借款的信用條件

按照國際通行做法，銀行發放短期借款往往帶有一些信用條件，主要有如下幾個方面：

1. 信貸限額

信貸限額是銀行對借款人規定的無擔保貸款的最高額。信貸限額的有效期限通常為1年，但根據情況也可延期1年。一般來講，企業在批准的信貸限額內，可隨時使用銀行借款。但是，銀行並不承擔必須提供全部信貸限額的義務。如果企業信譽惡化，即使銀行曾同意按信貸限額提供貸款，企業也可能得不到借款，這時銀行不會承擔法律責任。

2. 週轉信貸協定

週轉信貸協定是銀行具有法律義務地承諾提供不超過某一最高限額的貸款協定。在協定的有效期內，只要企業的借款總額未超過最高限額，銀行就必須滿足企業任何時候提出的借款要求。企業享用週轉信貸協定，通常要就貸款限額的未使用部分付給銀行一筆承諾費。

【例11-18】某週轉信貸額為1,000萬元，承諾費率為0.5%，借款企業年度內使用了600萬元，餘額400萬元，借款企業該年度就要向銀行支付承諾費2萬元（400×0.5%）。這是銀行向企業提供此項貸款的一種附加條件。

週轉信貸協定的有效期通常超過1年，但實際上貸款每幾個月發放一次，所以這種信貸具有短期和長期借款的雙重特點。

3. 補償性餘額

補償性餘額是銀行要求借款企業在銀行中保持按貸款限額或實際借用額一定百分比（一般為10%~20%）的最低存款餘額。從銀行的角度講，補償性餘額可降低貸款風險，補償遭受的貸款損失。對於借款企業來講，補償性餘額則提高了借款的實際利率。

【例11-19】某企業按年利率8%向銀行借款10萬元，銀行要求維持貸款限額15%的補償性餘額，那麼企業實際可用的借款只有8.5萬元，該項借款的實際利率則為：

10×8%/8.5≈9.4%

4. 借款抵押

銀行向財務風險較大的企業或對其信譽不甚有把握的企業發放貸款，有時需要有抵押品擔保，以減少自己蒙受損失的風險。短期借款的抵押品經常是借款企業的應收帳款、存

貨、股票和債券等。銀行接受抵押品後，將根據抵押品的面值決定貸款金額，一般為抵押品面值的30%～90%。這一比例的高低，取決於抵押品的變現能力和銀行的風險偏好。抵押借款的成本通常高於非抵押借款，這是因為銀行主要向信譽好的客戶提供非抵押貸款，而將抵押貸款看成一種風險投資，故而收取較高的利率。同時，銀行管理抵押貸款要比管理非抵押貸款困難，為此往往另外收取手續費。

企業向貸款人提供抵押品，會限制其財產的使用和將來的借款能力。

5. 償還條件

貸款的償還有到期一次償還和在貸款期內定期（每月、季）等額償還兩種方式。一般來講，企業不希望採用後一種償還方式，因為這會提高借款的實際利率；而銀行不希望採用前一種償還方式，是因為這會加重企業的財務負擔，增加企業的拒付風險，同時會降低實際貸款利率。

6. 其他承諾

銀行有時還要求企業為取得貸款而做出其他承諾，如及時提供財務報表、保持適當的財務水準（如特定的流動比率）等。企業如違背所做出的承諾，銀行可要求企業立即償還全部貸款。

（四）短期借款利率及其支付方法

短期借款的利率多種多樣，利息支付方法亦不一，銀行將根據借款企業的情況選用。

1. 借款利率

（1）優惠利率。優惠利率是銀行向財力雄厚、經營狀況好的企業貸款時收取的名義利率，為貸款利率的最低限。

（2）浮動優惠利率。浮動優惠利率是一種隨其他短期利率的變動而浮動的優惠利率，即隨市場條件的變化而隨時調整變化的優惠利率。

（3）非優惠利率。非優惠利率則是一種銀行貸款給一般企業時收取的高於優惠利率的利率。這種利率經常在優惠利率的基礎上加一定的百分比。比如，銀行按高於優惠利率1%的利率向某企業貸款，若當時的最優利率為8%，向該企業貸款收取的利率即為9%；若當時的最優利率為7.5%，向該企業貸款收取的利率即為8.5%。非優惠利率與優惠利率之間差距的大小，由借款企業的信譽、與銀行的往來關係及當時的信貸狀況決定。

2. 借款利息的支付方法

一般來講，借款企業可以用三種方法支付銀行貸款利息。

（1）收款法。收款法是在借款到期時向銀行支付利息的方法。銀行向工商企業發放的貸款大都採用這種方法收息。

（2）貼現法。貼現法是銀行向企業發放貸款時，先從本金中扣除利息部分，而到期時借款企業則要償還貸款全部本金的一種計息方法。採用這種方法，企業可利用的貸款額只有本金減去利息部分後的差額，因此貸款的實際利率高於名義利率。

【例11-20】A企業從銀行取得借款10,000元，期限1年，年利率（即名義利率）為8%，利息額800元（10,000×8%）；按照貼現法付息，企業實際可利用的貸款為9,200元（10,000-800），該項貸款的實際利率＝800÷(10,000-800)×100%≈8.7%。

（3）加息法。加息法是銀行發放分期等額償還貸款時採用的利息收取方法。在分期等額償還貸款的情況下，銀行要將根據名義利率計算的利息加到貸款本金上，計算出貸款的本息和，要求企業在貸款期內分期償還本息之和的金額。由於貸款分期均衡償還，借款企業實際上只平均使用了貸款本金的半數，卻支付全額利息。這樣，企業所負擔的實際利率便高於名義利率大約1倍。

【例11-21】A企業借入（名義）年利率為12%的貸款20,000元，分12個月等額償還本息。

則該項借款的實際利率為：

20,000×12%/(20,000÷2)×100% ＝24%

（五）短期借款籌資的優缺點

短期借款可以隨企業的需要安排，便於靈活使用，且取得較簡便。但其突出缺點是短期內必須償還，特別是在帶有諸多附加條件的情況下更使風險加劇。

二、商業信用

（一）商業信用的含義和類型

商業信用是指在商品交易中由延期付款或預收貨款形成的企業間的借貸關係。它是企業籌措短期資金的常用方法。商業信用是企業之間直接信用行為，也是商品運動與貨幣運動脫離後形成的一種債權債務關係。商業信用是由商品交換中貨與錢在空間上和時間上的分離而產生的，其主要形式有兩種：一是先取貨後付錢，二是先收錢後交貨。商業信用產生於銀行信用之前，而銀行信用出現以後，商業信用依然存在。早在簡單商品生產條件下，就已經出現賒購現象。到了資本主義社會，商業信用得到了廣泛的發展，西方某些國家的製造廠和批發商的商品，有90%以上是通過商業信用方式銷售出去的。隨著市場經濟的發展，中國商業信用正日益廣泛推行，成為企業普遍採用的一種短期資金來源。商業信用有商品交易媒介的作用，但是如果管理不善，也會產生消極後果，故應當加強監督、積極引導、防止失控。商業信用的具體形式有應付帳款、應付票據、預收帳款等。

1. 應付帳款

應付帳款是指買賣雙方發生商品交易時，既不需要買方立即支付貨款，也不需買方出具欠據，而是允許買方延遲一定時期後才付款。雙方憑藉商品交易合同和買方的信用來維繫，這種方式對於賣方來說，有利於擴大其商品銷售額，對於買方而言，則其獲得了短期資金來源。

應付帳款是最典型、最常見的商業信用形式，是由商品賒購形成的。銷售企業在將商

品轉移給購貨方時，不需要買方立即支付現款，而是由賣方根據交易條件向買方開出發票或帳單，買方在取得商品後的一定時期內再付清貨款。這樣，買方實際上就以應付帳款的形式獲得了賣方提供的一筆短期貸款，從而構成了一種短期資金來源。應付帳款有其內在優點但也不宜濫用，一般來說其額度應與未來銷售量及付款能力保持一致。應付帳款如果超出了應有的限度，就會使企業形成沉重的償還負擔，甚至影響到企業榮譽及今後的賒購能力，嚴重的還可能導致企業的破產。

應付帳款一般可以享受現金折扣優惠，按買方企業承擔一定代價與否，將信用條件分為免費信用、有代價信用的和展期信用。

免費信用：在規定的折扣期內，買方企業享受折扣而獲得的信用。

有代價信用：買方企業付出放棄折扣的代價而取得的信用。

展期信用：在規定的信用期限屆滿後，買方企業推遲付款而強制取得的信用。這是違反常規的做法。

(1) 應付帳款成本

如果銷售企業提供了現金折扣條件，而購買方沒有利用，從而喪失了減少支付貨款的優惠條件，這種優惠條件就是購買方放棄的機會成本，可以用應付帳款隱含的利息成本表示：

$$放棄折扣的成本 = \frac{現金折扣率}{1-現金折扣率} \times \frac{360}{信用期-折扣期}$$

上式表明，放棄現金折扣的成本與折扣百分比的大小、折扣期的長短同方向變化，與信用期的長短反方向變化。可見，如果買方企業放棄折扣而獲得信用，其代價是較高的。比如企業按「2/10，N/30」的條件購買一批價值為 100,000 元的商品。如該企業 10 天內付款，可取得最長不超過 10 天的免費信用額 98,000 元（100,000-100,000×2%）。

企業如果放棄這筆現金折扣，在 30 天內付款，則該企業將取得有代價的信用額 100,000 元（為期 30 天）。

這種代價即為企業放棄折扣的機會成本。

$$放棄折扣的成本 = \frac{2\%}{1-2\%} \times \frac{360}{30-10} \approx 36.7\%$$

如果企業延至 45 天付款，則機會成本為 21%，即

$$\frac{2\%}{1-2\%} \times \frac{360}{45-10} \approx 21\%$$

企業在放棄折扣的情況下，推遲付款的時間越長，其成本便會越小。但是，這樣做所冒的風險較大，可能會喪失對方信任，以後被迫現購商品。

(2) 利用現金折扣的決策

在附有信用條件的情況下，因為獲得不同信用要承擔不同的代價，買方企業便要在利

用哪種信用之間做出決策。一般來說，如果能以低於放棄折扣的隱含利息成本（實質是一種機會成本）的利率借入資金，便應在現金折扣期內用借入的資金支付貨款，享受現金折扣。比如，上例同期的銀行短期借款年利率為12%，則買方企業應利用更便宜的銀行借款在折扣期內償還應付帳款；反之，企業應放棄折扣。

如果在折扣期內將應付帳款用於短期投資，所得的投資收益高於放棄折扣的隱含利息成本，則應放棄折扣而去追求更高的收益。當然，假使企業放棄折扣優惠，也應該將付款日推遲至信用期內的最後一天，以降低放棄折扣的成本。

如果企業因缺乏資金而欲延展付款期，則需要在放棄折扣的成本與延展付款帶來的損失之間做出選擇。延展付款帶來的損失主要是指因企業榮譽惡化而喪失供應商乃至其他貸款人的信用，或日後招致苛刻的信用條件。

如果面對兩家以上提供不同信用條件的賣方，應通過衡量放棄折扣成本的大小，選擇信用成本較小（或所獲利益最大）的一家。比如，上例中另外有一家供應商提出「1/20，N/30」的信用條件，其放棄折扣成本為

$$\frac{1\%}{1-1\%} \times \frac{360}{30-20} \approx 36.4\%$$

與上例「2/10，N/30」信用條件相比，後者的成本較低。

2. 應付票據

應付票據是在應付帳款的基礎上發展起來的一種商業信用。買方根據購銷合同，向賣方開出或承兌商業票據，從而延期付款。這裡的商業票據可以由買方開出（商業本票），也可以由賣方開出並由承兌人承兌（商業匯票，是指買賣雙方進行賒購賒銷時開具的反應債權債務關係並憑以辦理清償的票據。這種形式是為了增強賣方收回銷售貨款的力度。商業匯票可分為銀行承兌匯票和商業承兌匯票，前者是由債務人向債權人開具並經銀行同意承兌的保證在一定時日無條件付款的書面承諾；商業匯票則是由債權人向債務人簽發並經債務付款人承兌，要求債務人在一定時日無條件付款的書面命令）。和應付帳款相比，銷貨方更願意採用應付票據的商業形式，因為買方用票據的形式代替了沒有正式法律憑據的賒帳方式——應付帳款，在票據中明確規定了具體的付款日期、付款金額、是否計息等相關內容，從而為雙方債權債務管理提供了嚴格的法律依據，使其規範化、制度化和法定化，有利於債權債務的清償。中國規定一般為1~6個月，最長不超過9個月。應付票據可以帶息，也可以不帶息；即使帶息，其票面利息也低於銀行借款利息，因此其籌資成本較低。但是應付票據到期必須歸還，如延期便要交付罰金，因而風險較大。

3. 預收帳款

預收帳款是指銷貨企業按照合同規定或協議的約定，在貨物交付之前向購貨企業預先收取部分或全部貨款的一種信用形式。它等於銷貨企業向購買單位先借一筆款項，然後用商品歸還，這是另一種典型的商業信用形式。與前面兩種形式不同，這是由買方向賣方提

供的一種商業信用，預收的貨款成為賣方的短期資金來源。這種信用形式的運用受到一定限制，一般適用於市場上比較緊俏同時買方又急需的商品，或是生產週期較長、成本售價較高的貨物，如電梯、輪船和房地產等。由於一般情況下，買方不願意提供預付貨款（即賣方的預收貨款），故預收貨款這種商業信用形式很難普遍地、有效地、長期地開展下去。而且，採取這種商業信用方式，可能導致某些單位借商品供不應求之機亂收預收貨款，不合理地占用其他企業資金，故應有所控制。我們通常所關注的商業信用形式主要是前兩種。

此外，企業往往還存在一些在非商品交易中產生但亦為自發性籌資的應付費用，如應付工資、應交稅費、其他應付款。應付費用使企業收益在前、費用支付在後，相當於享用了受款方的借款，一定程度上緩解了企業的資金需要。應付費用的期限具有強制性，不能由企業自由斟酌使用，但通常不需花費代價。

（二）商業信用的條件與資金成本

商業信用的條件可分為：貨到付款、先付款後交貨、信用期間無現金折扣和信用期間給予一定的現金折扣。對於第一種情況，買賣雙方不存在相互提供商業信用；對於第二種情況，獲取商業信用的企業一方取得了免費的短期資金來源，而提供商業信用一方則需密切關注債務方的信譽，否則就有到期不能收回貨款之慮；而第三種商業信用條件除了允許賒帳之外，若買方能在規定的期限之前提前付款，則銷售方會給予現金折扣，若債務方不享用現金折扣，將會承擔較高的資金成本。

【例11-22】某企業按「2/10，N/30」的條件購買價值為10萬元的一批商品。分析：
（1）企業免費獲得商業信用的最長期限是多少？
（2）放棄現金折扣，且在第30天付款，其資金成本為多少？
（3）若經過協商，企業延期至第50天付款，其資金成本為多少？

解：（1）企業免費獲得商業信用最長期限為10天，且能獲得現金折扣2,000元，實際支付銷售貨款為98,000元（100,000-2,000）。

（2）若企業放棄現金折扣，則其承擔機會成本即資金成本，計算公式為：

$$放棄折扣的成本 = \frac{現金折扣率}{1-現金折扣率} \times \frac{360}{信用期-折扣期} = \frac{2\%}{1-2\%} \times \frac{360}{30-10} \approx 36.7\%$$

企業在放棄現金折扣且承擔高額資金成本情況下，取得為期30天信用額度為10萬元。

（3）若企業延期至第50天付款，則其資金成本將降至：

$$\frac{2\%}{1-2\%} \times \frac{360}{50-10} \approx 18.4\%$$

企業獲得延期至50天信用額度為10萬元，但要冒著信用危機的風險。

公式表明，放棄現金折扣的成本與折扣百分比的大小、折扣期的長短同方向變化，與

信用期的長短反方向變化。可見，如果買方企業放棄折扣而獲得信用，其代價是較高的。然而，企業在放棄折扣的情況下，推遲付款的時間越長，其成本便會越小。

（三）商業信用的優缺點

1. 商業信用的優點

（1）商業信用屬於自發性融資行為，使用起來比較方便。所謂自發性融資是指商業信用在商品交易過程中自然產生，只要企業生產經營活動持續進行，商業信用融通的資金甚至已經成為企業經常性資金的一個組成部分。

（2）商業信用融資的彈性較好。一方面，商業信用能否取得、何時取得、取得多少等基本上可以由買方企業自主決定，由於在取得時間和償還時間（必要時可以展期）的確定上買方企業都有一定的自主權，從而時間上更有彈性；另一方面，商業信用融資可隨著購買和銷售的變化而相應地擴張或縮小，從而在規模上也具有較大的彈性。

（3）商業信用融資的限制較少。與短期借款相比，使用商業信用融資，一般沒有什麼限制條款，即使有也不是十分嚴格，而且只要商業信用保持在適度的範圍內，也不會給企業今後的融資行為帶來不利的影響。企業利用銀行借款籌資，銀行對貸款的使用大都要規定一些限制條件，而商業信用則限制較少。

（4）如果信用條件中沒有現金折扣，或者企業不放棄現金折扣，或者使用不附息的應付票據，則商業信用的融資成本總體上是比較低的，有時甚至是免費的。

2. 商業信用的缺點

（1）商業信用的期限較短，應付帳款尤其如此，如果企業要取得現金折扣，則期限更短。

（2）對應付帳款而言，如果放棄現金折扣或者嚴重拖欠，其融資成本較高。

三、商業票據

商業票據是實力雄厚的大型企業開出的無擔保期票，這些期票的銷售對象是商業公司、保險公司、商業銀行等。商業票據的二級市場不發達，投資者通常要持有至到期日。發行商業票據的企業都有較強的信用，商業票據的期限一般為90～180天。商業票據滿足企業短期流動資金的需求，在企業負債中占的比例較小。

（一）商業票據的概念與特徵

1. 商業票據的概念

商業票據是指由金融公司或某些信用較高的企業開出的無擔保短期票據。商業票據的可靠程度依賴於發行企業的信用程度，可以背書轉讓，但一般不能向銀行貼現。商業票據的期限在9個月以下，由於其風險較大，利率高於同期銀行存款利率，商業票據可以由企業直接發售，也可以由經銷商代為發售。但對出票企業信譽審查十分嚴格。如由經銷商發售，則它實際在幕後擔保了售給投資者的商業票據，商業票據有時也以折扣的方式發售。

2. 商業票據的利率特徵

商業票據的利率低於銀行貸款利率，高於銀行存款利率。這一特徵是企業採用發行商業票據籌資而不用銀行借款籌資的根本原因所在。例如，銀行吸收存款利率為4%，發放貸款的利率為8%，存貸利差為4%。這時，如果企業發行票面利率為6%的商業票據，那麼，商業票據投資者和發行者將平均分享這4%的存貸利差，即商業票據投資者獲得了比銀行存款高兩個百分點的利息收益，而商業票據發行企業的籌資成本則比銀行貸款低兩個百分點。

3. 商業票據的資金成本特徵

商業票據除了票面利息率要低於銀行貸款利息率之外，它還不存在向銀行貸款時的保護性存款餘額，因此，商業票據的實際利息率要比銀行借款的利息率低許多。但是銀行發行商業票據支付的籌資費用一般較高，這些費用包括資信評估費用、發行費用、登記費用等，在計算商業票據的資金成本時，需要將發行費用考慮在內。

雖然，商業票據會產生一些籌資費用，但是根據經驗數據統計，商業票據的利息率一般要比最優惠的銀行貸款利息低20%。正因為發行商業票據有這些好處，在貨幣市場發達的國家，商業票據才會成為企業的一種重要的籌資方式。有關資料顯示，在美國，發行在外的商業票據高達銀行流動資金貸款總額的51%。中國不少大公司也有在境外貨幣市場發行商業票據的經歷，比如深圳中國有色金屬公司、深圳特區發展集團公司的財務公司等都曾在香港貨幣市場上發行過商業銀行票據。

(二) 商業票據的利弊分析

1. 商業票據的優點

商業票據作為一種短期信用融資方式具有以下優點：

(1) 成本低。與銀行貸款和短期融資的其他來源相比，商業票據的利率水準較低。

(2) 沒有補償性存款的要求。商業票據不涉及最低存款金額的要求。不過，當新的商業票據無法銷售出去或到期的票據無法償付時，發行公司往往希望保持足以滿足短期融資需要的信貸額度。

(3) 融資規模較大。商業票據可為公司提供全部短期投資所需的資金。而大規模的短期資金往往很難從一家銀行獲得，或者說從某一商業銀行獲得全部短期資金，因為商業銀行的貸款行為受有關法規的較嚴限制，可能需要與許多機構打交道。

(4) 提高公司聲望。由於人們普遍認為只有信用等級很高的公司才能發行商業票據，因此，發行商業票據的公司可以此聲明公司的信用地位。

2. 商業票據的缺點

商業票據籌資的主要缺點如下：

(1) 發行商業票據需要較高的資信級別。在貨幣市場上發行商業票據，嚴格地受到商業票據的市場特性制約。商業票據的市場特性是指商業票據在市場上的交易不受某些個人

主觀行為影響的特徵。

（2）籌資金額受公司償債能力的限制。商業票據的發行額度受發行公司現階段的償債能力的影響。比如，一家公司的發展前景很好，但是它目前正處於投資階段，償債能力有些不足。這時，它就不可能按照自己的需要發行足夠的商業票據，從而無法用商業票據籌資的形式來滿足其資金需要。

（3）通過商業票據進行短期融資包含著巨大的風險。發行公司在償付債務時沒有任何靈活性，即使是信用極好的公司也是如此。與銀行貸款不同，如果公司遇到暫時的財務困難，尚可展期，但在商業票據市場中不存在這種可能性。

四、其他短期資金

其他短期資金主要是指各種應計項目，即企業在生產經營和利潤分配過程中已經計提但尚未以貨幣支付的各種項目，如應付工資、預提費用、應付福利費等應計費用，以及應交稅費、應付股利或應付利潤等。應計項目是在企業生產經營和利潤分配過程中自然形成的，並且從生產經營中沉澱下來，成為一種可供企業在某一規定期限內無條件占用的資金。和商業信用一樣，應計項目也是一種「自發性」融資行為。

由於企業使用這些自然形成的資金無須支付任何代價，故企業更樂於採用。由於法律、法規、經營慣例等方面的限制，企業對應計項目無絕對控制力，更不能長期占用。但是由於應計項目在償付時間、償付方式等方面都有許多成熟的、可預見的規定，企業完全可以利用這些安排償付時間，從而滿足資金的臨時性需要。

1. 應交稅費

應交稅費形成於企業的生產、銷售及利潤分配環節，是一筆較為可觀的短期資金來源。企業需要依法繳納的稅費主要有增值稅、消費稅、所得稅、資源稅、土地增值稅、城市維護建設稅、房產稅、土地使用稅、車船使用稅等。一般來說，企業應計算出當期應繳納的各項稅費，然後在下一會計期間某到期日之前向國家稅務機關繳納稅款。在到期日之前，應交稅費是企業的一筆可無償使用的短期資金，而到期時則應及時足額繳納，以免遭受滯納金、罰款等處罰。

2. 應付股利

應付股利形成於利潤分配環節。當企業經董事會或股東大會決議確定分配現金股利時，自宣告之日起，應付股利就構成企業的一項流動負債，在現金股利向股東實際支付時，此項流動負債終止。雖然對於已宣告發放但尚未以現金支付的應付股利來說，企業能夠加以利用，但是由於宣告日和支付日的時間間隔較短，因此可以利用的餘地非常有限。事實上，如果企業的資金比較緊張，它會在宣告時就降低現金股利的分派水準，或者採用股票股利。

3. 應付工資

應付工資是企業的一筆比較穩定的短期資金。其形成的原因在於企業支付職工工資的日期與資產負債表的編製日期不一致。在實務中，企業本期的工資一般是在下期期初支付。顯然，應付工資發生至支付的間隔時間拖得越長，對企業就越有利。但是，這種拖延是有限度的，最多不能超過一個月（有些國家甚至按周發放工資），否則超出職工的承受能力，必然會給企業帶來不利的影響。

4. 應付福利費

應付福利費是企業準備用於職工福利方面的資金，從費用中提取（提取金額為職工工資總額的14%）。應付福利費的形成是企業根據有關規定定期提取的，而其實際開支可由企業根據資金狀況靈活安排。當然，企業在做出具體決策時，還要考慮到職工的承受能力，事先徵得職工的同意。

復習與思考：

1. 短期債務籌資有哪些特點？
2. 如何合理利用商業信用融通資金？
3. 為什麼說票據貼現是一種銀行信用？
4. 什麼叫自然性融資？採取這種融資方式的優缺點有哪些？

本項目小結

本項目主要闡述了如下問題：

流動資產是企業資產的重要組成部分，具有佔用時間短、週轉快、易變現等特點，流動資產的使用效果對企業業績具有重要的影響。

流動資產是企業在一年內或超過一年的一個營業週期內變現或者運用的資產，其構成及運行特點影響著流動資產管理原則的確立。

現金是企業在生產過程中暫時停留在貨幣形態的資金，作為非盈利性資產，其數額確定和日常控制是非常重要的。應在瞭解企業持有現金動機和成本的基礎上，掌握最佳現金持有量確定的方法和現金日常控制的具體內容。加強應收帳款的管理，旨在發揮應收帳款強化競爭、擴大銷售功能的同時，盡可能降低投資的機會成本、壞帳損失與管理成本，最大限度地發揮應收帳款投資的效益。因而，要熟練掌握應收帳款政策的制定，並進行有效的綜合信用管理。

存貨是企業在生產經營過程中為銷售或耗用而儲存的各種資產，在防止停工待料、適應市場變化、降低進貨成本、維持均衡生產等方面具有重要的作用。瞭解存貨的功能和成

本，掌握最優經濟訂購批量的計算和存貨資金定額的核定，熟悉存貨日常控制的相關問題，是本章的重要內容之一。

短期債務管理。其中，債權籌資方式主要是短期銀行借款、發行短期債券、商業信用。

項目測試與強化　　　　　　　項目測試與強化答案

參考文獻

[1] 中國註冊會計師協會. 註冊會計師全國統一考試輔導教材：財務成本管理 [M]. 北京：中國財政經濟出版社，2017.

[2] 中國註冊會計師協會. 註冊會計師全國統一考試輔導教材：財務成本管理 [M]. 北京：中國財政經濟出版社，2015.

[3] 財政部會計資格評價中心. 全國會計資格專業技術資格輔導教材：財務管理 [M]. 北京：中國財政經濟出版社，2017.

[4] 財政部會計資格評價中心. 全國會計資格專業技術資格輔導教材：財務管理 [M]. 北京：中國財政經濟出版社，2016.

[5] 中華會計網校. 財務成本管理應試指南 [M]. 北京：人民出版社，2017.

[6] 王萱，路曉華，張平. 財務管理 [M]. 北京：中國商業出版社，2017.

[7] 王化成，張偉華，佟岩. 廣義財務管理理論結構研究——以財務管理環境為起點的研究框架回顧與拓展 [J]. 科學決策，2011（6）.

[8] 王波，許紹定. 財務管理 [M]. 北京：北京出版社，2016.

[9] 王書君. 財務管理學 [M]. 武漢：武漢大學出版社，2017.

[10] 吳曉江，史予英，戴生雷. 財務報表分析 [M]. 成都：西南財經大學出版社，2017.

[11] 張翠紅，劉合華，彭浪. 財務管理 [M]. 上海：立信會計出版社，2013.

[12] 陳玉菁. 財務管理——實務與案例 [M]. 北京：中國人民大學出版社，2011.

附錄一　複利終值系數表 $(F/P, i, n)$

[計算公式：$f = (1+i)^n$]

利率 (i) 期數 (n)	1%	2%	3%	4%	5%	6%	7%	8%	9%	10%
1	1.010,0	1.020,0	1.030,0	1.040,0	1.050,0	1.060,0	1.070,0	1.080,0	1.090,0	1.100,0
2	1.020,1	1.040,4	1.060,9	1.081,6	1.102,5	1.123,6	1.144,9	1.166,4	1.188,1	1.210,0
3	1.030,3	1.061,2	1.092,7	1.124,9	1.157,6	1.191,0	1.225,0	1.259,7	1.295,0	1.331,0
4	1.040,6	1.082,4	1.125,5	1.169,9	1.215,5	1.262,5	1.310,8	1.360,5	1.411,6	1.464,1
5	1.051,0	1.104,1	1.159,3	1.216,7	1.276,3	1.338,2	1.402,6	1.469,3	1.538,6	1.610,5
6	1.061,5	1.126,2	1.194,1	1.265,3	1.340,1	1.418,5	1.500,7	1.586,9	1.677,1	1.771,6
7	1.072,1	1.148,7	1.229,9	1.315,9	1.407,1	1.503,6	1.605,8	1.713,8	1.828,0	1.948,7
8	1.082,9	1.171,7	1.266,8	1.368,6	1.477,5	1.593,8	1.718,2	1.850,9	1.992,6	2.143,6
9	1.093,7	1.195,1	1.304,8	1.423,3	1.551,3	1.689,5	1.838,5	1.999,0	2.171,9	2.357,9
10	1.104,6	1.219,0	1.343,9	1.480,2	1.628,9	1.790,8	1.967,2	2.158,9	2.367,4	2.593,7
11	1.115,7	1.243,4	1.384,2	1.539,5	1.710,3	1.898,3	2.104,9	2.331,6	2.580,4	2.853,1
12	1.126,8	1.268,2	1.425,8	1.601,0	1.795,9	2.012,2	2.252,2	2.518,2	2.812,7	3.138,4
13	1.138,1	1.293,6	1.468,5	1.665,1	1.885,6	2.132,9	2.409,8	2.719,6	3.065,8	3.452,3
14	1.149,5	1.319,5	1.512,6	1.731,7	1.979,9	2.260,9	2.578,5	2.937,2	3.341,7	3.797,5
15	1.161,0	1.345,9	1.558,0	1.800,9	2.078,9	2.396,6	2.759,0	3.172,2	3.642,5	4.177,2
16	1.172,6	1.372,8	1.604,7	1.873,0	2.182,9	2.540,4	2.952,2	3.425,9	3.970,3	4.595,0
17	1.184,3	1.400,2	1.652,8	1.947,9	2.292,0	2.692,8	3.158,8	3.700,0	4.327,6	5.054,5
18	1.196,1	1.428,2	1.702,4	2.025,8	2.406,6	2.854,3	3.379,9	3.996,0	4.717,1	5.559,9
19	1.208,1	1.456,8	1.753,5	2.106,8	2.527,0	3.025,6	3.616,5	4.315,7	5.141,7	6.115,9
20	1.220,2	1.485,9	1.806,1	2.191,1	2.653,3	3.207,1	3.869,7	4.661,0	5.604,4	6.727,5
21	1.232,4	1.515,7	1.860,3	2.278,8	2.786,0	3.399,6	4.140,6	5.033,8	6.108,8	7.400,2
22	1.244,7	1.546,0	1.916,1	2.369,9	2.925,3	3.603,5	4.430,4	5.436,5	6.658,6	8.140,3
23	1.257,2	1.576,9	1.973,6	2.464,7	3.071,5	3.819,7	4.740,5	5.871,5	7.257,9	8.954,3
24	1.269,7	1.608,4	2.032,8	2.563,3	3.225,1	4.048,9	5.072,4	6.341,2	7.911,1	9.849,7
25	1.282,4	1.640,6	2.093,8	2.665,8	3.386,4	4.291,9	5.427,4	6.848,5	8.623,1	10.834,7
26	1.295,3	1.673,4	2.156,6	2.772,5	3.555,7	4.549,4	5.807,4	7.396,4	9.399,2	11.918,2
27	1.308,2	1.706,9	2.221,3	2.883,4	3.733,5	4.822,3	6.213,9	7.988,1	10.245,1	13.110,0
28	1.321,3	1.741,0	2.287,9	2.998,7	3.920,1	5.111,7	6.648,8	8.627,1	11.167,1	14.421,0
29	1.334,5	1.775,8	2.356,6	3.118,7	4.116,1	5.418,4	7.114,3	9.317,3	12.172,2	15.863,1
30	1.347,8	1.811,4	2.427,3	3.243,4	4.321,9	5.743,5	7.612,3	10.062,7	13.267,7	17.449,4

(續表一)

期數(n) \ 利率(i)	11%	12%	13%	14%	15%	16%	17%	18%	19%	20%
1	1.110,0	1.120,0	1.130,0	1.140,0	1.150,0	1.160,0	1.170,0	1.180,0	1.190,0	1.200,0
2	1.232,1	1.254,4	1.276,9	1.299,6	1.322,5	1.345,6	1.368,9	1.392,4	1.416,1	1.440,0
3	1.367,6	1.404,9	1.442,9	1.481,5	1.520,9	1.560,9	1.601,6	1.643,0	1.685,2	1.728,0
4	1.518,1	1.573,5	1.630,5	1.689,0	1.749,0	1.810,6	1.873,9	1.938,8	2.005,3	2.073,6
5	1.685,1	1.762,3	1.842,4	1.925,4	2.011,4	2.100,3	2.192,4	2.287,8	2.386,4	2.488,3
6	1.870,4	1.973,8	2.082,0	2.195,0	2.313,1	2.436,4	2.565,2	2.699,6	2.839,8	2.986,0
7	2.076,2	2.210,7	2.352,6	2.502,3	2.660,0	2.826,2	3.001,2	3.185,5	3.379,3	3.583,2
8	2.304,5	2.476,0	2.658,4	2.852,6	3.059,0	3.278,4	3.511,5	3.758,9	4.021,4	4.299,8
9	2.558,0	2.773,1	3.004,0	3.251,9	3.517,9	3.803,0	4.108,4	4.435,5	4.785,4	5.159,8
10	2.839,4	3.105,8	3.394,6	3.707,2	4.045,6	4.411,4	4.806,8	5.233,8	5.694,7	6.191,7
11	3.151,8	3.478,6	3.835,9	4.226,2	4.652,4	5.117,3	5.624,0	6.175,9	6.776,7	7.430,1
12	3.498,5	3.896,0	4.334,5	4.817,9	5.350,3	5.936,0	6.580,1	7.287,6	8.064,2	8.916,1
13	3.883,3	4.363,5	4.898,0	5.492,4	6.152,8	6.885,8	7.698,7	8.599,4	9.596,4	10.699,3
14	4.310,4	4.887,1	5.534,8	6.261,3	7.075,7	7.987,5	9.007,5	10.147,2	11.419,8	12.839,2
15	4.784,6	5.473,5	6.254,3	7.137,9	8.137,1	9.265,5	10.538,7	11.973,7	13.589,5	15.407,0
16	5.310,9	6.130,4	7.067,3	8.137,2	9.357,6	10.748,0	12.330,3	14.129,0	16.171,5	18.488,4
17	5.895,1	6.866,0	7.986,1	9.276,5	10.761,3	12.467,7	14.426,5	16.672,2	19.244,1	22.186,1
18	6.543,6	7.690,0	9.024,3	10.575,2	12.375,5	14.462,5	16.879,0	19.673,3	22.900,5	26.623,3
19	7.263,3	8.612,8	10.197,4	12.055,7	14.231,8	16.776,5	19.748,4	23.214,4	27.251,6	31.948,0
20	8.062,3	9.646,3	11.523,1	13.743,5	16.366,5	19.460,8	23.105,6	27.393,0	32.429,4	38.337,6
21	8.949,2	10.803,8	13.021,1	15.667,6	18.821,5	22.574,5	27.033,6	32.323,8	38.591,0	46.005,1
22	9.933,6	12.100,3	14.713,8	17.861,0	21.644,7	26.186,4	31.629,3	38.142,1	45.923,3	55.206,1
23	11.026,3	13.552,3	16.626,6	20.361,6	24.891,5	30.376,2	37.006,2	45.007,1	54.648,7	66.247,4
24	12.239,2	15.178,6	18.788,1	23.212,2	28.625,2	35.236,4	43.297,3	53.109,0	65.032,0	79.496,8
25	13.585,5	17.000,1	21.230,5	26.461,9	32.919,0	40.874,2	50.657,8	62.668,6	77.388,1	95.396,2
26	15.079,9	19.040,1	23.990,5	30.166,5	37.856,8	47.414,1	59.269,7	73.949,0	92.091,8	114.475,5
27	16.738,7	21.324,9	27.109,3	34.389,9	43.535,3	55.000,4	69.345,5	87.259,8	109.589,3	137.370,6
28	18.579,9	23.883,9	30.633,5	39.204,9	50.065,6	63.800,4	81.134,2	102.966,6	130.411,2	164.844,7
29	20.623,7	26.749,9	34.615,8	44.693,1	57.575,5	74.008,0	94.927,1	121.500,5	155.189,3	197.813,6
30	22.892,3	29.959,9	39.115,9	50.950,2	66.211,8	85.849,9	111.064,7	143.370,6	184.675,3	237.376,3

(續表二)

利率(i) 期數(n)	21%	22%	23%	24%	25%	26%	27%	28%	29%	30%
1	1.210,0	1.220,0	1.230,0	1.240,0	1.250,0	1.260,0	1.270,0	1.280,0	1.290,0	1.300,0
2	1.464,1	1.488,4	1.512,9	1.537,6	1.562,5	1.587,6	1.612,9	1.638,4	1.664,1	1.690,0
3	1.771,6	1.815,8	1.860,9	1.906,6	1.953,1	2.000,4	2.048,4	2.097,2	2.146,7	2.197,0
4	2.143,6	2.215,3	2.288,9	2.364,2	2.441,4	2.520,5	2.601,4	2.684,4	2.769,2	2.856,1
5	2.593,7	2.702,7	2.815,3	2.931,6	3.051,8	3.175,8	3.303,8	3.436,0	3.572,3	3.712,9
6	3.138,4	3.297,3	3.462,8	3.635,2	3.814,7	4.001,5	4.195,9	4.398,0	4.608,3	4.826,8
7	3.797,5	4.022,7	4.259,3	4.507,7	4.768,4	5.041,9	5.328,8	5.629,5	5.944,7	6.274,9
8	4.595,0	4.907,7	5.238,9	5.589,5	5.960,5	6.352,8	6.767,5	7.205,8	7.668,6	8.157,3
9	5.559,9	5.987,4	6.443,9	6.931,0	7.450,6	8.004,5	8.594,8	9.223,4	9.892,5	10.604,5
10	6.727,5	7.304,6	7.925,9	8.594,4	9.313,2	10.085,7	10.915,3	11.805,9	12.761,4	13.785,8
11	8.140,3	8.911,7	9.748,9	10.657,1	11.641,5	12.708,0	13.862,5	15.111,6	16.462,2	17.921,6
12	9.849,7	10.872,2	11.991,2	13.214,8	14.551,9	16.012,0	17.605,3	19.342,8	21.236,2	23.298,1
13	11.918,2	13.264,1	14.749,1	16.386,3	18.189,9	20.175,2	22.358,8	24.758,8	27.394,7	30.287,5
14	14.421,0	16.182,2	18.141,4	20.319,1	22.737,4	25.420,7	28.395,7	31.691,3	35.339,1	39.373,8
15	17.449,4	19.742,3	22.314,0	25.195,6	28.421,7	32.030,1	36.062,9	40.564,8	45.587,5	51.185,9
16	21.113,8	24.085,6	27.446,2	31.242,6	35.527,1	40.357,9	45.799,4	51.923,0	58.807,9	66.541,7
17	25.547,7	29.384,4	33.758,8	38.740,8	44.408,9	50.851,0	58.165,2	66.461,4	75.862,1	86.504,2
18	30.912,7	35.849,0	41.523,3	48.038,6	55.511,2	64.072,2	73.869,8	85.070,6	97.862,2	112.455,4
19	37.404,3	43.735,8	51.073,7	59.567,9	69.388,9	80.731,0	93.814,7	108.890,4	126.242,2	146.192,0
20	45.259,3	53.357,6	62.820,6	73.864,1	86.736,2	101.721,1	119.144,8	139.379,7	162.852,4	190.049,6
21	54.763,7	65.096,3	77.269,4	91.591,5	108.420,2	128.168,5	151.313,7	178.406,0	210.079,6	247.064,5
22	66.264,1	79.417,5	95.041,3	113.573,5	135.525,3	161.492,4	192.168,3	228.359,6	271.002,7	321.183,9
23	80.179,5	96.889,4	116.900,8	140.831,2	169.406,6	203.480,4	244.053,8	292.300,3	349.593,5	417.539,1
24	97.017,2	118.205,0	143.788,0	174.630,6	211.758,2	256.385,3	309.948,3	374.144,4	450.975,6	542.800,8
25	117.390,9	144.210,1	176.859,3	216.542,0	264.697,8	323.045,4	393.634,4	478.904,9	581.758,5	705.641,0
26	142.042,9	175.936,4	217.536,9	268.512,1	330.872,2	407.037,3	499.915,7	612.998,2	750.468,5	917.333,3
27	171.871,9	214.642,4	267.570,4	332.955,0	413.590,3	512.867,0	634.892,9	784.637,7	968.104,4	1,192.533,3
28	207.965,1	261.863,7	329.111,5	412.864,2	516.987,9	646.212,4	806.314,0	1,004.336,3	1,248.854,6	1,550.293,2
29	251.637,7	319.473,7	404.807,2	511.951,6	646.234,9	814.227,6	1,024.018,7	1,285.550,4	1,611.022,5	2,015.381,3
30	304.481,6	389.757,9	497.912,9	634.819,9	807.793,6	1,025.926,7	1,300.503,8	1,645.504,6	2,078.219,0	2,619.995,6

附錄二　複利現值系數表 $(P/F, i, n)$

[計算公式: $p = (1+i)^{-n}$]

利率 (i) / 期數 (n)	1%	2%	3%	4%	5%	6%	7%	8%	9%	10%
1	0.990,1	0.980,4	0.970,9	0.961,5	0.952,4	0.943,4	0.934,6	0.925,9	0.917,4	0.909,1
2	0.980,3	0.961,2	0.942,6	0.924,6	0.907,0	0.890,0	0.873,4	0.857,3	0.841,7	0.826,4
3	0.970,6	0.942,3	0.915,1	0.889,0	0.863,8	0.839,6	0.816,3	0.793,8	0.772,2	0.751,3
4	0.961,0	0.923,8	0.888,5	0.854,8	0.822,7	0.792,1	0.762,9	0.735,0	0.708,4	0.683,0
5	0.951,5	0.905,7	0.862,6	0.821,9	0.783,5	0.747,3	0.713,0	0.680,6	0.649,9	0.620,9
6	0.942,0	0.888,0	0.837,5	0.790,3	0.746,2	0.705,0	0.666,3	0.630,2	0.596,3	0.564,5
7	0.932,7	0.870,6	0.813,1	0.759,9	0.710,7	0.665,1	0.622,7	0.583,5	0.547,0	0.513,2
8	0.923,5	0.853,5	0.789,4	0.730,7	0.676,8	0.627,4	0.582,0	0.540,3	0.501,9	0.466,5
9	0.914,3	0.836,8	0.766,4	0.702,6	0.644,6	0.591,9	0.543,9	0.500,2	0.460,4	0.424,1
10	0.905,3	0.820,3	0.744,1	0.675,6	0.613,9	0.558,4	0.508,3	0.463,2	0.422,4	0.385,5
11	0.896,3	0.804,3	0.722,4	0.649,6	0.584,7	0.526,8	0.475,1	0.428,9	0.387,5	0.350,5
12	0.887,4	0.788,5	0.701,4	0.624,6	0.556,8	0.497,0	0.444,0	0.397,1	0.355,5	0.318,6
13	0.878,7	0.773,0	0.681,0	0.600,6	0.530,3	0.468,8	0.415,0	0.367,7	0.326,2	0.289,7
14	0.870,0	0.757,9	0.661,1	0.577,5	0.505,1	0.442,3	0.387,8	0.340,5	0.299,2	0.263,3
15	0.861,3	0.743,0	0.641,9	0.555,3	0.481,0	0.417,3	0.362,4	0.315,2	0.274,5	0.239,4
16	0.852,8	0.728,4	0.623,2	0.533,9	0.458,1	0.393,6	0.338,7	0.291,9	0.251,9	0.217,6
17	0.844,4	0.714,2	0.605,0	0.513,4	0.436,3	0.371,4	0.316,6	0.270,3	0.231,1	0.197,8
18	0.836,0	0.700,2	0.587,4	0.493,6	0.415,5	0.350,3	0.295,9	0.250,2	0.212,0	0.179,9
19	0.827,7	0.686,4	0.570,3	0.474,6	0.395,7	0.330,5	0.276,5	0.231,7	0.194,5	0.163,5
20	0.819,5	0.673,0	0.553,7	0.456,4	0.376,9	0.311,8	0.258,4	0.214,5	0.178,4	0.148,6
21	0.811,4	0.659,8	0.537,5	0.438,8	0.358,9	0.294,2	0.241,5	0.198,7	0.163,7	0.135,1
22	0.803,4	0.646,8	0.521,9	0.422,0	0.341,8	0.277,5	0.225,7	0.183,9	0.150,2	0.122,8
23	0.795,4	0.634,2	0.506,7	0.405,7	0.325,6	0.261,8	0.210,9	0.170,3	0.137,8	0.111,7
24	0.787,6	0.621,7	0.491,9	0.390,1	0.310,1	0.247,0	0.197,1	0.157,7	0.126,4	0.101,5
25	0.779,8	0.609,5	0.477,6	0.375,1	0.295,3	0.233,0	0.184,2	0.146,0	0.116,0	0.092,3
26	0.772,0	0.597,6	0.463,7	0.360,7	0.281,2	0.219,8	0.172,2	0.135,2	0.106,4	0.083,9
27	0.764,4	0.585,9	0.450,2	0.346,8	0.267,8	0.207,4	0.160,9	0.125,2	0.097,6	0.076,3
28	0.756,8	0.574,4	0.437,1	0.333,5	0.255,1	0.195,6	0.150,2	0.115,9	0.089,5	0.069,3
29	0.749,3	0.563,1	0.424,3	0.320,7	0.242,9	0.184,6	0.140,6	0.107,3	0.082,2	0.063,0
30	0.741,9	0.552,1	0.412,0	0.308,3	0.231,4	0.174,1	0.131,4	0.099,4	0.075,4	0.057,3

(續表一)

期數(n) \ 利率(i)	11%	12%	13%	14%	15%	16%	17%	18%	19%	20%
1	0.900,9	0.892,9	0.885,0	0.877,2	0.869,6	0.862,1	0.854,7	0.847,5	0.840,3	0.833,3
2	0.811,6	0.797,2	0.783,1	0.769,5	0.756,1	0.743,2	0.730,5	0.718,2	0.706,2	0.694,4
3	0.731,2	0.711,8	0.693,1	0.675,0	0.657,5	0.640,7	0.624,4	0.608,6	0.593,4	0.578,7
4	0.658,7	0.635,5	0.613,3	0.592,1	0.571,8	0.552,3	0.533,7	0.515,8	0.498,7	0.482,3
5	0.593,5	0.567,4	0.542,8	0.519,4	0.497,2	0.476,1	0.456,1	0.437,1	0.419,0	0.401,9
6	0.534,6	0.506,6	0.480,3	0.455,6	0.432,3	0.410,4	0.389,8	0.370,4	0.352,1	0.334,9
7	0.481,7	0.452,3	0.425,1	0.399,6	0.375,9	0.353,8	0.333,2	0.313,9	0.295,9	0.279,1
8	0.433,9	0.403,9	0.376,2	0.350,6	0.326,9	0.305,0	0.284,8	0.266,0	0.248,7	0.232,6
9	0.390,9	0.360,6	0.332,9	0.307,5	0.284,3	0.263,0	0.243,4	0.225,5	0.209,0	0.193,8
10	0.352,2	0.322,0	0.294,6	0.269,7	0.247,2	0.226,7	0.208,0	0.191,1	0.175,6	0.161,5
11	0.317,3	0.287,5	0.260,7	0.236,6	0.214,9	0.195,4	0.177,8	0.161,9	0.147,6	0.134,6
12	0.285,8	0.256,7	0.230,7	0.207,6	0.186,9	0.168,5	0.152,0	0.137,2	0.124,0	0.112,2
13	0.257,5	0.229,2	0.204,2	0.182,1	0.162,5	0.145,2	0.129,9	0.116,3	0.104,2	0.093,5
14	0.232,0	0.204,6	0.180,7	0.159,7	0.141,3	0.125,2	0.111,0	0.098,5	0.087,6	0.077,9
15	0.209,0	0.182,7	0.159,9	0.140,1	0.122,9	0.107,9	0.094,9	0.083,5	0.073,6	0.064,9
16	0.188,3	0.163,1	0.141,5	0.122,9	0.106,9	0.093,0	0.081,1	0.070,8	0.061,8	0.054,1
17	0.169,6	0.145,6	0.125,2	0.107,8	0.092,9	0.080,2	0.069,3	0.060,0	0.052,0	0.045,1
18	0.152,8	0.130,0	0.110,8	0.094,6	0.080,8	0.069,1	0.059,2	0.050,8	0.043,7	0.037,6
19	0.137,7	0.116,1	0.098,1	0.082,9	0.070,3	0.059,6	0.050,6	0.043,1	0.036,7	0.031,3
20	0.124,0	0.103,7	0.086,8	0.072,8	0.061,1	0.051,4	0.043,3	0.036,5	0.030,8	0.026,1
21	0.111,7	0.092,6	0.076,8	0.063,8	0.053,1	0.044,3	0.037,0	0.030,9	0.025,9	0.021,7
22	0.100,7	0.082,6	0.068,0	0.056,0	0.046,2	0.038,2	0.031,6	0.026,2	0.021,8	0.018,1
23	0.090,7	0.073,8	0.060,1	0.049,1	0.040,2	0.032,9	0.027,0	0.022,2	0.018,3	0.015,1
24	0.081,7	0.065,9	0.053,2	0.043,1	0.034,9	0.028,4	0.023,1	0.018,8	0.015,4	0.012,6
25	0.073,6	0.058,8	0.047,1	0.037,8	0.030,4	0.024,5	0.019,7	0.016,0	0.012,9	0.010,5
26	0.066,3	0.052,5	0.041,7	0.033,1	0.026,4	0.021,1	0.016,9	0.013,5	0.010,9	0.008,7
27	0.059,7	0.046,9	0.036,9	0.029,1	0.023,0	0.018,2	0.014,4	0.011,5	0.009,1	0.007,3
28	0.053,8	0.041,9	0.032,6	0.025,5	0.020,0	0.015,7	0.012,3	0.009,7	0.007,7	0.006,1
29	0.048,5	0.037,4	0.028,9	0.022,4	0.017,4	0.013,5	0.010,5	0.008,2	0.006,4	0.005,1
30	0.043,7	0.033,4	0.025,6	0.019,6	0.015,1	0.011,6	0.009,0	0.007,0	0.005,4	0.004,2

（續表二）

利率(i) / 期數(n)	21%	22%	23%	24%	25%	26%	27%	28%	29%	30%
1	0.826,4	0.819,7	0.813,0	0.806,5	0.800,0	0.793,7	0.787,4	0.781,3	0.775,2	0.769,2
2	0.683,0	0.671,9	0.661,0	0.650,4	0.640,0	0.629,9	0.620,0	0.610,4	0.600,9	0.591,7
3	0.564,5	0.550,7	0.537,4	0.524,5	0.512,0	0.499,9	0.488,2	0.476,8	0.465,8	0.455,2
4	0.466,5	0.451,4	0.436,9	0.423,0	0.409,6	0.396,8	0.384,4	0.372,5	0.361,1	0.350,1
5	0.385,5	0.370,0	0.355,2	0.341,1	0.327,7	0.314,9	0.302,7	0.291,0	0.279,9	0.269,3
6	0.318,6	0.303,3	0.288,8	0.275,1	0.262,1	0.249,9	0.238,3	0.227,4	0.217,0	0.207,2
7	0.263,3	0.248,6	0.234,8	0.221,8	0.209,7	0.198,3	0.187,7	0.177,6	0.168,2	0.159,4
8	0.217,6	0.203,8	0.190,9	0.178,9	0.167,8	0.157,4	0.147,8	0.138,8	0.130,4	0.122,6
9	0.179,9	0.167,0	0.155,2	0.144,3	0.134,2	0.124,9	0.116,4	0.108,4	0.101,1	0.094,3
10	0.148,6	0.136,9	0.126,2	0.116,4	0.107,4	0.099,2	0.091,6	0.084,7	0.078,4	0.072,5
11	0.122,8	0.112,2	0.102,6	0.093,8	0.085,9	0.078,7	0.072,1	0.066,2	0.060,7	0.055,8
12	0.101,5	0.092,0	0.083,4	0.075,7	0.068,7	0.062,5	0.056,8	0.051,7	0.047,1	0.042,9
13	0.083,9	0.075,4	0.067,8	0.061,0	0.055,0	0.049,6	0.044,7	0.040,4	0.036,5	0.033,0
14	0.069,3	0.061,8	0.055,1	0.049,2	0.044,0	0.039,3	0.035,2	0.031,6	0.028,3	0.025,4
15	0.057,3	0.050,7	0.044,8	0.039,7	0.035,2	0.031,2	0.027,7	0.024,7	0.021,9	0.019,5
16	0.047,4	0.041,5	0.036,4	0.032,0	0.028,1	0.024,8	0.021,8	0.019,3	0.017,0	0.015,0
17	0.039,1	0.034,0	0.029,6	0.025,8	0.022,5	0.019,7	0.017,2	0.015,0	0.013,2	0.011,6
18	0.032,3	0.027,9	0.024,1	0.020,8	0.018,0	0.015,6	0.013,5	0.011,8	0.010,2	0.008,9
19	0.026,7	0.022,9	0.019,6	0.016,8	0.014,4	0.012,4	0.010,7	0.009,2	0.007,9	0.006,8
20	0.022,1	0.018,7	0.015,9	0.013,5	0.011,5	0.009,8	0.008,4	0.007,2	0.006,1	0.005,3
21	0.018,3	0.015,4	0.012,9	0.010,9	0.009,2	0.007,8	0.006,6	0.005,6	0.004,8	0.004,0
22	0.015,1	0.012,6	0.010,5	0.008,8	0.007,4	0.006,2	0.005,2	0.004,4	0.003,7	0.003,1
23	0.012,5	0.010,3	0.008,6	0.007,1	0.005,9	0.004,9	0.004,1	0.003,4	0.002,9	0.002,4
24	0.010,3	0.008,5	0.007,0	0.005,7	0.004,7	0.003,9	0.003,2	0.002,7	0.002,2	0.001,8
25	0.008,5	0.006,9	0.005,7	0.004,6	0.003,8	0.003,1	0.002,5	0.002,1	0.001,7	0.001,4
26	0.007,0	0.005,7	0.004,6	0.003,7	0.003,0	0.002,5	0.002,0	0.001,6	0.001,3	0.001,1
27	0.005,8	0.004,7	0.003,7	0.003,0	0.002,4	0.001,9	0.001,6	0.001,3	0.001,0	0.000,8
28	0.004,8	0.003,8	0.003,0	0.002,4	0.001,9	0.001,5	0.001,2	0.001,0	0.000,8	0.000,6
29	0.004,0	0.003,1	0.002,5	0.002,0	0.001,5	0.001,2	0.001,0	0.000,8	0.000,6	0.000,5
30	0.003,3	0.002,6	0.002,0	0.001,6	0.001,2	0.001,0	0.000,8	0.000,6	0.000,5	0.000,4

附錄三　年金終值系數表（$F/A, i, n$）

$$\left[計算公式: f = \frac{(1+i)^n - 1}{i} \right]$$

期數(n) \ 利率(i)	1%	2%	3%	4%	5%	6%	7%	8%	9%	10%
1	1.000,0	1.000,0	1.000,0	1.000,0	1.000,0	1.000,0	1.000,0	1.000,0	1.000,0	1.000,0
2	2.010,0	2.020,0	2.030,0	2.040,0	2.050,0	2.060,0	2.070,0	2.080,0	2.090,0	2.100,0
3	3.030,1	3.060,4	3.090,9	3.121,6	3.152,5	3.183,6	3.214,9	3.246,4	3.278,1	3.310,0
4	4.060,4	4.121,6	4.183,6	4.246,5	4.310,1	4.374,6	4.439,9	4.506,1	4.573,1	4.641,0
5	5.101,0	5.204,0	5.309,1	5.416,3	5.525,6	5.637,1	5.750,7	5.866,6	5.984,7	6.105,1
6	6.152,0	6.308,1	6.468,4	6.633,0	6.801,9	6.975,3	7.153,3	7.335,9	7.523,3	7.715,6
7	7.213,5	7.434,3	7.662,5	7.898,3	8.142,0	8.393,8	8.654,0	8.922,8	9.200,4	9.487,2
8	8.285,7	8.583,0	8.892,3	9.214,2	9.549,1	9.897,5	10.259,8	10.636,6	11.028,5	11.435,9
9	9.368,5	9.754,6	10.159,1	10.582,8	11.026,6	11.491,3	11.978,0	12.487,6	13.021,0	13.579,5
10	10.462,2	10.949,7	11.463,9	12.006,1	12.577,9	13.180,8	13.816,4	14.486,6	15.192,9	15.937,4
11	11.566,8	12.168,7	12.807,8	13.486,4	14.206,8	14.971,6	15.783,6	16.645,5	17.560,3	18.531,2
12	12.682,5	13.412,1	14.192,0	15.025,8	15.917,1	16.869,9	17.888,5	18.977,1	20.140,7	21.384,3
13	13.809,3	14.680,3	15.617,8	16.626,8	17.713,0	18.882,1	20.140,6	21.495,3	22.953,4	24.522,7
14	14.947,4	15.973,9	17.086,3	18.291,9	19.598,6	21.015,1	22.550,5	24.214,9	26.019,2	27.975,0
15	16.096,9	17.293,4	18.598,9	20.023,6	21.578,6	23.276,0	25.129,0	27.152,1	29.360,9	31.772,5
16	17.257,9	18.639,3	20.156,9	21.824,5	23.657,5	25.672,5	27.888,1	30.324,3	33.003,4	35.949,7
17	18.430,4	20.012,1	21.761,6	23.697,5	25.840,4	28.212,9	30.840,2	33.750,2	36.973,7	40.544,7
18	19.614,7	21.412,3	23.414,4	25.645,4	28.132,4	30.905,7	33.999,0	37.450,2	41.301,3	45.599,2
19	20.810,9	22.840,6	25.116,9	27.671,2	30.539,0	33.760,0	37.379,0	41.446,3	46.018,5	51.159,1
20	22.019,0	24.297,4	26.870,4	29.778,1	33.066,0	36.785,6	40.995,5	45.762,0	51.160,1	57.275,0
21	23.239,2	25.783,3	28.676,5	31.969,2	35.719,3	39.992,7	44.865,2	50.422,9	56.764,5	64.002,5
22	24.471,6	27.299,0	30.536,8	34.248,0	38.505,2	43.392,3	49.005,7	55.456,8	62.873,3	71.402,7
23	25.716,3	28.845,0	32.452,9	36.617,9	41.430,5	46.995,8	53.436,1	60.893,3	69.531,9	79.543,0
24	26.973,5	30.421,9	34.426,5	39.082,6	44.502,0	50.815,6	58.176,7	66.764,8	76.789,8	88.497,3
25	28.243,2	32.030,3	36.459,3	41.645,9	47.727,1	54.864,5	63.249,0	73.105,9	84.700,9	98.347,1
26	29.525,6	33.670,9	38.553,0	44.311,7	51.113,5	59.156,4	68.676,5	79.954,4	93.324,0	109.181,8
27	30.820,9	35.344,3	40.709,6	47.084,2	54.669,1	63.705,8	74.483,8	87.350,8	102.723,1	121.099,9
28	32.129,1	37.051,2	42.930,9	49.967,6	58.402,6	68.528,1	80.697,9	95.338,8	112.968,2	134.209,9
29	33.450,4	38.792,2	45.218,9	52.966,3	62.322,7	73.639,7	87.346,5	103.965,9	124.135,4	148.630,9
30	34.784,9	40.568,1	47.575,4	56.084,9	66.438,5	79.058,2	94.460,8	113.283,2	136.307,5	164.494,0

附錄三

(續表一)

利率(i) 期數(n)	11%	12%	13%	14%	15%	16%	17%	18%	19%	20%
1	1.000,0	1.000,0	1.000,0	1.000,0	1.000,0	1.000,0	1.000,0	1.000,0	1.000,0	1.000,0
2	2.110,0	2.120,0	2.130,0	2.140,0	2.150,0	2.160,0	2.170,0	2.180,0	2.190,0	2.200,0
3	3.342,1	3.374,4	3.406,9	3.439,6	3.472,5	3.505,6	3.538,9	3.572,4	3.606,1	3.640,0
4	4.709,7	4.779,3	4.849,8	4.921,1	4.993,4	5.066,5	5.140,5	5.215,4	5.291,3	5.368,0
5	6.227,8	6.352,8	6.480,3	6.610,1	6.742,4	6.877,1	7.014,4	7.154,2	7.296,6	7.441,6
6	7.912,9	8.115,2	8.322,7	8.535,5	8.753,7	8.977,5	9.206,8	9.442,0	9.683,0	9.929,9
7	9.783,3	10.089,0	10.404,7	10.730,5	11.066,8	11.413,9	11.772,0	12.141,5	12.522,7	12.915,9
8	11.859,4	12.299,7	12.757,3	13.232,8	13.726,8	14.240,1	14.773,1	15.327,0	15.902,0	16.499,1
9	14.164,0	14.775,7	15.415,7	16.085,3	16.785,8	17.518,5	18.284,7	19.085,9	19.923,4	20.798,9
10	16.722,0	17.548,7	18.419,7	19.337,3	20.303,7	21.321,5	22.393,1	23.521,3	24.708,9	25.958,7
11	19.561,4	20.654,6	21.814,3	23.044,5	24.349,3	25.732,9	27.199,9	28.755,1	30.403,5	32.150,4
12	22.713,2	24.133,1	25.650,2	27.270,7	29.001,7	30.850,2	32.823,9	34.931,1	37.180,2	39.580,5
13	26.211,6	28.029,1	29.984,7	32.088,7	34.351,9	36.786,2	39.404,0	42.218,7	45.244,5	48.496,6
14	30.094,9	32.392,6	34.882,7	37.581,1	40.504,7	43.672,0	47.102,7	50.818,0	54.840,9	59.195,9
15	34.405,4	37.279,7	40.417,5	43.842,4	47.580,4	51.659,5	56.110,1	60.965,3	66.260,7	72.035,1
16	39.189,9	42.753,3	46.671,7	50.980,4	55.717,5	60.925,0	66.648,8	72.939,0	79.850,2	87.442,1
17	44.500,8	48.883,7	53.739,1	59.117,6	65.075,1	71.673,0	78.979,2	87.068,0	96.021,8	105.930,6
18	50.395,9	55.749,7	61.725,1	68.394,1	75.836,4	84.140,7	93.405,6	103.740,3	115.265,9	128.116,7
19	56.939,5	63.439,7	70.749,4	78.969,2	88.211,8	98.603,2	110.284,6	123.413,5	138.166,4	154.740,0
20	64.202,8	72.052,4	80.946,8	91.024,9	102.443,6	115.379,7	130.032,9	146.628,0	165.418,0	186.688,0
21	72.265,1	81.698,7	92.469,9	104.768,4	118.810,1	134.840,5	153.138,5	174.021,0	197.847,4	225.025,6
22	81.214,3	92.502,6	105.491,0	120.436,0	137.631,6	157.415,0	180.172,1	206.344,8	236.438,5	271.030,7
23	91.147,9	104.602,9	120.204,8	138.297,0	159.276,4	183.601,4	211.801,3	244.486,8	282.361,8	326.236,9
24	102.174,2	118.155,2	136.831,5	158.658,6	184.167,8	213.977,6	248.807,6	289.494,5	337.010,5	392.484,2
25	114.413,3	133.333,9	155.619,3	181.870,8	212.793,0	249.214,0	292.104,9	342.603,5	402.042,5	471.981,1
26	127.998,8	150.333,9	176.850,1	208.332,7	245.712,0	290.088,3	342.762,7	405.272,1	479.430,6	567.377,3
27	143.078,6	169.374,0	200.840,6	238.499,3	283.568,5	337.502,4	402.032,3	479.221,1	571.522,4	681.852,8
28	159.817,3	190.698,9	227.949,9	272.889,2	327.104,1	392.502,8	471.377,8	566.480,9	681.111,6	819.223,3
29	178.397,2	214.582,8	258.583,4	312.093,7	377.169,7	456.303,2	552.512,1	669.447,5	811.522,8	984.068,0
30	199.020,9	241.332,7	293.199,2	356.786,8	434.745,1	530.311,7	647.439,1	790.948,0	966.712,9	1,181.881,6

(續表二)

利率(i) 期數(n)	21%	22%	23%	24%	25%	26%	27%	28%	29%	30%
1	1.000,0	1.000,0	1.000,0	1.000,0	1.000,0	1.000,0	1.000,0	1.000,0	1.000,0	1.000,0
2	2.210,0	2.220,0	2.230,0	2.240,0	2.250,0	2.260,0	2.270,0	2.280,0	2.290,0	2.300,0
3	3.674,1	3.708,4	3.742,9	3.777,6	3.812,5	3.847,6	3.882,9	3.918,4	3.954,1	3.990,0
4	5.445,7	5.524,2	5.603,8	5.684,2	5.765,6	5.848,0	5.931,3	6.015,6	6.100,8	6.187,0
5	7.589,2	7.739,6	7.892,6	8.048,4	8.207,0	8.368,4	8.532,7	8.699,9	8.870,0	9.043,1
6	10.183,0	10.442,3	10.707,9	10.980,1	11.258,8	11.544,2	11.836,6	12.135,9	12.442,3	12.756,0
7	13.321,4	13.739,6	14.170,8	14.615,3	15.073,5	15.545,8	16.032,4	16.533,9	17.050,6	17.582,8
8	17.118,9	17.762,3	18.430,0	19.122,9	19.841,9	20.587,6	21.361,2	22.163,4	22.995,3	23.857,7
9	21.713,9	22.670,0	23.669,0	24.712,5	25.802,3	26.940,4	28.128,7	29.369,2	30.663,9	32.015,0
10	27.273,8	28.657,4	30.112,8	31.643,4	33.252,9	34.944,9	36.723,5	38.592,6	40.556,4	42.619,5
11	34.001,3	35.962,0	38.038,8	40.237,9	42.566,1	45.030,6	47.638,8	50.398,5	53.317,8	56.405,3
12	42.141,6	44.873,7	47.787,7	50.895,0	54.207,7	57.738,6	61.501,3	65.510,0	69.780,0	74.327,0
13	51.991,3	55.745,9	59.778,8	64.109,7	68.759,6	73.750,6	79.106,6	84.852,9	91.016,1	97.625,0
14	63.909,5	69.010,0	74.528,0	80.496,1	86.949,5	93.925,8	101.465,4	109.611,7	118.410,8	127.912,5
15	78.330,5	85.192,2	92.669,4	100.815,1	109.686,8	119.346,5	129.861,1	141.302,9	153.750,0	167.286,3
16	95.779,9	104.934,5	114.983,4	126.010,8	138.108,5	151.376,6	165.923,6	181.867,7	199.337,4	218.472,2
17	116.893,7	129.020,1	142.429,5	157.253,4	173.635,7	191.734,5	211.723,0	233.790,7	258.145,3	285.013,9
18	142.441,3	158.404,5	176.188,3	195.994,2	218.044,6	242.585,5	269.888,2	300.252,1	334.007,4	371.518,0
19	173.354,0	194.253,5	217.711,6	244.032,8	273.555,8	306.657,7	343.758,0	385.322,7	431.869,6	483.973,4
20	210.758,4	237.989,3	268.785,3	303.600,6	342.944,7	387.388,7	437.572,8	494.213,1	558.111,8	630.165,5
21	256.017,6	291.346,9	331.605,9	377.464,8	429.680,9	489.109,8	556.717,3	633.592,7	720.964,2	820.215,1
22	310.781,3	356.443,2	408.875,3	469.056,3	538.101,1	617.278,3	708.030,9	811.998,7	931.043,8	1.067.279,6
23	377.045,4	435.860,7	503.916,6	582.629,8	673.626,4	778.770,7	900.199,3	1.040.358,3	1.202.046,5	1.388.463,5
24	457.224,9	532.750,1	620.817,4	723.461,0	843.032,9	982.251,1	1.144.253,1	1.332.658,6	1.551.640,0	1.806.002,6
25	554.242,2	650.955,1	764.605,4	898.091,6	1.054.791,2	1.238.636,3	1.454.201,4	1.706.803,1	2.002.615,6	2.348.803,5
26	671.633,0	795.165,3	941.464,7	1.114.633,6	1.319.489,0	1.561.681,8	1.847.835,8	2.185.707,9	2.584.374,1	3.054.444,3
27	813.675,9	971.101,6	1.159.001,6	1.383.145,7	1.650.361,2	1.968.719,1	2.347.751,5	2.798.706,1	3.334.842,6	3.971.777,6
28	985.547,9	1.185.744,0	1.426.571,9	1.716.100,7	2.063.951,5	2.481.586,0	2.982.644,4	3.583.343,8	4.302.947,0	5.164.310,9
29	1.193.512,9	1.447.607,7	1.755.683,5	2.128.964,8	2.580.939,4	3.127.798,4	3.788.958,3	4.587.680,1	5.551.801,6	6.714.604,2
30	1.445.150,7	1.767.081,3	2.160.490,7	2.640.916,4	3.227.174,3	3.942.026,0	4.812.977,1	5.873.230,6	7.162.824,1	8.729.985,5

附錄四　年金現值系數表 $(P/A, i, n)$

[計算公式：$p = \dfrac{1-(1+i)^{-n}}{i}$]

利率(i) 期數(n)	1%	2%	3%	4%	5%	6%	7%	8%	9%	10%
1	0.990,1	0.980,4	0.970,9	0.961,5	0.952,4	0.943,4	0.934,6	0.925,9	0.917,4	0.909,1
2	1.970,4	1.941,6	1.913,5	1.886,1	1.859,4	1.833,4	1.808,0	1.783,3	1.759,1	1.735,5
3	2.941,0	2.883,9	2.828,6	2.775,1	2.723,2	2.673,0	2.624,3	2.577,1	2.531,3	2.486,9
4	3.902,0	3.807,7	3.717,1	3.629,9	3.546,0	3.465,1	3.387,2	3.312,1	3.239,7	3.169,9
5	4.853,4	4.713,5	4.579,7	4.451,8	4.329,5	4.212,4	4.100,2	3.992,7	3.889,7	3.790,8
6	5.795,5	5.601,4	5.417,2	5.242,1	5.075,7	4.917,3	4.766,5	4.622,9	4.485,9	4.355,3
7	6.728,2	6.472,0	6.230,3	6.002,1	5.786,4	5.582,4	5.389,3	5.206,4	5.033,0	4.868,4
8	7.651,7	7.325,5	7.019,7	6.732,7	6.463,2	6.209,8	5.971,3	5.746,6	5.534,8	5.334,9
9	8.566,0	8.162,2	7.786,1	7.435,3	7.107,8	6.801,7	6.515,2	6.246,9	5.995,2	5.759,0
10	9.471,3	8.982,6	8.530,2	8.110,9	7.721,7	7.360,1	7.023,6	6.710,1	6.417,7	6.144,6
11	10.367,6	9.786,8	9.252,6	8.760,5	8.306,4	7.886,9	7.498,7	7.139,0	6.805,2	6.495,1
12	11.255,1	10.575,3	9.954,0	9.385,1	8.863,3	8.383,8	7.942,7	7.536,1	7.160,7	6.813,7
13	12.133,7	11.348,4	10.635,0	9.985,6	9.393,6	8.852,7	8.357,7	7.903,8	7.486,9	7.103,4
14	13.003,7	12.106,2	11.296,1	10.563,1	9.898,6	9.295,0	8.745,5	8.244,2	7.786,2	7.366,7
15	13.865,1	12.849,3	11.937,9	11.118,4	10.379,7	9.712,2	9.107,9	8.559,5	8.060,7	7.606,1
16	14.717,9	13.577,7	12.561,1	11.652,3	10.837,8	10.105,9	9.446,6	8.851,4	8.312,6	7.823,7
17	15.562,3	14.291,9	13.166,1	12.165,7	11.274,1	10.477,3	9.763,2	9.121,6	8.543,6	8.021,6
18	16.398,3	14.992,0	13.753,5	12.659,3	11.689,6	10.827,6	10.059,1	9.371,9	8.755,6	8.201,4
19	17.226,0	15.678,5	14.323,8	13.133,9	12.085,3	11.158,1	10.335,6	9.603,6	8.950,1	8.364,9
20	18.045,6	16.351,4	14.877,5	13.590,3	12.462,2	11.469,9	10.594,0	9.818,1	9.128,5	8.513,6
21	18.857,0	17.011,2	15.415,0	14.029,2	12.821,2	11.764,1	10.835,5	10.016,8	9.292,2	8.648,7
22	19.660,4	17.658,0	15.936,9	14.451,1	13.163,0	12.041,6	11.061,2	10.200,7	9.442,4	8.771,5
23	20.455,8	18.292,2	16.443,6	14.856,8	13.488,6	12.303,4	11.272,2	10.371,1	9.580,2	8.883,2
24	21.243,4	18.913,9	16.935,5	15.247,0	13.798,6	12.550,4	11.469,3	10.528,8	9.706,6	8.984,7
25	22.023,2	19.523,5	17.413,1	15.622,1	14.093,9	12.783,4	11.653,6	10.674,8	9.822,6	9.077,0
26	22.795,2	20.121,0	17.876,8	15.982,8	14.375,2	13.003,2	11.825,8	10.810,0	9.929,0	9.160,9
27	23.559,6	20.706,9	18.327,0	16.329,6	14.643,0	13.210,5	11.986,7	10.935,2	10.026,6	9.237,2
28	24.316,4	21.281,3	18.764,1	16.663,1	14.898,1	13.406,2	12.137,1	11.051,1	10.116,1	9.306,6
29	25.065,8	21.844,3	19.188,5	16.983,7	15.141,1	13.590,7	12.277,7	11.158,4	10.198,3	9.369,6
30	25.807,7	22.396,5	19.600,4	17.292,0	15.372,5	13.764,8	12.409,0	11.257,8	10.273,7	9.426,9

(續表一)

期數(n)\利率(i)	11%	12%	13%	14%	15%	16%	17%	18%	19%	20%
1	0.900,9	0.892,9	0.885,0	0.877,2	0.869,6	0.862,1	0.854,7	0.847,5	0.840,3	0.833,3
2	1.712,5	1.690,1	1.668,1	1.646,7	1.625,7	1.605,2	1.585,2	1.565,6	1.546,5	1.527,8
3	2.443,7	2.401,8	2.361,2	2.321,6	2.283,2	2.245,9	2.209,6	2.174,3	2.139,9	2.106,5
4	3.102,4	3.037,3	2.974,5	2.913,7	2.855,0	2.798,2	2.743,2	2.690,1	2.638,6	2.588,7
5	3.695,9	3.604,8	3.517,2	3.433,1	3.352,2	3.274,3	3.199,3	3.127,2	3.057,6	2.990,6
6	4.230,5	4.111,4	3.997,5	3.888,7	3.784,5	3.684,7	3.589,2	3.497,6	3.409,8	3.325,5
7	4.712,2	4.563,8	4.422,6	4.288,3	4.160,4	4.038,6	3.922,4	3.811,5	3.705,7	3.604,6
8	5.146,1	4.967,6	4.798,8	4.638,9	4.487,3	4.343,6	4.207,2	4.077,6	3.954,4	3.837,2
9	5.537,0	5.328,2	5.131,7	4.946,4	4.771,6	4.606,5	4.450,6	4.303,0	4.163,3	4.031,0
10	5.889,2	5.650,2	5.426,2	5.216,1	5.018,8	4.833,2	4.658,6	4.494,1	4.338,9	4.192,5
11	6.206,5	5.937,7	5.686,9	5.452,7	5.233,7	5.028,6	4.836,4	4.656,0	4.486,5	4.327,1
12	6.492,4	6.194,4	5.917,6	5.660,3	5.420,6	5.197,1	4.988,4	4.793,2	4.610,5	4.439,2
13	6.749,9	6.423,5	6.121,8	5.842,4	5.583,1	5.342,3	5.118,3	4.909,5	4.714,7	4.532,7
14	6.981,9	6.628,2	6.302,5	6.002,1	5.724,5	5.467,5	5.229,3	5.008,1	4.802,3	4.610,6
15	7.190,9	6.810,9	6.462,4	6.142,2	5.847,4	5.575,5	5.324,2	5.091,6	4.875,9	4.675,5
16	7.379,2	6.974,0	6.603,9	6.265,1	5.954,2	5.668,5	5.405,3	5.162,4	4.937,7	4.729,6
17	7.548,8	7.119,6	6.729,1	6.372,9	6.047,2	5.748,7	5.474,6	5.222,3	4.989,7	4.774,6
18	7.701,6	7.249,7	6.839,9	6.467,4	6.128,0	5.817,8	5.533,9	5.273,2	5.033,3	4.812,2
19	7.839,3	7.365,8	6.938,0	6.550,4	6.198,2	5.877,5	5.584,5	5.316,2	5.070,0	4.843,5
20	7.963,3	7.469,4	7.024,8	6.623,1	6.259,3	5.928,8	5.627,8	5.352,7	5.100,9	4.869,6
21	8.075,1	7.562,0	7.101,6	6.687,0	6.312,5	5.973,1	5.664,8	5.383,7	5.126,8	4.891,3
22	8.175,7	7.644,6	7.169,5	6.742,9	6.358,7	6.011,3	5.696,4	5.409,9	5.148,6	4.909,4
23	8.266,4	7.718,4	7.229,7	6.792,1	6.398,8	6.044,2	5.723,4	5.432,1	5.166,8	4.924,5
24	8.348,1	7.784,3	7.282,9	6.835,1	6.433,8	6.072,6	5.746,5	5.450,9	5.182,2	4.937,1
25	8.421,7	7.843,1	7.330,0	6.872,9	6.464,1	6.097,1	5.766,2	5.466,9	5.195,1	4.947,6
26	8.488,1	7.895,7	7.371,7	6.906,1	6.490,6	6.118,2	5.783,1	5.480,4	5.206,0	4.956,3
27	8.547,8	7.942,6	7.408,6	6.935,2	6.513,5	6.136,4	5.797,5	5.491,9	5.215,1	4.963,6
28	8.601,6	7.984,4	7.441,2	6.960,7	6.533,5	6.152,0	5.809,9	5.501,6	5.222,8	4.969,7
29	8.650,1	8.021,8	7.470,1	6.983,0	6.550,9	6.165,6	5.820,4	5.509,8	5.229,2	4.974,7
30	8.693,8	8.055,2	7.495,7	7.002,7	6.566,0	6.177,2	5.829,4	5.516,8	5.234,7	4.978,9

附錄四

(續表二)

期數(n) \ 利率(i)	21%	22%	23%	24%	25%	26%	27%	28%	29%	30%
1	0.826,4	0.819,7	0.813,0	0.806,5	0.800,0	0.793,7	0.787,4	0.781,3	0.775,2	0.769,2
2	1.509,5	1.491,5	1.474,0	1.456,8	1.440,0	1.423,5	1.407,4	1.391,6	1.376,1	1.360,9
3	2.073,9	2.042,2	2.011,4	1.981,3	1.952,0	1.923,4	1.895,6	1.868,4	1.842,0	1.816,1
4	2.540,4	2.493,6	2.448,3	2.404,3	2.361,6	2.320,2	2.280,0	2.241,0	2.203,1	2.166,2
5	2.926,0	2.863,6	2.803,5	2.745,4	2.689,3	2.635,1	2.582,7	2.532,0	2.483,0	2.435,6
6	3.244,6	3.166,9	3.092,3	3.020,5	2.951,4	2.885,0	2.821,0	2.759,4	2.700,0	2.642,7
7	3.507,9	3.415,5	3.327,0	3.242,3	3.161,1	3.083,3	3.008,7	2.937,3	2.868,2	2.802,1
8	3.725,6	3.619,3	3.517,9	3.421,2	3.328,9	3.240,7	3.156,4	3.075,8	2.998,6	2.924,7
9	3.905,4	3.786,3	3.673,1	3.565,5	3.463,1	3.365,7	3.272,8	3.184,2	3.099,7	3.019,0
10	4.054,1	3.923,2	3.799,3	3.681,9	3.570,5	3.464,8	3.364,4	3.268,9	3.178,1	3.091,5
11	4.176,9	4.035,4	3.901,8	3.775,7	3.656,4	3.543,5	3.436,5	3.335,1	3.238,8	3.147,3
12	4.278,4	4.127,4	3.985,2	3.851,4	3.725,1	3.605,9	3.493,3	3.386,8	3.285,9	3.190,3
13	4.362,4	4.202,8	4.053,0	3.912,4	3.780,1	3.655,5	3.538,1	3.427,2	3.322,4	3.223,3
14	4.431,7	4.264,6	4.108,2	3.961,6	3.824,1	3.694,9	3.573,3	3.458,7	3.350,7	3.248,7
15	4.489,0	4.315,2	4.153,0	4.001,3	3.859,3	3.726,1	3.601,0	3.483,4	3.372,6	3.268,2
16	4.536,4	4.356,7	4.189,4	4.033,3	3.887,4	3.750,9	3.622,8	3.502,6	3.389,6	3.283,2
17	4.575,5	4.390,8	4.219,0	4.059,1	3.909,9	3.770,5	3.640,0	3.517,7	3.402,8	3.294,8
18	4.607,9	4.418,7	4.243,1	4.079,9	3.927,9	3.786,1	3.653,6	3.529,4	3.413,0	3.303,7
19	4.634,6	4.441,5	4.262,7	4.096,7	3.942,4	3.798,5	3.664,2	3.538,6	3.421,0	3.310,5
20	4.656,7	4.460,3	4.278,6	4.110,3	3.953,9	3.808,3	3.672,6	3.545,8	3.427,1	3.315,8
21	4.675,0	4.475,6	4.291,6	4.121,2	3.963,1	3.816,1	3.679,2	3.551,4	3.431,9	3.319,8
22	4.690,0	4.488,2	4.302,1	4.130,0	3.970,5	3.822,3	3.684,4	3.555,8	3.435,6	3.323,0
23	4.702,5	4.498,5	4.310,6	4.137,1	3.976,4	3.827,3	3.688,5	3.559,2	3.438,4	3.325,4
24	4.712,8	4.507,0	4.317,6	4.142,8	3.981,1	3.831,2	3.691,8	3.561,9	3.440,6	3.327,2
25	4.721,3	4.513,9	4.323,2	4.147,4	3.984,9	3.834,2	3.694,3	3.564,0	3.442,3	3.328,6
26	4.728,4	4.519,6	4.327,8	4.151,1	3.987,9	3.836,7	3.696,3	3.565,6	3.443,7	3.329,7
27	4.734,2	4.524,3	4.331,6	4.154,2	3.990,3	3.838,7	3.697,9	3.566,9	3.444,7	3.330,5
28	4.739,0	4.528,1	4.334,6	4.156,6	3.992,3	3.840,2	3.699,1	3.567,9	3.445,5	3.331,2
29	4.743,0	4.531,2	4.337,1	4.158,5	3.993,8	3.841,4	3.700,1	3.568,7	3.446,1	3.331,7
30	4.746,3	4.533,8	4.339,1	4.160,1	3.995,0	3.842,4	3.700,9	3.569,3	3.446,6	3.332,1

國家圖書館出版品預行編目（CIP）資料

財務管理 / 閆金秋, 李瑞禎, 蔡昕 主編. -- 第一版.
-- 臺北市：崧博出版：崧燁文化發行, 2019.05
　　面；　公分
POD版

ISBN 978-957-735-816-5(平裝)

1.財務管理

494.7　　　　　　　　　　　　　　108005765

書　　名：財務管理
作　　者：閆金秋、李瑞禎、蔡昕 主編
發 行 人：黃振庭
出 版 者：崧博出版事業有限公司
發 行 者：崧燁文化事業有限公司
E - m a i l：sonbookservice@gmail.com
粉絲頁：　　　　　　　網　址：
地　　址：台北市中正區重慶南路一段六十一號八樓 815 室
8F.-815, No.61, Sec. 1, Chongqing S. Rd., Zhongzheng
Dist., Taipei City 100, Taiwan (R.O.C.)
電　　話：(02)2370-3310 傳　真：(02) 2370-3210
總 經 銷：紅螞蟻圖書有限公司
地　　址：台北市內湖區舊宗路二段 121 巷 19 號
電　　話：02-2795-3656 傳真:02-2795-4100　　網址：
印　　刷：京峯彩色印刷有限公司（京峰數位）
　本書版權為西南財經大學所有授權崧博出版事業股份有限公司獨家發行電子
　書及繁體書繁體字版。若有其他相關權利及授權需求請與本公司聯繫。

定　　價：450 元
發行日期：2019 年 05 月第一版

◎ 本書以 POD 印製發行